組織行為學（第二版）

主　編　肖興政、譚征
副主編　龐君、孫忠才、鍾大輝、楊曉宇

財經錢線

第二版前言

　　組織行為學是人類智慧的結晶，它以一定組織中人的心理活動和行為反應的規律性為研究對象，為人們更好地分析、預測、控制、引導和協調組織中人的行為，從而不斷提高管理活動的有效性提供了思想、理論和方法的指導。本書在介紹組織行為學產生、發展的基礎上，按照「個體過程—群體過程—領導過程—組織過程」的框架，系統地闡述了組織行為學的基本原理，以及這些原理對管理者的啟示，並通過典型案例的分析，使讀者加深對基本原理的理解和應用。

　　再版過程中，編寫人員仍由長期從事組織行為學教學和科學研究的原編寫人員組成，具體分工為：肖興政，第一章；譚徵，第二章；龐君，第三章；孫忠才，第四章；鐘大輝，第五章；向徵，第六章；楊曉宇、文宇，第七章。

　　全書由肖興政、譚徵擔任主編，龐君、孫忠才、鐘大輝、楊曉宇擔任副主編。

　　本次再版基本保持了原書的知識構架，僅對個別內容做了小的調整，並對一些錯字進行了改正。本書既可作為高等院校本科各專業組織行為學課程的教材，也可作為相關課程的教學參考書，還可作為廣大管理工作者的閱讀資料和學習讀物。

　　本書在編寫過程中，參考和引用了國內外一些學者的研究成果，本次再版再次向他們表示真誠的感謝！由於編者水平所限，書中難免存在不妥之處，再次敬請各位專家和讀者批評指正。

編者

前　言

　　組織行為學是管理學、心理學的新發展，是在第二次世界大戰結束以後，隨著行為科學學派的出現而產生的。它是行為科學在組織管理領域的應用。第一本組織行為學的教科書在1945年問世。早在20世紀50年代末，美國就建立了專門的研究機構。美國心理學協會第十四分會——工業心理學分會的一批人獨立出來專門從事「組織行為學」課題的研究。

　　組織行為學是一門以一定組織中人的心理活動和行為反應的規律性為研究對象的學科。雖然它從西方傳到中國只有不到30年的時間，但在中國學者和實際工作者的共同努力下，組織行為學已經逐步形成了具有中國特色且符合中國實際的理論體系，在中國市場經濟運行中起到了應有的作用。生產力中最活躍、最積極的因素——人，既是管理過程中的主體，又是管理過程中的客體。以培養管理者為目標的管理教育就是要提高各級管理者對人的行為的預測、協調、控制和引導能力，從而提高人們的工作能力，激發人們的工作熱情，最大限度地發揮人的工作潛能，更有效地實現組織目標，而這就是組織行為學研究的終極目的。

　　本書在介紹組織行為學發生、發展的基本過程的基礎上，系統地闡述了組織行為學的基本原理以及這些原理對管理者的啟示，並通過典型案例的分析使讀者更進一步加深對基本原理的理解。本書具有以下幾個特點：其一，可讀性。本書收集了比較翔實的資料，可供讀者研讀。其二，前沿性。本書不僅繼承了廣大學者的研究成果，而且在理論方面有一定的發展。其三，實踐性。本書在參考已有文獻資料的基礎上，提出了一些符合中國國情的基本觀點，並提供了相應案例。

　　本書由長期從事組織行為學教學和科研的教師共同編寫而成，主要面向工商管理、市場營銷、行政管理等專業的本科學生，也可供對組織行為學有興趣的學者參考。

　　本書共分七章，編寫的具體分工為：肖興政，第一章；譚徵，第二章；龐君，第三章；孫忠才，第四章；鐘大輝，第五章；向徵，第六章；楊曉宇、文宇，第七章。

　　全書由肖興政、譚徵擔任主編，龐君、孫忠才、鐘大輝擔任副主編。

　　本書在寫作過程中參考和引用了國內外一些學者的研究成果，在此向他們表示真誠的感謝和深深的敬意！

由於時間倉促和編者水平所限，書中難免存在不當和欠妥之處，敬請各位專家和讀者給予批評指正。

編 者

目 錄

第一章　導論 …………………………………………………（1）

第一節　組織行為學的產生 ………………………………（1）
一、管理學與組織行為學 …………………………………（2）
二、心理學與組織行為學 …………………………………（6）
三、行為科學與組織行為學 ………………………………（9）
四、管理心理學與組織行為學 ……………………………（9）

第二節　組織行為學的發展階段與流派 …………………（11）
一、科學管理階段 …………………………………………（11）
二、行為科學階段 …………………………………………（16）
三、系統科學階段 …………………………………………（21）

第三節　組織行為學的研究對象與方法 …………………（23）
一、組織行為學的研究對象 ………………………………（23）
二、組織行為學的研究方法特徵與分類 …………………（24）

第四節　組織行為學的學科性質與目標 …………………（31）
一、組織行為學的學科性質 ………………………………（31）
二、組織行為學的目標 ……………………………………（33）
三、組織行為學面臨的挑戰與機遇 ………………………（34）

第二章　人性基本理論 ………………………………………（42）

第一節　中國古代人性理論 ………………………………（42）
一、「自然人」假設 ………………………………………（42）
二、「道德人」假設 ………………………………………（43）
三、「利欲人」假設 ………………………………………（44）
四、「動態人」假設 ………………………………………（45）

第二節　西方近代人性理論 ………………………………（47）
一、「經濟人」假設 ………………………………………（47）
二、「社會人」假設 ………………………………………（48）

三、「自我實現人」假設 …………………………………… (49)
　　四、「複雜人」假設 ………………………………………… (50)
　　五、中西方人性理論比較 …………………………………… (52)
　第三節　當代人性理論新進展 ………………………………… (53)
　　一、雙向人性假設理論 ……………………………………… (53)
　　二、新人性假設理論 ………………………………………… (54)

第三章　個體過程 ……………………………………………… (62)

　第一節　知覺與行為 …………………………………………… (62)
　　一、感覺與知覺 ……………………………………………… (62)
　　二、社會知覺 ………………………………………………… (63)
　　三、歸因 ……………………………………………………… (64)
　第二節　需要、動機、態度、價值觀與行為 ………………… (67)
　　一、需要與行為 ……………………………………………… (68)
　　二、動機與行為 ……………………………………………… (70)
　　三、價值觀與行為 …………………………………………… (72)
　　四、態度與行為 ……………………………………………… (73)
　第三節　人格與情緒 …………………………………………… (76)
　　一、個性 ……………………………………………………… (77)
　　二、氣質與行為 ……………………………………………… (77)
　　三、性格與行為 ……………………………………………… (78)
　　四、能力與行為 ……………………………………………… (81)
　　五、情緒與行為 ……………………………………………… (85)
　第四節　學習與強化 …………………………………………… (87)
　　一、學習 ……………………………………………………… (87)
　　二、強化 ……………………………………………………… (88)
　　三、學習理論在組織中的一些具體應用 …………………… (90)
　第五節　工作壓力與挫折 ……………………………………… (93)
　　一、壓力 ……………………………………………………… (93)
　　二、挫折 ……………………………………………………… (94)

第六節　個體決策 …………………………………………… (96)
　　　一、決策的概念 …………………………………………… (97)
　　　二、決策的類型 …………………………………………… (97)

第四章　激勵理論 …………………………………………… (104)

　第一節　激勵基本知識 ……………………………………… (104)
　　　一、激勵概述 ……………………………………………… (104)
　　　二、激勵的原則與機制 …………………………………… (107)
　第二節　基本激勵理論 ……………………………………… (109)
　　　一、內容型激勵理論 ……………………………………… (109)
　　　二、過程型激勵理論 ……………………………………… (114)
　　　三、改造型激勵理論 ……………………………………… (116)
　第三節　工作中的激勵 ……………………………………… (122)
　　　一、目標管理 ……………………………………………… (122)
　　　二、員工參與 ……………………………………………… (124)
　　　三、員工認可方案 ………………………………………… (125)
　　　四、浮動工資方案 ………………………………………… (126)
　　　五、技能工資制度 ………………………………………… (127)
　　　六、靈活福利 ……………………………………………… (128)
　第四節　激勵的基本模式 …………………………………… (130)
　　　一、激勵的多樣化 ………………………………………… (130)
　　　二、年薪制 ………………………………………………… (132)
　　　三、經營者股票期權 ……………………………………… (133)
　　　四、員工持股計劃 ………………………………………… (135)

第五章　群體過程 …………………………………………… (140)

　第一節　群體基本知識 ……………………………………… (140)
　　　一、群體及其特徵 ………………………………………… (140)
　　　二、非正式群體的管理 …………………………………… (142)
　　　三、群體壓力與群體凝聚力 ……………………………… (145)

第二節　工作團隊 …………………………………… (150)
　一、團隊 ……………………………………………… (150)
　二、創建高績效團隊 ………………………………… (151)
第三節　人際溝通 …………………………………… (158)
　一、溝通的概念 ……………………………………… (158)
　二、組織的正式溝通與非正式溝通 ………………… (159)
第四節　衝突與談判 ………………………………… (163)
　一、衝突的概念 ……………………………………… (163)
　二、衝突的過程 ……………………………………… (164)
　三、談判 ……………………………………………… (166)
第五節　群體決策 …………………………………… (173)
　一、群體決策及其特點 ……………………………… (173)
　二、群體決策技術 …………………………………… (175)

第六章　領導過程 …………………………………… (184)

第一節　領導的基本知識 …………………………… (184)
　一、領導的內涵 ……………………………………… (184)
　二、領導與管理 ……………………………………… (186)
第二節　領導理論 …………………………………… (188)
　一、領導特質理論 …………………………………… (188)
　二、領導行為理論 …………………………………… (189)
　三、領導權變理論 …………………………………… (194)
　四、領導理論的新發展 ……………………………… (199)
第三節　權力與政治 ………………………………… (201)
　一、權力與權術 ……………………………………… (201)
　二、政治——權力的運用 …………………………… (207)
第四節　領導決策 …………………………………… (209)
　一、決策概述 ………………………………………… (209)
　二、決策的方法 ……………………………………… (211)
　三、領導決策的評估 ………………………………… (213)

第七章　組織過程 ……………………………………………… (219)

第一節　組織概述 ………………………………………… (219)
一、組織的概念 ………………………………………… (219)
二、組織理論 …………………………………………… (222)

第二節　組織結構 ………………………………………… (227)
一、組織結構的概念 …………………………………… (227)
二、組織結構形式 ……………………………………… (228)

第三節　組織設計 ………………………………………… (237)
一、組織設計因素 ……………………………………… (237)
二、組織設計原則與程序 ……………………………… (242)

第四節　組織文化 ………………………………………… (246)
一、組織文化概念 ……………………………………… (246)
二、組織文化的作用 …………………………………… (248)
三、組織文化的產生與維繫 …………………………… (251)
四、組織文化的傳播與變革 …………………………… (252)

第五節　組織變革 ………………………………………… (257)
一、組織變革的動力 …………………………………… (257)
二、組織變革的阻力及其克服 ………………………… (258)
三、組織結構變革的模型 ……………………………… (261)

第六節　組織績效 ………………………………………… (265)
一、員工績效 …………………………………………… (265)
二、團隊績效 …………………………………………… (269)
三、組織績效 …………………………………………… (269)

第七節　組織決策 ………………………………………… (273)
一、組織決策的概念與類型 …………………………… (273)
二、組織決策程序與影響因素 ………………………… (275)

第一章 導論

第一節 組織行為學的產生

組織行為學是管理學、心理學的新發展，而管理學中的組織管理學、人事管理學及管理心理學的新發展，又是心理學、社會學等的原理在管理中的具體應用。組織行為學是在第二次世界大戰結束以後，隨著行為科學學派的出現而產生的。它是行為科學在組織管理領域的應用。第一本組織行為學的教科書在1945年問世。早在20世紀50年代末，美國就建立了專門的研究機構，美國心理學協會第十四分會——工業心理學分會的一批人獨立出來專門從事「組織行為學」課題的研究。組織行為學的形成與其他學科有著千絲萬縷的聯繫，如圖1-1所示。

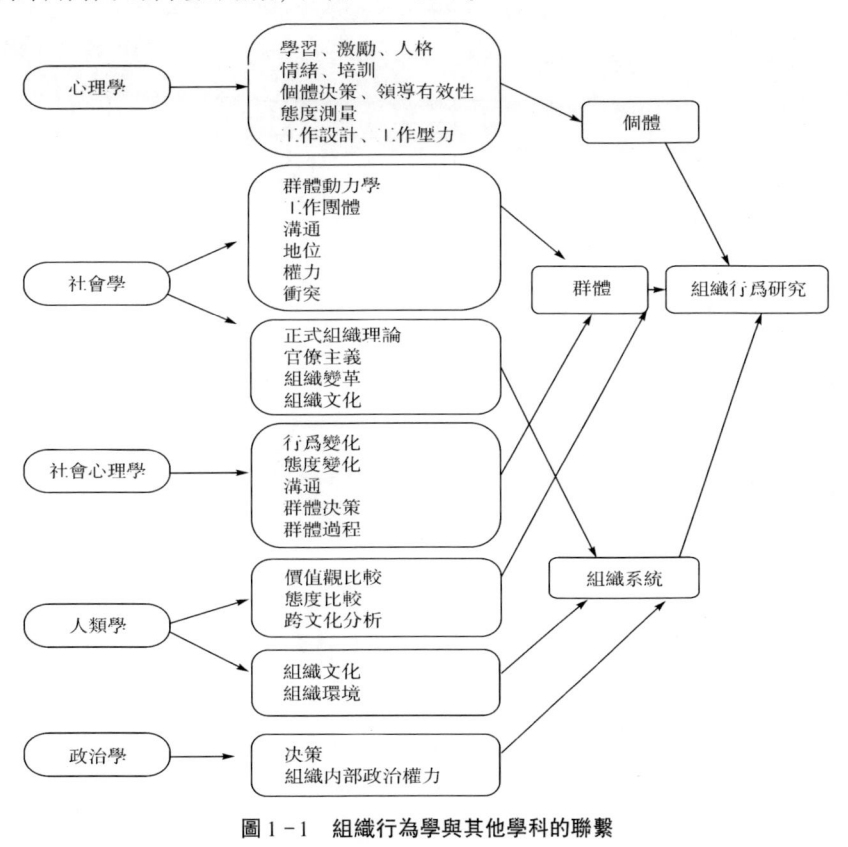

圖1-1　組織行為學與其他學科的聯繫

組織行為學的系統化體系形成經歷了一個理論準備和知識累積的過程。在這一過程中，不少的學者和專門機構也進行了不懈的探索，出版了許多頗有見地的論著，為組織行為學理論的創立作出了貢獻。它的產生和發展經歷了一個漫長的理論準備和實際應用的過程。這一演變過程如圖1-2所示。

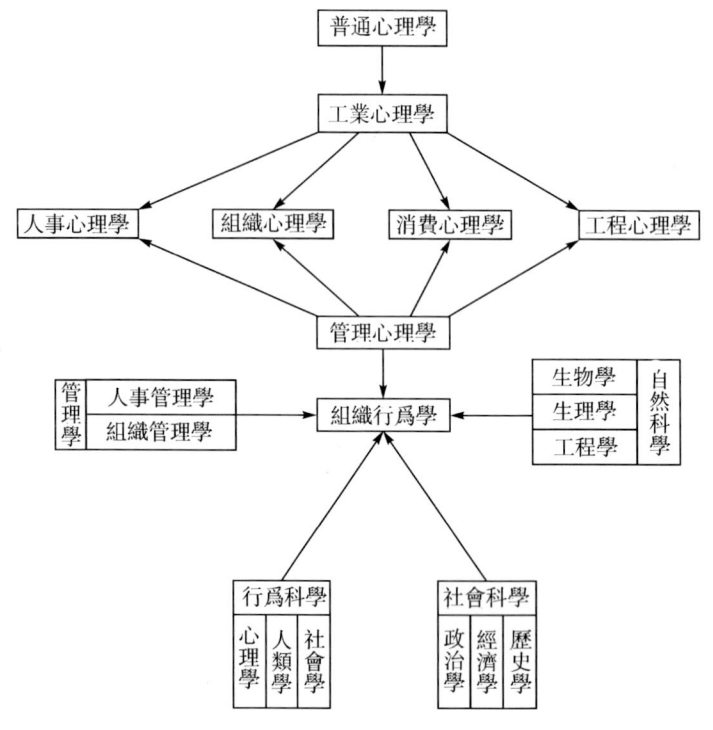

圖1-2　組織行為學的演變過程

本章著重說明管理學、心理學、行為科學、管理心理學如何進一步發展到組織行為學，並從這四個側面分析組織行為學的產生、發展的過程。

一、管理學與組織行為學

組織行為學的產生是與管理學分不開的。組織行為學是在管理學特別是組織管理學與人事管理學的基礎上產生和發展起來的，它既是管理學的重要組成部分，又是管理學的新發展。

管理活動自人類社會產生時就開始了，可以追溯到原始社會後期。人們對狩獵活動的具體分工以及對其他活動的安排，如種植等，都具有了管理的雛形。它協調、控制、指揮共同勞動的人們達到預期的目標、取得盡可能好的結果的過程。不過，管理學形成一門獨立的學科還是19世紀末20世紀初的事。1911年，泰勒的《科學管理原理》一書的公開發表是管理學獨立成為一門學科的標誌。隨著科學技術的進步和生產的發展，管理學也在不斷地發展。組織行為學正是管理學發展的必然結果。

(一) 組織管理學的發展與組織行為學的產生

由於不同歷史時期科學技術發展和生產發展的程度不同，由於管理學家們在如何協調、控制和指揮一定組織中人們的協同勞動問題上所強調的著重點不同，組織管理學可分為幾個階段和幾種學派。美國管理學家托馬斯・彼得斯（Thomas J. Peters）和羅伯特・小沃特曼（Robert H. Waterman）在 1982 年出版的《尋求卓越的經營之道》一書中指出，組織管理學的發展經歷了四個階段，有四種類型，如圖 1-3 所示[①]。

第一階段： 1900—1930 年 韋伯 泰勒	第二階段： 1930—1960 年 梅奧 麥格雷戈 巴納德
第三階段： 1960—1970 年 勞倫斯 洛希	第四階段： 1970 年至今 維克 馬克

圖 1-3　組織管理學發展的四個階段及其代表人物

第一階段是 20 世紀初至 30 年代，其代表人物是韋伯（Max Weber, 1864—1920 年）和泰勒（F. W. Taylor, 1856—1915 年）為代表。他們把組織看做一個封閉的理性模式，把組織中的人看做理性的人，一切均按事先規定的規章制度、原理原則來辦。當時，由於工業革命以後機械化生產得到普遍推廣，市場逐漸擴大，產品供不應求，生產的產品總是能推銷出去，他們可以根本不考慮企業組織外部的環境、競爭、市場等狀況，把組織看做一個封閉的系統，而把管理的重點放在組織內部，研究如何有效地利用已有資源，提高生產效率，生產出更多的產品，獲取更大的利潤。

第二階段是 20 世紀 30 年代至 60 年代。泰勒的「理性人」觀點此時遭到非議。其代表人物是梅奧（G. E. Mayo, 1880—1949 年）、麥格雷戈（D. M. McGregor, 1906—1964 年）、巴納德（C. I. Barnard, 1886—1961 年）、塞爾茲尼克（P. Selmick）。他們把組織看做一個封閉的社會性的模式。梅奧通過著名的霍桑試驗證實，只有把人當做「社會人」而不是完全理性的機器，才能創造出高效率。這標誌著組織管理學開始重視人的因素、人的社會心理需要，以及企業組織內部人與人關係的改善對提高工作效率的影響。

第三階段是 20 世紀 60 年代至 70 年代，其代表人物是錢德勒（A. Chandle）、勞倫斯（Paul R. Lawrence）、洛希（Jay W. Lorsch）等。他們把組織看做開放的理性模式，把組織管理歸結為簡單明瞭的、用數量表示的工作目標和工作成果。這時候他們已經認識到組織外部環境對組織內部結構和管理起著決定性作用。他們還提出了組織結構和管理方式要服從總體戰略目標的論斷。

[①] Thomas J Peter, Robert H Waterman. In Search of Excellence. [S. L.]: [s. n.], 1982: 91-103.

第四階段是 20 世紀 70 年代至今，其代表人物是維克（K. E. Weick）、馬奇（J. March）。他們把組織看做一個開放的社會性的模式。這種組織模式主要強調組織的生存價值、社會作用和文化特徵，強調人是企業組織的中心，認為不能單純用理性的利潤指標衡量企業經營的好壞，還要考慮到人的需要、情感能否得到滿足。在工作中，員工之間、班組之間、領導和員工之間的關係，都可以引起感情的變化，產生新的要求。如果一個組織內部經常交換意見、溝通思想，誤解也就會減少，就會在工作上有共同的認識。要組織內創造一種有原則的、和諧的、相互瞭解、信賴和支持的氛圍，同時，要使每個人感到他的存在和價值，感到自己受到尊重和信任，並被人關心。要使他知道他的努力受到了社會、組織和群體的承認，被人重視；有困難時，會得到幫助和支持；犯錯誤時，會受到公平的對待。這就會使人產生一種歸屬感，產生維護群體和組織榮譽的力量，組織就會形成群體意識和群體動力，就能更好地克服困難、完成任務。這個階段的理論對外部環境對組織的影響也有明確的認識。所以這一階段實際上是綜合了前面三個階段、三種學派，即科學管理學派（又稱職能學派）、行為學派和管理科學學派（又稱數學學派）各自的優點，而形成的一種綜合的學派。

在組織管理學的發展過程中，除了逐步趨向綜合之外，還有以下三種趨勢：①從原來的以基層管理為主發展到以高層管理為主；②從以日常業務性管理為主發展到以經營戰略性管理為主；③從原來以物為中心的管理發展到以人為中心的管理。

(二) 人事管理與組織行為學

大部分早期的管理學家只注意到物的管理而忽略了人的管理，但也有少數的管理學家已經注意到要完成物質產品的生產或提供其他的勞務，必須重視對人的研究和管理，並把這種對人的管理叫做人事管理。

1. 傳統的人事管理方法[1]

(1) 增加福利

這種方法是通過解決人的困難，給予其關心和必要的福利待遇，使他們能夠更好地完成組織的任務。在這方面最先作出示範的有歐文和克魯伯兩個人。

19 世紀初最成功的企業家，也即空想社會主義的創始人之一的歐文（Robert Owen）於 1800—1828 年在英國蘇格蘭經營一家紡織廠，搞了一次福利大試驗。當時正是產業革命早期，工人確實被看成呆板的機器和工具；而歐文所辦的工廠改善了工作條件，提高了童工的最低年齡，縮短了勞動時間，並為工人提供飲食，設立商店，按產品的成本向工人出售生活必需品，並為工人們修建房舍和道路。這一切對工人有很大吸引力，因而工廠的生產任務完成得很好。這些事實給了歐文很大啟示，他在給他的工廠總管的信中寫道：「你們對無生命的機器給予良好的保養能夠產生有利的結果。要是對構造奇妙的有生命的機器——人給予同樣關心的話，那麼有什麼不能指望的呢？」[2]

---

[1] Peter F Drucker. Management: Tasks, Responsibilities, Practices. [S. n.]: [s. n.] 1974: 23.

[2] 哈羅德·孔茨，西里爾·奧唐奈. 管理學 [M]. 中國人民大學工業經濟系外國工業管理教研室，譯. 貴陽: 貴州人民出版社，1982: 38.

19世紀中葉德國的克魯伯（Crumb）。克魯伯並不是一位很有本事的工程師，他在產品的開發和製造上也沒有什麼了不起的成就。他所辦的公司之所以能夠得到極大的發展，是由於他手下的那些工人的強有力的支持。工人之所以支持他，是因為他為工人增加了福利。他為當時被地主剝奪了土地、到他工廠裡做工的農民提供了工作、房屋、子女教育、醫療保健、訓練和低利息貸款等「福利」，因此工人們就為克魯伯公司忠心耿耿地勞動。

以上兩個例子充分說明，當人確實有困難、確實需要幫助時，通過增加福利對人進行管理的確是一種有效的方法。

但是，要知道，單純地依靠增加福利對人進行管理，不可能無限度地提高工作效率。因為：第一，增加福利是以人有困難為前提的，在人們的困難基本解決後，增加福利的作用就會減退。北歐福利主義的破產，就是明顯的實例。第二，單純增加福利容易造成人們對福利的要求越來越高，從而導致組織利潤減少，難以更快地發展，甚至無法支撐。

上述兩個增加福利的例子，雖然在當時的具體條件下取得了一定的效果，但是最後也都失敗了。失敗的原因主要是這種辦法的著眼點是解決人的困難，而不是著眼於如何充分發揮人的潛力。因此，它只能作為一項輔助性的辦法。

（2）進行選培

這是指對人員進行挑選、錄用、培訓和合理配備。

早在1898年，泰勒進入伯利恒鋼鐵公司後，他在這方面就做了很多試驗。例如：為不同的工作崗位挑選不同的人員，對其進行必要的培訓，以提高效率、降低勞動成本。搬運鐵礦石就是如此。當時伯利恒鋼鐵公司用火車運輸鐵礦石，但裝車卻完全靠人工搬運。每個工人原來一天平均搬運12.5噸鐵礦石。泰勒認為，凡是體力消耗大的工作，都必須安排體力恢復的時間，因此他選了一個工人做試驗，為他設計了搬運的操作程序和方法，規定了工作的時間和休息的時間。實驗結果表明，這個工人一天只用了原來搬運時間的43%，就搬運了47.5噸。接著泰勒用同樣方法培訓搬運工人中的其他人，漸漸地也使他們從原來每天搬運12.5噸提高到47.5噸，後來又提高到59噸。這樣，勞動率提高了3~4倍，但只用了原來工人人數的1/8就完成了任務；其餘的工人則調到公司其他部門擔任更適合他們特點的工作。泰勒的這個試驗充分證明了每種工作崗位上需要配備的工人是應當進行科學的挑選和訓練的。後來，泰勒委託普萊姆、普雷斯在1910年建立了一個人事部門。接著，大資本家福特在1914年也建立了一個人事研究室。第一次世界大戰以後，人事管理中挑選錄用、培訓的職能被逐步普遍採用，而且直到現在仍繼續採用。

（3）提高薪酬

在19世紀末20世紀初，西方普遍採用的是計時工資。當時不少管理學家已看到這種工資形式有不能充分發揮工作者的積極性和主動性的缺點，因此他們各自提出了不同的工資形式。

1891年，美國的海爾賽發表了一篇關於工資報酬制的文章，介紹和評價了當時普遍採用的三種工資報酬制度。文章指出：第一種是計時工資制，按實際工作的小時數

來計酬。這種制度的問題是工人的報酬與工作的成效不掛勾，因此不能鼓勵工人提高效率，增加生產。第二種是計件制，按照完成工作量的多少給予報酬。這種制度的問題是資本家不願意讓工人獲得的報酬過多，總是會在一定的時候降低產品的工資單價，因此工人們也就不願意再多干，以免失業。第三種是分紅制。這種制度的問題是超額完成的利潤主要歸資本家所有，工人的所得還補償不了超額勞動的支出，而且工人的所得部分是不分好壞地平均分配，因而也不利於鼓勵工人多干。

海爾賽在分析上述三種工資形式的基礎上提出了一種工資獎金制度，也就是在支付給工人每小時的基本工資之外，把因工人提前完成任務（如 4 小時完成 8 小時的任務）而節約下來的 4 小時工資額的 1/3 作為獎金獎勵給工人；而工人又可在另外 4 小時做其他的工作，從而又可取得額外的工資。海爾賽認為這種工資獎金制有下列優點：第一，不管工人的工作成果怎樣，總能保證得到計時基本工資，不致使生活沒有保證；第二，由於工人所得的獎金只是所節約工資額的 1/3，不致使工人報酬過高；第三，能鼓勵工人多干活。

接著，泰勒提出了差別計件工資制，甘特又修正了泰勒的差別計件工資制而提出工作獎金制，等等。他們認為工人只有經濟的需要。

2. 組織行為學是傳統人事管理的新發展

通過對以上傳統人事管理所採用的幾種方法的分析，我們可以看到它們的局限性：靜止地、死板地、制度化地挑選人、配備人、培訓人、給人報酬（發工資和獎金），以及給予一定的福利等。傳統的方法只是靜止地在人頭數目上做文章，而且認為人只有經濟需要，而沒有動態地從人的心理和社會的需要方面來研究人的行為，調動他們的積極性，挖掘他們內在的潛力。因此，這種傳統的人事管理還不能說是真正的「以人為中心」的管理。因此，迫切需要建立和發展一種真正的以人為中心的管理。這也就是組織行為學產生的前提。

真正的以人為中心的管理，應滿足下列幾個要求：

第一，要由靜態發展到動態。要由單純研究人事管理發展到研究人的心理和行為，由研究人事的各種呆板的規章制度和人的經濟需要到研究人的心理和社會的各種需要。

第二，要由消極等待人的某種行為發展到積極地預測、引導、控制人的行為。

第三，要由單純追求工作效率發展到使工人和職員感到滿意。

實現上述要求的過程就是由傳統人事管理向現代人事管理、向以人為中心轉變和發展的過程。

二、心理學與組織行為學

在泰勒等人研究管理學的同時，有許多心理學家認為，要管好人首先得瞭解人，摸清人的心理活動的規律，才能做到預測、引導和控制人的行為。組織行為學是在心理學原理應用於管理工作的基礎上產生和發展起來的。從對管理領域中人員的分析層次來看，一般經歷了分析管理領域中個體（人）→群體（人）→組織（人）的這種不斷擴大的發展演變過程；從把心理學原理應用於不同的領域來看，經歷了普通心理學（又稱個體心理學或理論心理學）→工業心理學→管理心理學→組織行為學的過程，如

圖 1-4 所示。

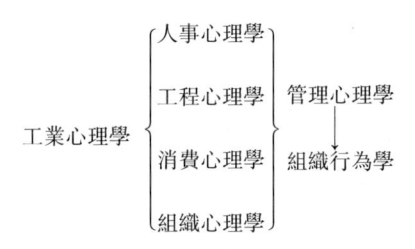

$$\text{工業心理學}\begin{cases}\text{人事心理學}\\ \text{工程心理學}\\ \text{消費心理學}\\ \text{組織心理學}\end{cases}\begin{matrix}\text{管理心理學}\\ \downarrow\\ \text{組織行為學}\end{matrix}$$

圖 1-4　工業心理學到組織行為學

(一) 普通心理學

　　從 1879 年由德國的馮特（Wilhelm Wundt）在萊比錫創建第一個心理實驗室開始，心理學正式從哲學中分離出來成為一門獨立學科，至今也不過一百多年的歷史。

　　心理學是以人的心理現象規律為研究對象的科學。心理現象就是指人的感覺、知覺、記憶、思維、情感（或情緒）、意志、想像，以及動機、興趣、能力和性格等。這些都是我們最熟悉的心理現象，它們是錯綜複雜而且不斷變化的。心理學為組織行為學提供理論基礎。

(二) 工業心理學

　　馮特的學生孟斯特伯格（Hugo Munsterberg）最先把心理學的原理用於工業領域，並挑選不同能力和素質的人配備到相應的工作崗位上。1912 年，他公開發表了《心理學與工業效率》（*Psychology and Industrial Efficiency*），為工業心理學開闢了廣泛的研究領域。由於《心理學與工業效率》把心理學原理應用到管理中，對形成組織行為學（管理心理學）具有劃時代的意義，很多人認為孟斯特伯格是工業心理學的創始人。

　　隨著心理學不斷運用於工業領域，工業心理學的研究對象和範圍逐步明確了。工業心理學是一門用心理學原理與方法來分析工業生產、分配、交換和消費整個領域中人的心理和行為的規律的學科。其研究範圍包括工業個體心理學，即解決人與事的配合的人事心理學和解決個體人與機的配合的工程心理學，還包括工業社會心理學即解決人與人相配合的人群關係學或組織心理學，還包括解決生產者與消費者相配合的關係的工業消費心理學。

　1. 人事心理學

　　人事心理學是心理學與人事管理的結合，是解決人與事（工作職務）的合理配合問題的學科。它主要研究和探討人的各種心理特性，分析各種事（工作職務）的要求，其目的在於使人與事之間恰當配合，並調整人與事之間的相互關係，力求真正做到人盡其才、才盡其用。也就是說，人事心理學研究的是工業企業中人力資源的充分利用和合理開發的問題。孟斯特伯格開創的早期的工業心理學實際就是人事心理學。這種人事心理學分析研究的中心還只限於個體人與事的合理配合問題，並未涉及人與人的配合問題。

　2. 工程心理學

機器如何與操作機器的人相配合即人機關係屬於工程心理學研究的範疇。工程心理學也叫人的因素學或人類工程學或工效學。這門學科是工程學和心理學、生物學、生理學相融合的結果。

工程心理學的正式出現是在 1947 年[①]。這門學科的特點是要求機器適合人的要求。因此工程心理學的定義是：研究如何設計機器設備和廠房設施以便於人使用，以及如何使人有正確的行為恰當地使用機器和設備的一門科學。

工程心理學家主要通過各種心理測驗為工程師們提供人操作各種複雜機器和設備的能力和限度，以此作為工程師們設計時的參數。工程心理學的主要研究對象是人機關係。其目的就是使人和機器達到最佳配合，獲取最佳工作效率。

3. 工業社會心理學（組織心理學）

隨著生產的進一步發展，要使工作具有高效率，不僅要解決好人與事的配合、人與機的配合，還要解決好人與人的配合關係。解決人與人配合關係的學科就是工業社會心理學，19 世紀 30 年代初，梅奧通過霍桑試驗提出了「人群關係學」。他於 1933 年出版了《工業文明中人的問題》，提出了影響人們工作效率的新因素：

其一，人們的工作效率不僅受物質、生理因素的影響，還在很大程度上受心理、群體、社會因素的影響。

其二，生產率的高低主要取決於群體內的氣氛、成員的工作情緒和人與人之間的相互關係。

其三，除正式組織外，還有非正式組織的存在。它對組織中每個群體和組織成員的行為具有影響。

其四，企業的各級領導要注意傾聽職工的意見，要與他們加強溝通，要尊重和依靠他們，要學會巧妙地運用非正式組織的作用，使領導和被領導的關係融洽。

在管理學和心理學的研究歷史上，梅奧的霍桑試驗第一次把工業中人與人之間的關係問題提到首位，所以人們把這一學派叫做人群關係學派。這實際是組織心理學或組織行為學的前身或者先驅。

4. 工業消費心理學

工業消費心理學主要解決工業生產者與消費者的關係，也就是研究生產者與消費者相互關係中的心理和行為的規律性。一個公司或工廠的產品質量再好，消費者不瞭解，就賣不出去，工業生產就不能再循環下去，工廠就會倒閉。因此，工業企業之間的競爭不僅是產品「質量之戰」，也是「消費者心理研究之戰」。

最早把心理學應用於工業銷售的是斯科特（1901）。隨著工業生產和銷售的發展，消費心理學對工業的發展越來越重要。

(三) 管理心理學

廣義的管理心理學也包括以上工業心理學的內容。正如中國的工業心理學家陳立教授所指出的：「管理心理學的內容很廣泛，既有人事心理學的內容，包括人員的選擇

---

① 陳立. 工業心理學簡述 [M]. 杭州：浙江人民出版社，1983：3.

與訓練，職業教育（包括職業輔導、職業分析、就業安排），又要研究經營管理與組織，工作動機和態度，協作分工，工作環境與安全，領導品質及組織發展，以及與經濟管理有關的消費心理學等。」① 所以工業心理學的產生與發展，也標誌著管理心理學和組織行為學的產生。

三、行為科學與組織行為學

（一）行為科學的誕生

雖然梅奧等人的霍桑試驗開創了運用心理學、社會學知識來綜合研究人的因素的新方向，因而被稱為研究組織內部人的行為的里程碑，但是由於霍桑試驗得到的結論帶有一定的推測和聯想性，缺乏充分的客觀依據，因而後來受到了一些人的批評。人們開始尋求其他的管理理論。

20 世紀 40 年代，系統論和控制論的提出和運用進一步促使各學科的學者聚集在一起共同探討人的行為的產生。1949 年，在美國芝加哥大學的一次跨學科的科學討論會上，有學者提出了運用現有的學科知識研究人的行為的產生的規律性。會上有學者提議，把這種綜合各學科知識系統來研究人的行為的科學叫做「行為科學」（Behavioral Sciences）。1952 年，「行為科學高級研究中心」成立了。1953 年，美國福特基金會邀請了一批著名學者，在慎重討論後，才把研究人的行為的學科定名為「行為科學」。1956 年，《行為科學月刊》正式發行。

（二）行為科學與組織行為學

按照美國《管理百科全書》對行為科學所下的定義，「行為科學是運用研究自然科學那樣的實驗和觀察的方法，來研究在一定物質和社會環境中的人的行為和動物（除人這種高級動物以外的其他動物）的行為的科學。研究行為所運用的學科包括心理學、社會學、社會人類學與之有關的其他學科。」

由此可知，行為科學運用的範圍極廣。把行為科學運用於教育就產生了教育行為學。例如運用行為改造方法（Behavior Mortification）來改造人的消極不良行為。

把行為科學運用在醫學領域就產生了醫療行為學。如運用行為治療方法治療精神病。

把行為科學運用於政治領域就產生了政治行為學。如美國統治集團用行為科學的知識來處理政治集團內部、國家之間的衝突和矛盾，以及緩和國內的階級矛盾等。

把行為科學的知識和原理運用於各種組織的管理上，就產生了組織行為學。

四、管理心理學與組織行為學

組織行為學是管理心理學直接發展而來的。

首次使用「管理心理學」這一說法的是美國女管理學家莉蓮·吉爾布雷斯（Lillian Gilbreth）。她是隨泰勒一起研究科學管理的吉爾布雷斯的妻子。20 世紀初，泰勒和吉

---

① 陳立. 工業心理學簡述 [M]. 浙江：浙江人民出版社，1983：8.

爾布雷斯集中力量通過動作研究和時間研究來提高工作效率，而這位莉蓮·吉爾布雷斯卻認為不能單純通過工作的專業化、方法的標準化、操作的程序化提高效率，還應該注意研究工人的心理。她發現，由於管理人員不關心工人而引起的不滿情緒也會影響工作效率。因此，她在 1914 年出版了一本《管理心理學》(Psychology of Management)。她力圖把早期心理學的概念應用到科學管理的實踐中去。但是這本著作在當時並沒有引起人們的足夠重視，沒能形成一門學科。在第二次世界大戰前的美國，心理學用於工業一直被稱做「工業心理學」(Industrial Psychology)。當時，工業心理學的主要含義是指對工作中個體差異的測定，它以個體為研究對象。早在 20 世紀 20 年代，霍桑試驗就已經發現了工作群體的重要性，但建立在群體理論之上的社會心理學研究的真正起步還是 20 世紀 50 年代的事情。那時候，人們清楚地看到，作為以群體特別是小群體為研究對象的社會心理學，對員工工作績效的影響變得越來越大了。因此，美國斯坦福大學的萊維特 (Levitt) 教授於 1958 年正式用「管理心理學」(Managerial Psychology) 這個名稱代替原來沿用的「工業心理學」，使其成為一門獨立學科。萊維特教授說，他用「管理」這個詞來替換「工業」這個詞的原意是想引導讀者考慮如何領導、管理和組織一大批人完成特定的任務。

以後又出現的「組織心理學」(Organizational Psychology) 這個名詞，是 20 世紀 60 年代初萊維特為《心理學年鑒》所寫的一篇文章中被首先採用的。這篇文章的目的也是要強調社會心理學尤其是群體心理學在企業界日趨顯著的作用。

不久，美國心理學協會第十四分會——工業心理學分會改名為工業和組織心理學分會，其目的也是要承擔比個體差異測定更廣泛的組織問題的研究。隨著這一學科的研究對象從個體到群體再到組織，其研究和實驗的機構也發生了變化——從各大學的心理學院轉到管理學院，特別是這些學院的研究生部。到了 20 世紀 50 年代末期，這些學院又吸收了社會心理學家、社會學家和人類學家。從這批人中產生出來的研究項目被取名為「組織行為學」。這一名稱進一步強調了「組織」這一概念，同時又明確了它不是任何單獨哪一門學科的產物。從此以後，「組織行為學」這一名稱被沿用至今。現在在美國的管理院校中，幾乎所有研究行為的小組都取名為組織行為學小組。

從管理心理學、組織心理學到現在的組織行為學，反應了這個研究領域的發展過程。從莉蓮·吉爾布雷斯的《管理心理學》到萊維特的《管理心理學》，再到薛恩的《組織心理學》，雖已顯示出了對組織更多的關注，但其內容主要還屬於心理學範疇。到了盧桑提出更加偏重於社會學和心理學的觀點時，「組織行為學」已被認為是合適的概念了。組織行為學是最為廣泛的範疇，它一般包含了組織心理學和管理心理學。

綜上，組織行為學的系統化體系形成並經歷了一個理論準備和知識累積的過程。在這一過程中，有不少學者和專門機構也為之進行了不懈的探索，發表了許多很有見地的論著，為組織行為學理論的創立作出了突出貢獻。對組織行為學的誕生作出貢獻的還有：

莫里諾 (J. L. Moreno) 在 20 世紀 30 年代創立了社會測量學。這種理論中的測量技術通過問卷讓被調查者根據好感或反感對夥伴進行選擇，通過適當處理對群體中的人際關係進行分析。社會測量學為組織行為學研究群體行為提供了科學的方法和技術。

勒溫（Kurt Lewin，1890—1947年）富有獨創性地提出了關於人的行為的「場論」，並進而形成了群體動力學。勒溫認為，人的內在需要和周圍環境的相互作用決定了人的心理和行為，進而形成社會秩序。群體動力學對群體行為的研究貢獻很大。

馬斯洛（A. Maslow，1908—1970年）在1943年發表了《人類激勵理論》一文，首次論述了作為人的動機基礎的需要層次理論。馬斯洛認為，人的需要從低級到高級依次可分為五類，即生理、安全、交往、尊重和自我實現。馬斯洛的需要層次理論對組織行為學的激勵理論的發展有很大影響。

1945年，美國俄亥俄州立大學工商企業研究所根據企業領導行為的兩維因素即「抓組織」和「關心人」研究提出了「領導行為四分圖」理論，為研究組織中的領導行為提供了一個新的途徑。

菲德勒（F. E. Fiedler）於1958年提出了有效領導的權變模式，認為任何領導形式均可能有效，其關鍵在於要與環境相適應。這一模式為20世紀七八十年代的領導問題研究開闢了一條新的途徑，它是對領導理論的動態研究。

弗洛姆（Victor H. Vroom）於1964年在《工作與激勵》中提出了工作激勵的期望理論。該理論經過後人的發展和補充成為西方普遍接受的激勵模式之一。

勞倫斯和洛希在1967年發表的《組織和環境》等文章中分類研究了外界環境如何影響組織結構的問題，這在組織結構與外部環境關係的研究方面是標誌性的進展。

明茲伯格（H. Mintzberg）在1973年所著的《管理工作的性質》中著重研究了管理者應能明確應該做的工作和工作特點。

普菲爾（J. Pfeffer）和薩蘭西克（G. Salaneik）在1978年合著的《組織的外部控制》中建立了資源—依賴性模型，闡明了部門之間由於資源—依賴性關係而決定的權力關係。

威廉·大內（William G. Ouchi）在1981年所著的《Z理論——美國企業如何迎接日本的挑戰》中對價值觀及其對管理效率的影響作了國際比較。

哈默（M. Hammer）和錢皮（J. Champy）在1993年所著的《企業再造》中對在信息化和全球化條件下企業組織的系統變革進行了研究。

第二節　組織行為學的發展階段與流派

組織行為學的產生和發展有它的理論基礎和實踐基礎，這表現在管理思想發展的各個重要階段。[1]

一、科學管理階段

這一階段（19世紀末至20世紀30年代）的代表理論是科學管理理論和古典組織理論。

---

[1] 段萬春. 組織行為學［M］. 重慶：重慶大學出版社，2003.

(一) 泰勒和他的科學管理理論

　　泰勒所處的年代正是美國南北戰爭結束後不久的資本主義蓬勃發展時期。這一時期，美國企業資金累積迅速增加，新技術不斷引進，企業規模不斷擴大；而另一方面，工廠管理還是靠傳統經驗辦事，工人怠工、合謀對抗管理部門的現象普遍存在，生產效率低下，企業生產要素的潛力得不到發揮。據文獻記載，當時美國只有少數企業的產量能達到實際生產能力的 60%。在這種情況下，要提高勞動生產率就必須尋求合理的生產組織方式，提高管理水平。為此，一批工程師、企業家進行了積極的探索與研究，並發表了許多見解。泰勒是他們之中最有成就的一個。泰勒根據自己的實踐經驗和研究成果，於 1911 年出版了《科學管理原理》一書，認為科學管理的中心問題是提高勞動生產率。該書的主要內容可以用泰勒本人所歸納的管理部門的四項職能（或稱工作原則）來說明：

　　第一，為工人工作的各組成部分研究出一套科學的方法以代替過去憑經驗管理的方法。

　　第二，科學地挑選工人，然後進行培訓、指導，使之提高業務水平。過去是由工人自己選擇工作並盡其所能來訓練自己。

　　第三，誠心誠意地與工人合作，以保證一切工作都能按照已制訂的科學程序進行。

　　第四，在管理部門和工人之間大致平等地進行分工，並承擔相應的責任，管理部門把一切由他們自己做更為合適的工作都承擔起來。而在過去幾乎所有工作都落在工人身上。

　　科學管理原理（又稱「泰勒制」）的影響是廣泛和久遠的，無論是在它的發源地美國，還是在其他工業化國家。據美國 1971 年版的《工業工程手冊》，美國在科技發達的 20 世紀 70 年代仍有 83% 的公司和工廠在應用泰勒所倡導的某些科學管理方法。而日本在第二次世界大戰後和 20 世紀 70 年代後期曾兩度興起推廣運用泰勒制的熱潮，這大大促進了日本工業在戰後的迅速振興和發展。前蘇聯在開始實施第二個五年計劃時便運用泰勒制原理開展勞動競賽；到了 20 世紀 60 年代，前蘇聯又重新研究泰勒制原理並在工業生產中推廣運用。1984 年，美國通用汽車公司與日本豐田汽車公司在美國蒙特合資興建了汽車公司。該公司自運轉開始便運用泰勒制的動作時間研究和合理挑選工人等管理原則。十多年來，該公司創造了世界一流的勞動生產率和產品質量。由日本豐田公司創造的號稱世界級製造系統（World Class Manufacturing, WCM）的準時生產制（JIT），其基本思想也是來源於科學管理原理。由此可見，泰勒無愧於刻在他在費城的墓碑上的「科學管理之父」的稱號。

　　後來，也有不少學者對泰勒制提出了批評，指責泰勒把經濟上的需要看做是工人的唯一需要。不過孔茨等人則認為，在當時的生產力水平條件下，貫穿於泰勒著作中的主旋律卻是強烈的人道主義，精心選人、用人並加以培訓，可以使工人能夠做自己幹得最好的工作。泰勒最大的貢獻在於他把制度化思想帶到管理實踐中來。正如他在《科學管理原理》一書的導言中所說的：「過去，人是第一要素，將來，體制則是第一要素。這絕不是說不需要偉大人物。相反，任何一種好的制度的首要目標必須是造就和

發展第一流人才。」

與泰勒同時期、對科學管理理論有過貢獻的還有吉爾布雷斯夫婦以及甘特（H. L. Ganti）等。

(二) 古典組織理論

與科學管理原理相輔相成的是古典組織理論。古典組織理論側重於研究組織中行政管理方面的問題。這一理論的代表人物是法約爾和韋伯。

1. 法約爾（H. Fayol，1841—1925 年）

亨利・法約爾出生於法國，1860 年從聖艾蒂安國立礦業學院畢業後進入康門塔里—福爾香堡（Comentry－Fourchambault）採礦冶金公司，成為當地礦井組的採礦工程師，並於 1888 年出任該公司總經理。1916 年，法國礦業協會的年報公開發表了他的著作《工業管理和一般管理》。其理論貢獻主要體現在對管理職能的劃分和組織管理原則的歸納上。他第一個闡明了關於管理和協調的一系列組織原則，因而被稱為「現代經營管理之父」。與泰勒著重於工人個體不同，法約爾著重研究高層管理問題。在 1908 年的採礦工協會 50 週年年會上，他提出了組織管理的 14 項原則：

（1）勞動分工

這一條是關於實行勞動專業化的古典概念。同泰勒一樣，法約爾認為勞動分工不僅限於技術工作，也適用於管理工作，還適用於職能的專業化和權限的劃分。

（2）權力與責任

權力指的是指揮和要求別人服從的權力和力量。法約爾把管理人員的正式權力和個人權力區別開來。前者是由於管理人員的職位產生的，後者則是由管理人員的智慧、經驗、道德品質、領導能力及其以往的功績等產生的。一個好的管理人員可以以他的個人權力來補充他的正式權力。法約爾還指出，權力和責任是互為因果的，有權力必定有責任。

（3）紀律

紀律實質上是以企業同其雇員之間的協定為依據的服從、勤勉、積極、規矩和尊重的表現。紀律是行政管理絕對必需的。法約爾指出，紀律是以尊重而不是以恐懼為基礎的。紀律松弛必然是管理不善的結果，而嚴明的紀律產生於良好的領導以及管理當局同工人之間關於規則的明確協議和賞罰的審慎應用。

（4）統一指揮

這是指組織中每個人只能服從一個直接上級的指揮。法約爾指出，如果兩個領導同時對一個人或一件事行使權力，就會出現混亂。

（5）統一領導

統一領導和統一指揮有所不同，指的是一個集團（不是指個人）關於同一個目的的所有行動只能有一個領導和一項計劃。統一領導來自健全的組織。

（6）局部利益服從整體利益

這意味著在一個組織裡，一個人或一個部門的利益不能被置於整個組織利益之上。為了實現這個原則，就要克服愚昧、野心、自私、懶惰、軟弱和一切企圖把個人或小

集團利益置於組織的整體利益之上的個人情緒。

（7）報酬

法約爾是在把職員看成「經濟人」的基礎上來闡述這個原則的。報酬和支付方法應當是公平的，並應為雇員和雇主提供最大可能的滿足。法約爾在討論了日工資、任務工資、計件工資、資金、分紅、實物津貼、福利和榮譽等方式以後說，付酬方式取決於多種因素，而其目的是使員工感覺自己更有價值，並激發起他們的工作熱情。

（8）集中

法約爾指出，集中是組織發展的自然結果，就像勞動分工一樣。實行集中的目的是盡可能地發揮所有人員的才能。是實行集中還是分散，應根據組織的性質、業務的性質和工作人員的能力而定。

（9）權力等級鏈

這指的是從企業最高領導到最基層的上下級系列。它體現了命令執行的路線和信息傳遞的渠道。法約爾指出，在不必要的情況下違背等級原則是一個錯誤，但由於遵循等級原則而造成對企業的損害，則是一個更大的錯誤。因此，應該把尊重等級原則和保持行動迅速結合起來。這可以通過建立平級之間的聯繫制度來實現，即建立「法約爾橋」。

（10）秩序

這要求每件東西和每個人都有一個位置，並且都處於恰當的位置上。法約爾指出，建立秩序是為了避免物資的損失和時間的浪費。良好的秩序必須以勝利地完成兩項最艱鉅的管理工作為前提，即建立良好的組織和進行認真的選拔。要確定企業順利發展所必需的職位並為這些職位選拔稱職的人，使每個人都在能夠發揮自己最大能力的崗位上任職。

（11）公平

公平是由善意和公道產生的。當主管人員對他的下屬仁厚、公正時，他的下屬必將對他忠誠和盡力，這是善意的效力。公道是指實現已訂立的協定。由於已訂協定不能預測到所有的事物，對變化的內容要經常加以闡明和補充。

（12）人員的穩定

這是指有計劃地安排人員和補充人力資源。法約爾指出，一個人要適應他的新職位並很好地完成他的工作，需要一定的時間。不必要的流動是管理績效不佳的表現，頻繁的流動也是一種人力資源的浪費。

（13）首創精神

首創精神表現在擬訂並執行一個計劃的自主性上。由於它是「一個有才智的人可以體驗的最渴望的滿足之一」，法約爾勸告主管人員要「犧牲個人的虛榮心」，而讓下屬人員去發揮首創精神。

（14）團結精神

這是指要在企業內部建立起和諧與團結協作的氛圍。實現團結需要強調集體協作的必要性和信息溝通的重要性。

在以上的14條原則中，法約爾管理理論的核心是統一指揮和權力等級鏈。1916

年，法約爾寫了《工業管理和一般管理》一書，書中指出管理的五大職能是計劃、組織、指揮、協調和控制。另外，法約爾還把「管理」與「經營」的概念區分開來，認為管理只是經營的六種職能活動之一。他將一個工業企業的各種活動劃分為六類：①技術活動（生產）；②商業活動（採購、銷售和交換）；③財務活動（資金的籌措和有效使用）；④安全活動（財產和人身的保護）；⑤會計活動（包括統計）；⑥管理活動（計劃、組織、指揮、協調和控制）。他指出，這些活動都存在於各種不同規模的企業裡。

2. 馬克斯·韋伯（Max Weber，1864—1920 年）

馬克斯·韋伯是德國著名的社會學家，1864 年出生在德國愛爾福特的一個中產階級家庭，1882 年進入了海德堡大學法律系就讀，後就讀於柏林大學，畢業後留校任教。他在管理理論方面的主要貢獻是提出了「理想的行政組織體系」，並因此被稱為「組織管理之父」。其主要著作有《社會組織和經濟組織理論》《新教倫理與資本主義精神》《政治作為一種職業》《經濟和社會》等。

行政組織體系（Bureaucracy）一詞的德文原文又可譯為官僚政治、官僚體制，不帶有貶義，其實質是一種「層峰結構」。所謂理想的行政組織體系是指不以家族世襲地位、人事關係、個人感情等來構造組織，而是按照嚴密的行政組織、嚴格的規章制度來組成管理機構。當時德國正在從封建社會向資本主義社會過渡，韋伯的理想行政組織體系的理論正反應了工業化的要求，即衝破封建家族的世襲式管理，走向新式的職業式管理。韋伯組織理論的主要貢獻有下列幾方面：

（1）設計了理想的行政組織體系

理想的行政組織體系的要點是：①組織內的各種職務和崗位要按照職權等級來設置，形成一個逐層分級指揮系統，個人的責權要明文規定。②組織成員的任用應通過正式考試或培訓，使人員勝任職務的要求，而不是憑世襲地位或人事關係。③組織內的任何人都必須嚴格遵守規章和紀律，沒有例外。

（2）認為行政組織體系的基礎是合法規定的權力

任何組織都必須以某種形式的權力作為基礎，才能保證組織的秩序、達到組織的目標。韋伯指出，有三種類型的權力：①理性和法定的權力。這是指經過合理挑選，依法任命，並賦予行政命令的權力。②傳統式的權力。這種權力來源於傳統習慣。封建社會的傳統習慣就是家族世襲，權力代代相傳。③個人崇拜式的權力。它來自對某個人的特殊和超凡的神聖感、英雄主義形象或模範品質的崇拜，或對這個人所代表的標準模式的崇拜。韋伯認為，理想的行政組織體系必須建立在第一種權力即理性的和法定的權力的基礎之上。因為只有這種權力具有合法性。在任命該權力的擁有者時經過理性的考慮和挑選，能保證管理的連續性。

（3）設計了行政組織體系的結構

韋伯的理想的行政組織體系的結構可用圖 1-5 來簡單表示。

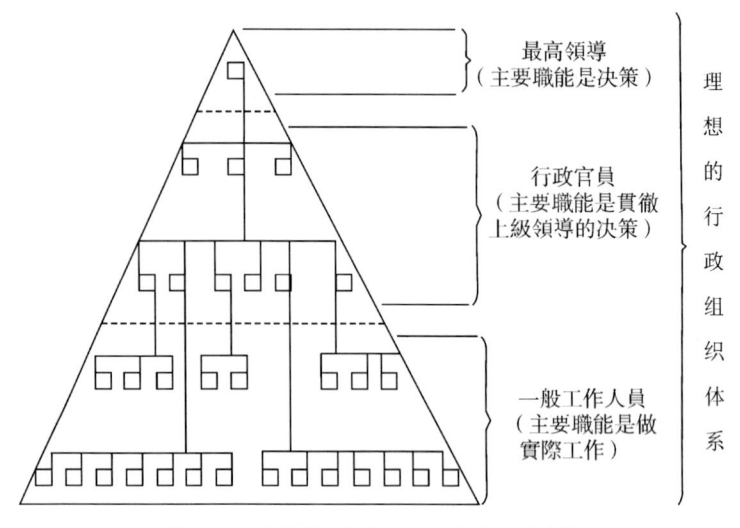

圖1-5 韋伯的理想的行政組織體系的結構

　　從圖1-5可以看出，理想的行政組織體系的結構分為三層，其中的最高領導層相當於目前許多組織的高級管理階層，行政官員層相當於中級管理階層，一般工作人員層即相當於基層管理階層。韋伯的組織理論對後世的影響是很深遠的。

　　泰勒、法約爾和韋伯的理論分別代表了那個時代管理理論的三個重要方面，即科學管理理論、計劃管理理論和行政組織理論。儘管這三種理論研究的重點各不相同，但它們有著共同的特點，那就是試圖通過建立嚴格的管理制度、周密的計劃和剛性的組織結構來解決當時企業中出現的問題，以達到提高生產率的目的，而輕視或忽視組織中人的思想、情感和主觀能動性。

二、行為科學階段

　　早期的行為科學在20世紀30～40年代被稱為「人際關係學說」，此間還出現了社會系統學派。這一階段大致是20世紀30～50年代。

（一）人際關係學說

　　20世紀的20年代初和20世紀30年代初，美國爆發了經濟危機，出現了經濟大蕭條，國民生產總值從1929年的2030億美元降至1933年的1400億美元，失業人口達到1300萬，大批企業倒閉。羅斯福總統推行新政，先後頒布了《國家勞動關係條例》和《公平勞動標準條例》，工會勢力上升了。在這種情況下，科學管理的缺陷愈來愈明顯。就在這一時期，出現了著名的「霍桑實驗」，它成為了人際關係學說的催化劑。

　　霍桑實驗由美國科學院全國學術研究委員會與西部電器公司聯合，在該公司所屬的芝加哥霍桑電話機工廠進行。實驗始於1924年，結束於1932年，研究的著重點是工作群體的社會態度和相互關係對工作績效的影響。實驗由哈佛大學著名心理學家梅奧為首的一批學者主持。1933年，梅奧就實驗結果進行了總結，並於同年出版了《工

業文明中人的問題》一書。以梅奧為中心的一些經濟學、管理學、心理學和社會學者深化了霍桑實驗的結論，逐漸形成了「人際關係學派」。

人際關係學派的許多新的管理觀念體現在《工業文明中人的問題》中：

（1）以前的管理把人假設為「經濟人」，認為金錢是刺激人的積極性的唯一動力。而霍桑實驗證明人是「社會人」，社會和心理的因素也影響著人的生產積極性。

（2）以前的管理認為生產效率主要受工作方法和工作條件的制約。霍桑實驗證明生產效率主要取決於員工的積極性和士氣，而積極性、士氣則取決於員工的家庭生活和社會生活以及企業中人與人之間的關係。

（3）以前的管理只注意組織機構、職權劃分、規章制度等「正式群體」的問題。霍桑實驗發現除正式群體外，員工中還存在著非正式群體。這種非正式的群體有它特殊的感情和傾向，影響著其成員的行為。

（4）新型領導者應能提高員工的滿足感，善於傾聽員工的意見並與其溝通，使員工在正式群體中的經濟需要與在非正式群體中的社會需要之間取得平衡。

知識連結

霍桑實驗

霍桑實驗於1924—1932年在芝加哥西部電器公司的霍桑工廠進行了一系列研究，開創了人際關係學的先河。此項研究最早由西部電器的管理者們發起，後來哈佛大學的教授阿爾頓·梅奧繼續進行了深入調研。

照明試驗。研究人員由強到弱控制著照明的強度，但是群體產量沒有因此發生絲毫的改變。結果發生的變化，只有一點是確定的：產量的增減與照明的強弱沒有聯繫。

裝配試驗。他們將一小部分婦女與主要工作群體隔離，這樣就能對她們進行更好的觀察。被隔離的婦女們被安置在一個和正常工作環境佈局相似的地方，干著同樣的工作，即流水裝配小型電話。唯一的明顯區別是：有一個研究人員充當觀察員，對她們的工作如產出效率、退貨情況、工作條件進行記錄，填寫描述日常狀況的工作日誌。這項試驗持續了幾年，結果發現這一個小群體的產出穩步增長，病假也只有正常生產車間的 1/3。

談話試驗，又稱訪談實驗。為了瞭解員工對現有管理方式的意見，從而為改進管理方式提供依據，梅奧等人制定了一個徵詢員工意見的訪談計劃，對兩萬名左右的員工進行了訪談。

薪金試驗。其目的是為了確定豐厚的薪金對激勵計劃的作用大小。

霍桑實驗為理解群體行為尤其是群體規範在決定個體工作行為時所起到的重要作用作出了很大的貢獻。

（二）社會系統學派

社會系統學派的代表人物是巴納德。巴納德用社會學的觀點來研究管理理論，在繼承古典組織學派理論的基礎上，就組織理論提出了許多新的觀點。這些觀點集中反

應在其1938年出版的代表作《經理人員的職能》中。該書是組織理論的經典著作之一。巴納德組織理論的主要觀點有以下幾方面：

1. 對「組織」的定義

巴納德給「組織」下的定義是：「兩個或兩個以上的人的有意識協調和活動的合作系統。」巴納德是從人與人相互合作的角度解釋組織的第一個人，他把組織結構特性與人類行為特性結合起來分析組織問題。巴納德的組織定義包括以下幾層含義：①組織是由人的活動即人的行為構成的系統。②組織之所以是一個系統，是因為它是按一定的方法進行調整的人的活動和行為的相互關係。③組織是動態和發展的，它隨系統中的一部分變化或隨其他部分關係的變化而變化。④組織是一個協作系統，信息聯繫是決定組織效率的重要因素。

2. 「誘因與貢獻平衡」論

「誘因」是組織為滿足個人的動機而提供的報酬。它可以是物質的，也可以是精神的，是引導個人對組織作出貢獻的因素。「貢獻」是有助於實現組織目標的個人活動。由於個人目標和組織目標可能存在不一致，巴納德提出了「效能」和「效率」的概念。效能是指組織向成員提供誘因、使其滿足的程度。個人效率是協作效率的基礎，個人目標是否得到滿足直接影響組織績效。只有誘因與貢獻達成某種平衡，才能使組織中的成員產生必要的合作願望，組織目標才能實現。誘因和貢獻的平衡是相對的、動態的，組織管理部門應根據個人需要的變化及時在誘因方面作出相應的調整，以求得新的平衡。

3. 權威接受論

支配下屬的命令是否為下屬所接受是決定管理人員權威的關鍵。權威的建立不能僅僅依靠命令，還要依賴個人作為組織成員對命令的理解和對管理者的信任——認為它同組織目標和個人利益是一致的，並在精神上和智力上遵守命令。

4. 注重信息溝通

構成組織的基本要素是共同的目標、協作的願望和信息溝通。信息溝通是實現前兩個要求的條件和基礎。在強調管理部門必須建立、強化信息溝通職能的同時，還要突出「非正式組織」作為信息溝通又一渠道的重要性。非正式組織既能加強成員之間的感情聯繫，又能在相當程度上保護成員的利益。

5. 經理人員的職能

經理人員作為信息系統的中心和組織成員協作努力的協調人，應具有三項主要職能：一是維持組織的信息聯繫系統，二是管理、培訓、激勵組織成員，三是規定組織目標。此外，還有決策和授權職能。

6. 非正式組織的職能

巴納德稱非正式組織是不屬於正式組織的個人之間相互聯繫和作用的集團，它產生於同工作有關的廣泛聯繫中。這種集團雖然並不一定具有明確的共同目標，但有共同的利益、觀點、習慣、語言或準則。非正式組織可能對正式組織產生消極影響，但它至少在三方面對正式組織有積極作用：

其一，一些不便在正式組織中解決的問題，在非正式組織中卻易於解決；

其二，有助於維持正式組織的團結；

其三，可以維護個人品德、自尊心，並抵制正式組織的不利影響，以維持個人人格。

因此，非正式組織是企業組織不可缺少的部分，其存在能使組織更有效率和效能。

7. 協作系統三要素

巴納德認為，構成組織這樣的協作系統的三個要素是：共同的目標、協作的意願、信息的交流。對一個組織來說，如果沒有共同的目標，組織的成員就不知道要求他們付出怎樣的努力，以及從協作的結果中他們能得到怎樣的滿足。一個組織的目標只有被其成員所接受，才能導致協作活動。個人的協作意願意味著個人自我克制、交出對個人行為的控制權和放棄個性化，其效果是與個人的努力結合在一起的。對個人來說，接受組織目標和產生協作意願似乎是同時發生的。

在組織的三要素中，要使前兩個要素發揮作用，信息交流是基礎。因為信息交流是連接組織目標與個人協作意願的橋樑。巴納德是第一個把信息交流作為組織要素的人，他還制定了組織中信息交流的幾條原則：

第一，信息交流的渠道要為所有的組織成員明確瞭解。應明確規定每個人的權力與責任，公開宣布每個人所處的地位。

第二，每個成員都要有一個正式的信息聯繫渠道，每個人只能有一個直接的頂頭上司。

第三，信息聯繫的渠道要盡可能地直接而簡短，並要經常進行信息交流，以避免矛盾和誤解。

第四，經理人員是信息聯繫的中心，必須稱職。必要時，可由經理人員、輔助人員和參謀人員共同組成信息聯繫中心。

第五，組織在執行職能時，信息聯繫線路不能中斷。

第六，信息鏈的每一個連接點都必須是有權威的。

第七，必須經常運用完整的信息聯繫線路，以加強溝通和增進瞭解。這要求從一個組織的最高層到基層的信息聯繫應該通過信息鏈的每一個層次。

以上分析的協作系統的三個要素可用圖 1-6 來表示。

(三) 行為科學學派

「行為科學」正式出現於 20 世紀 40 年代末 50 年代初。1949 年，在美國芝加哥大學召開的一次跨學科的討論會上，首次把這門綜合性極強的學科定名為「行為科學」(Behavior Sciences)。從那時起，行為科學不僅得名，並且取代了人際關係學說。

關於行為科學的定義，在國內外的文獻中有不同的解釋。根據 1980 年英國出版的《國際管理辭典》中的解釋，「行為科學」主要是對工作環境中個人和群體的行為進行分析和解釋的心理學和社會學學說，其應用包括信息交流、創新、變革、管理風格、培訓和評價等領域。它強調的是創造出一種最優環境，以使每個人既能為實現公司目標作出貢獻，又能為實現個人目標有所作為。

中國的行為科學研究者將行為科學定義為：「由心理學、社會學、社會心理學、人

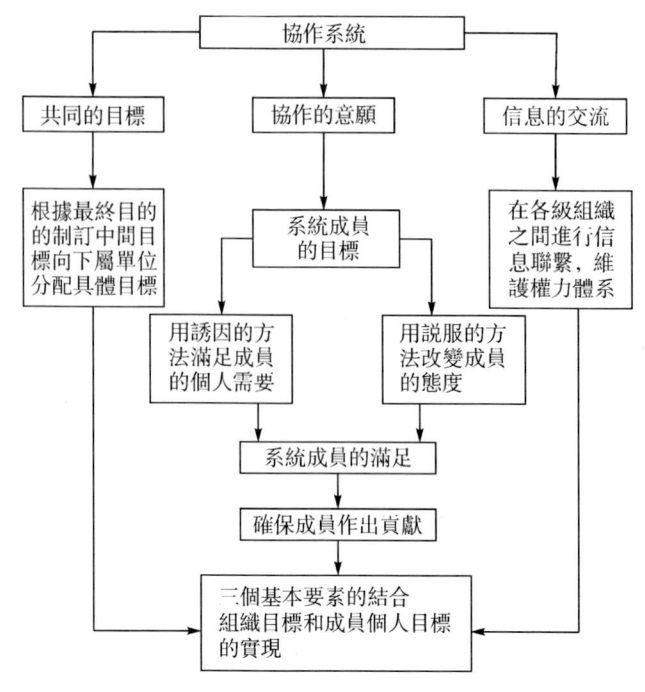

圖1-6　巴納德的協作系統

類學以及一切與研究行為有關的學科組成的學科群。它研究人的行為規律，借以控制並預測行為，並為實現政治的、經濟的和文化的目的服務。」從眾多的行為科學定義中，可以看出該學科有以下三方面的共同點：

第一，行為科學是一個學科群。行為科學的理論基礎主要是心理學、社會學、人類學和社會心理學。其中，心理學在行為科學中佔有重要地位。現代西方心理學家往往把心理學定義為研究人的行為規律的科學。因為人的心理與人的行為有著密切的關係。人的心理是在內外環境的影響下，在人的行為活動中形成和發展的。同時，人的心理對人的行為起著引導、調節和維持作用。社會學是用科學的方法研究社會行為的學科，其研究的重點是各種社團、組織、機構的社會行為；人類學包括體質人類學和文化人類學，其中文化人類學研究在一定的文化影響下的人的行為；社會心理學是介於心理學與社會學之間的一門學科，它是從與社會環境相聯繫的角度研究個體行為。由以上的分析可以看出，行為科學是以上述四門學科為核心，並吸收其他有關行為研究的知識而形成的一個學科群。

第二，行為科學主要是研究人的行為規律。儘管行為科學也研究動物行為，但它的主要研究對象是人的行為。研究並掌握人的行為規律，就可以控制人的行為，預測人的行為。控制人的行為就是指糾正人們不符合社會需要和社會規範的行為，使人的行為向合乎社會規範的方向發展。預測行為就是指根據已掌握的行為規律，預測一個人在某種環境下如何行事。這種預測是建立在系統、科學的方法基礎之上的。

第三，行為科學的應用領域比較廣泛。行為科學知識可以廣泛運用於政治、經濟、

文化等各個領域。可以說，凡是涉及人和人的行為的領域都需要行為科學。行為科學應用於政治領域，就形成了政治行為學；應用於醫學領域，就形成了醫學行為學；應用於管理領域，就形成了組織行為學。由於行為科學的應用較為廣泛，並為西方發達國家提供瞭解決因社會生產力發展而出現的人的行為方面的問題的鑰匙，美國出版的《國際社會科學全書》把行為科學稱為「20 世紀重要的智慧和文化的創造」。

三、系統科學階段

把貝塔朗菲（L. V. Bertallanffy）的一般系統理論應用於工商企業管理的研究，管理理論的發展就進入了系統理論階段（20 世紀 60 年代至今）。

（一）系統管理學派

系統管理學派的代表人物主要有卡斯特（F. E. Kast）和羅森茨韋克（J. E. Rosenzwig）等。由約翰遜（R. A. Johnson）、卡斯特和羅森茨韋克三人於 1963 年合著的《系統理論和管理》一書從系統概念出發，建立了企業管理的系統模式，因而成為系統管理學派的代表作。他們在組織理論方面的主要觀點有兩方面：

第一，組織是一個人造的開放系統。組織為了求得生存和發展，必然要同外界環境相互影響。也就是說，它必然要消耗來自環境的人力、物力、財力、信息等資源，同時又向環境輸出各種產品、服務等資源。同時，組織又具有內部的和外部的信息反饋網絡，能夠不斷地自我調節，以適應環境的變化。

第二，組織本身是由各個子系統組成的一個有機系統。組織的優化要強調整個系統的優化，而不僅是各個子系統的優化。按照不同的標準，組織內的子系統有不同的劃分方法，但主要的劃分方法有以下兩種：

其一，按各子系統在組織中所起的作用劃分。傳感子系統，用來度量和傳遞企業內部的變化信息；信息處理子系統，如會計系統和電子數據處理系統等；決策子系統，它接受輸入的信息，作出決策並傳達下去；加工子系統，它利用信息、物資、能量和人工來完成一定的任務；控制子系統，它保證加工過程按照原定的計劃進行，一般都有反饋控制；記憶或存儲子系統，可採用記錄手冊、工藝規程、電子計算機程序等形式。

其二，按各子系統的性質劃分。一是目標和價值子系統。組織的許多價值觀是從外界的社會文化環境中取得的，有些則是根據組織自身的需要而塑造的。企業的目標體現了價值觀的要求，它包括企業的戰略目標、各部門的策略目標和員工的個人目標。二是技術子系統。包括實現目標和任務所需的技術和知識。三是社會心理子系統。包括組織成員的行為和動機、地位和角色的關係、群體動力、影響力等。四是結構子系統。包括職能結構、崗位結構、部門結構、職權結構和協調規則等。五是管理子系統，包括計劃、組織、領導、控制等管理職能。管理子系統在上述五個子系統中處於中心地位，負責指導和協調其他各個子系統的活動。另外，在複雜組織的管理等級制度中還有戰略子系統、協調子系統和作業子系統等重要的子系統，它們承擔著不同的管理任務。

(二) 權變理論學派

權變理論學派是在 20 世紀 70 年代形成的。其基本觀點是：沒有一成不變的、普遍適用的、最好的管理原則和方法，一切管理活動都要根據企業所處的外部環境和內部條件而權宜應變。權變理論學派是按權變觀念來考察問題的。系統觀念為我們瞭解和分析組織提供了較廣泛的、概括性的一般觀點；權變觀念則更著重於具體組織的特殊性。權變學派十分注重從大量的實際事例中概括、歸納出幾種基本模式，並致力於尋求這些模式差異的影響因素及相應的管理方法。

權變理論學派的代表人物較多，在組織理論方面主要有湯姆・伯恩斯（Tom Bums）、伍德沃德（Joan Woodward）、勞倫斯和洛希等人。他們在組織理論方面有如下的觀點：

第一，權變學派強調組織的多變性，即與每一組織有關的條件的多樣性和環境的特殊性。

第二，強調外部環境對組織結構設計的影響。權變學派認為企業的組織設計應當是開放式的，企業的組織結構不僅要有穩定性，而且要有對環境的適應性、對環境的變化的足夠的敏感性，才能保證企業的生存與發展。

第三，試圖通過對企業的分類、對環境因素的分析，對不同類型的企業所適用的組織結構模式得出一些一般結論。

(三) 企業再造思潮

20 世紀 90 年代以來，美國企業開始了管理上的重大變革。這次變革的中心思想是「企業再造」（Reengineering the Corporation）。企業再造是以系統動力學原理為指導，對企業組織進行整體層次的變革。按照邁克・哈默與詹姆斯・錢皮的定義，企業再造是指為了迅速改善成本、質量、服務、效率等重大問題，在強調以「顧客為導向」和「服務至上」的前提下，對企業的整個運作流程進行根本性的重新思考和徹底改革，以期在產品成本、質量、服務以及效率上獲得較大的改善。美國麻省理工學院的弗雷斯特（Jay Forrester）早在其 1965 年發表的論文《企業的新設計》中就曾對企業再造思潮作過預言。1993 年哈默和錢皮合著的《企業再造》是企業再造思潮的代表作，而彼得・聖吉在 1990 年出版的《第五項修煉──學習型組織的藝術與實務》則是企業再造實務的重要指導書。

企業再造思潮在變革策略上有以下幾個方面的內容：

第一，重新整合業務流程。運用現代信息技術重新分析不同業務流程以及同一業務流程的各個階段的內在關係，對其進行優化組合，以提高服務質量。

第二，組建自我管理小組。用自我管理小組取代或削減專職從事管理的管理幕僚，並賦予管理小組更大的決策權，以改變過去組織體系中管理層次過多以及決策與執行分開的局面。

第三，建立新型的學習型組織。這種新型的學習型組織是一種充分發揮人的主觀能動性、充分運用高新技術和先進的信息技術的扁平型（層次少）、靈活度高並保持集體（或組織）不斷學習的組織。

第四，重新設計組織的系統邊界。企業要按照業務流程的性質和與外部環境的互動關係，超越原有「法定」組織界線，制定工作規程。企業再造工程的支持性理論比較多，但現在還沒有形成成熟的理論體系。

第三節　組織行為學的研究對象與方法

一、組織行為學的研究對象

(一) 組織行為學的概念

組織行為學是運用系統分析的方法，研究各類組織中人的心理和行為的規律，從而提高管理人員預測、引導和控制人的行為的能力，增強組織的適應能力，以實現組織目標的科學。

在組織行為學的發展過程中，曾有不少學者從不同角度對該學科下過定義。美國學者杜布林（A. J. Dubrin）的定義是：「組織行為學是系統研究組織環境中所有成員的行為的一門學科，以成員個人、群體、整個組織以及外部環境的相互作用所形成的行為作為研究的對象。」而凱利（Jee Kelly）的定義是：「組織行為學是對組織的性質進行系統的研究──組織是怎樣產生、成長和發展的，它們怎樣對各個成員、組成這些組織的群體、其他組織以及更大些的機構發生作用。」從以上所列的定義中，我們可以看出組織行為學的研究內容。

(二) 組織行為學的研究對象

1. 研究對象

組織行為學既研究人的心理活動規律，又研究人的行為活動規律，是把兩者作為一個統一體來研究的；因為人的行為與心理活動密不可分，心理活動是行為的內在基礎，行為是心理活動的外在表現。

2. 研究範圍

組織行為學不是研究人的一般行為規律，也不是研究一切人類的心理和行為的規律，而是研究各種工作組織中人的心理與行為的規律。這些工作組織主要是指工商企業，也包括政府機關、學校、軍隊、醫院等。所研究的心理與行為不僅是個人的心理與行為，還包括在一定組織環境中的人的心理與行為。

3. 研究方法

組織行為學不是孤立地研究一個組織中的個體、群體及組織本身的心理和行為，而是用系統分析的方法，按照系統理論的觀點，將個體的人作為一個系統，並把它放在群體這個較大的系統中研究。個體就是群體的子系統，而很多的群體又構成一個組織；因此，群體又是組織這個大系統的子系統。它們均自成系統而又密切聯繫、不可分割。同時，它們又都處在社會環境這個更大的系統之中，因此它們又都是社會環境的子系統。

4. 研究目的

組織行為學的研究目的是在掌握一定組織中人的心理和行為的規律性的基礎上，提高預測、引導、控制人的行為的能力，以實現組織既定的目標。

(三) 組織行為學的分類與研究內容

20 世紀 80 年代以來，在美國，已將組織行為學劃分為宏觀組織行為學與微觀組織行為學。宏觀組織行為學主要以社會學、經濟學和文化人類學的理論為基礎，著重研究組織結構、組織設計以及在一定社會經濟背景下的組織行為；微觀組織行為學則以心理學的理論和原理為基礎，著重研究個體的態度和行為、個體和群體與組織系統的相互作用和影響。因此，具體地說，組織行為學要研究三個方面的問題：一是工作組織對其成員心理和工作行為的影響，包括價值觀、工作態度和行為方式方面的影響；二是工作組織成員的行為方式及其績效對整個組織的效率和績效的影響；三是在一定的外部環境下組織對環境的適應性行為和持續發展的問題。組織行為學使抽象的管理理論具體化和實用化了。組織行為學研究的具體內容可用圖 1-7 來表示。

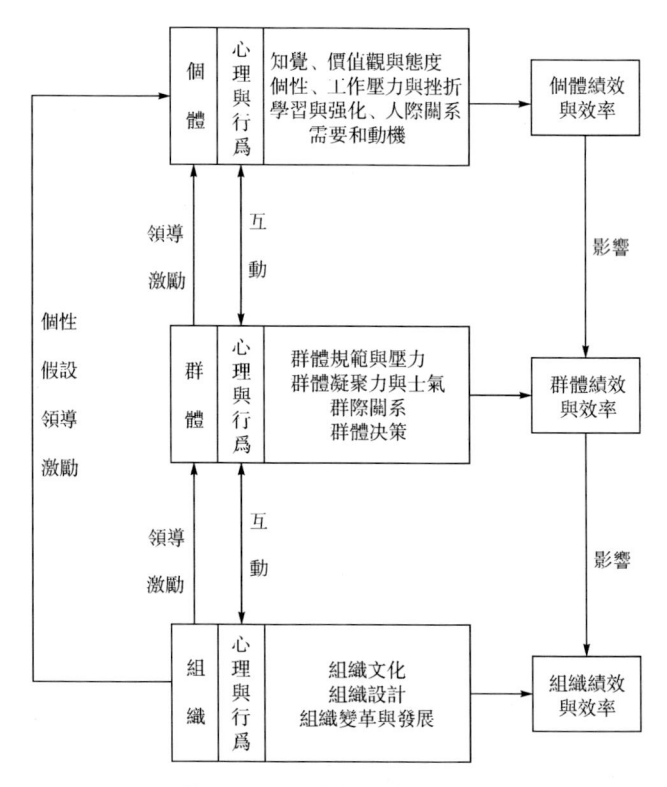

圖 1-7　組織行為學的研究內容

二、組織行為學的研究方法特徵與分類

研究方法是揭示研究對象的手段。任何一門以某種客觀規律性為研究對象的科學，

都有其與之相適應的一套合乎科學的研究方法。沒有科學的研究方法，就無法揭示這種客觀規律性。組織行為學與其他學科一樣，也具有作為揭示客觀規律性手段的科學方法。

(一) 研究方法的主要特徵

組織行為學的研究方法和其他學科一樣，都具有以下幾個主要特徵：

1. 收集資料的客觀性

如實觀察和實驗，這是任何科學的研究方法最基本的要求和最主要的特點。研究人員只有通過對收集和佔有的客觀資料和數據的分析才能得出正確的結論。決不能在調查之前就帶著主觀偏見去收集證據，因為那不反應客觀實際，因而也是不可靠的。

2. 觀察和實驗的條件的可控性

觀察和實驗必須控制在一定的條件之下，並在觀察和實驗前預先確定。只有這樣才能使研究者知道可能影響被試者反應的各種因素。例如，我們要研究工人班組的氣氛和士氣對工人生產效率和思想情緒的影響，實驗的條件就必須排除班組之間在生產技術要求、操作方法和勞動強度等方面的差別對生產率的影響，應通過控制使影響因素只剩下兩個相對比的班組的氣氛和士氣這兩個變化因素。只有這樣，我們才能在其他條件相同的情況下在對比中找出氣氛和士氣對工作效率的影響程度來。假如把一個工人從一個士氣不高的班組調到士氣高的班組去工作，其工作效率比在原班組確有提高，則這種提高的程度直接體現了士氣對工人生產效率的影響程度。

3. 分析方法的系統性

鑒於影響人的心理和行為的因素是多方面的，一方面，必須把每個因素都置入整個大系統中去研究分析，決不可只從個別因素和個別方面孤立地研究分析；另一方面，由於新的知識是在過去已有知識的基礎上產生的，它是整個知識的一部分，因此還必須要把該學科過去和現在的全部知識加以系統化、條理化。也只有這樣，才能形成為一個科學的研究方法。

4. 所得結論的再現性

如果我們所採用的研究方法是符合客觀事物發展規律的，那麼只要在原先那種可控制的條件下繼續重複同樣的實驗，就能不斷重複地得到原來實驗的結論。反過來說也是一樣，只有不斷地、重複地得到同樣的結論，才能證明這種研究方法是科學的研究方法。

5. 對未來的預見性

如果收集的資料和數據是客觀的、分析方法是系統的，那麼所得出的結論就會符合客觀規律，這種符合客觀規律性的結論就有預測人未來的心理和行為的可能性，從而也就可能事先採取有效的措施來防止消極行為，引導積極行為。

(二) 研究的過程與步驟

組織行為學具有一個分為四個步驟的系統研究過程。這個研究方法的系統過程如圖 1-8 所示。

```
┌─────────┐       ┌─────────┐       ┌─────────┐
│觀察個人、│ 歸納綜合│得出一個總評價，│演繹分析│作出關於個人、群│
│群體、組織│──────→│說明產生各種行為│──────→│體、組織可能出現│
│的行為   │       │的原因及其相互關係│       │的行為和相互關係│
│         │       │                │       │的預測          │
└─────────┘       └─────────┘       └─────────┘
     ↑                                              │
     └──────────────────檢驗─────────────────────────┘
```

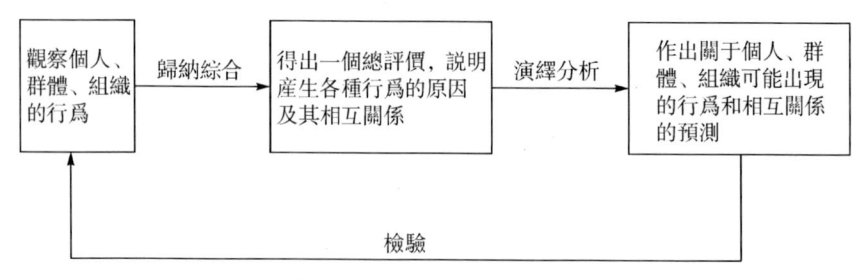

圖 1-8　研究方法的系統過程

從圖 1-8 可以清楚地看到，這個系統過程分為如下四個步驟：

第一步，觀察有關個人、群體、組織的行為和環境的情況，如實地記錄各種數據和資料。

第二步，分析說明個人、群體、組織和環境情況產生的原因及其相互關係。

第三步，作出關於個人、群體、組織的行為及其相互關係的預測。

第四步，通過系統和控制性的研究來檢驗所作出的預測。

為了更形象而具體地證明上述四個步驟的系統過程，特舉某公司辦公室主任考核評價一位新調到辦公室工作的職員的工作能力的實例。這位辦公室主任運用上述研究方法的情況如下：

第一步，首先觀察這位新來職員的行為，主要包括下列內容：

看他與同事和上下級打交道的效果如何；

除了在辦公室裡的日常性工作中觀察外，還要觀察他怎樣主持和掌握會議，怎樣給上級領導打報告，怎樣代表公司出席外邊的各種會議；

仔細地研究這位新職員送審的所有報告，看其內容是否全面，觀點是否正確，文字是否通順，所提出的措施是否合適，交卷是否及時，等等。

第二步，把上述觀察過程中所記錄的客觀數據和資料與該公司招聘職員的標準進行對比衡量，看是否符合公司的標準，看這位職員的表現及其工作成效是否符合要求，看他的工作表現比辦公室原有的職員好還是差，等等。經過上述客觀衡量對比，對這位職員的行為表現和工作能力就可以有一個總評價。再根據五級量表就可得出結論，看他究竟屬於優秀、較好、還是屬於一般、較差和很差中哪一種。

第三步，根據上述對比和衡量，預測這位新職員將來的表現和工作能力及其成就，並根據這些情況恰當地安排他在辦公室裡的具體工作崗位。根據對他的總評價來確定給他的工作是比較重要的還是一般或者簡單的。

第四步，在以後的實際工作中再進一步檢驗辦公室主任對這位新職員所作的預測和觀察是否符合實際。如發現對新職員的崗位安排得不適當，還可以再根據檢驗的結果進行適當的調整，使這位新職員的工作安排更恰當。

（三）研究方法的分類與具體內容

常用的科學研究方法可以從應用廣度、研究目標和研究可控性這三個方面進行分類，如圖 1-9 所示。

```
                    從應用廣度分
                         |
                    理論性研究
                         |
                    應用性研究
                         |
                    服務性研究
                         |
                    工作性研究
                        / \
                       /   \
              描述性研究    案例研究
              預測性研究    現場研究
              因果性研究    現場實驗
                          實驗室實驗
```

圖 1-9　研究方法的分類

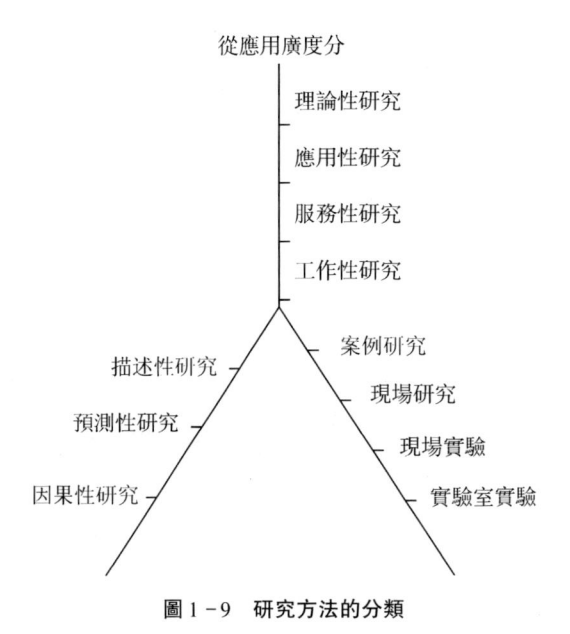

1. 以應用廣度分類的研究方法

從應用廣度分類的研究方法有理論性研究、應用性研究、服務性研究和工作性研究四類。

(1) 理論性研究 (Pure Research)

它主要是為增加知識而進行的研究。這種方法側重於從理論上闡明某種心理或行為現象，而不著重研究成果是否能應用於實踐和怎樣應用於實踐。

(2) 應用性研究 (Applied Research)

這種研究方法側重於對觀察結果的證明，以及如何把這種新發現的研究成果用來改進現狀。它對實踐工作較為有價值。

(3) 服務性研究 (Service Research)

它是諮詢人員從事的研究。比如一位科學家被某公司請去當諮詢人員或顧問，這位科學家的研究就叫做服務性研究。

(4) 工作性研究 (Action Research)

這種研究是針對某種情況進行的研究性調查。通過這種調查，人們能夠認清問題的所在，從而採取一定的戰略策略減少和消除存在的問題。這種研究方法側重於如何進行變革。可以在組織結構、人員、技術或環境等方面進行變革，也可以把這些因素綜合起來進行變革。要求研究人員提出有效的變革措施並形成文件，提供給有關管理人員。

所有這些研究方法都有一定使用價值。在特定的情況下，究竟應採用哪種研究方法，這是由研究人員和管理者根據他們所要達到的目標來選定的。

2. 以研究目標分類的研究方法

以此分類，主要有描述性研究、預測性研究和結果性研究這三種研究方法。

（1）描述性研究（Descriptive Research）

使用這種方法的主要目標在於說明客觀狀況究竟是怎樣的。

（2）預測性研究（Predictive Research）

這是實際管理人員提前考慮今後可能發生的情況的方法。比如，經理要對他所主管的人員的行為、工作成效及整個組織總目標的完成情況作出預測。這位經理如果今年已經採用科學的方法考核過每個員工的工作績效，那麼他就可以較為準確地預測出明年的績效。這種預測性研究對有計劃地控制人的行為和績效具有重要意義。

（3）因果性研究（Causal Research）

這種研究要求弄清楚各個變量之間的相互關係的發展趨勢。一個人對工作的滿意度與他的工作績效這兩個變量的因果關係有三種可能趨勢：

第一，由於一個人創造了較好的工作績效，他對現任的工作崗位比較滿意。

公式：工作績效──→工作滿意感

第二，一個人對他所做的工作比較滿意，所以他做出了很好的績效。

公式：工作滿意──→工作績效

第三，一個人的工作績效與他的工作滿意度互為因果關係。

公式：工作績效←──→工作滿意度

3. 以研究可控性分類的研究方法

以此分類，主要有案例分析、現場調查、實驗室實驗和現場實驗這四種研究方法，如圖1-10所示。

案例分析 → 現場調查 → 實驗室實驗 → 現場實驗

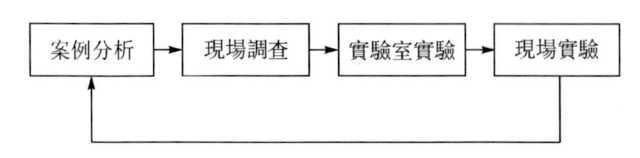

圖1-10　四種可控性研究方法

（1）案例分析

這是研究人員查閱各種原始記錄，通過訪問、發調查表和實地觀察收集有關某一個人或某個群體的各種情況，用文字如實地寫下來，並寫出分析意見的方法。這種方法對缺乏實踐經驗的管理學院的本科生和研究生來說是一種較為有效的方法。可讓學生自己進行分析，找出主要問題，提出解決問題的方法。這種方法的缺點是各說不一，沒有一種統一的、明確的答案。

（2）現場調查

該方法通過對某些個人或群體進行訪問並發給調查表，收集所需要的各種資料和數據。這種調查有普查和抽樣調查兩種。一般來說，抽查方法所用的人、財、物和時間都比較少，因而被廣為採用。這種現場調查的目的是收集情報資料和數據，而不是改變或影響被調查者的行為。

（3）實驗室實驗

這種方法能比案例分析和現場調查更好地控制自變量和因變量的條件，使之更明

確地反應兩種變量之間的因果關係。如在實驗室裡就只觀察疲勞度或燈光對人的單位時間內工作效率的影響。在實驗室裡可以盡量排除其他自變量，使之在只有某一個自變量的變動下，對工作效率這個因變量產生影響。

(4) 現場實驗

該方法就是把實驗室的方法應用到不斷發展著的現實生活中去。這比實驗室實驗更接近現實生活，但不如實驗室那樣容易控制自變量與因變量相互間的因果關係。因為現實生活中影響工作效率這個因變量的自變量太多，所以不太容易確切說明它們之間的因果關係。如影響一個班組工作效率的因素，可能是人與人之間的相互關係改善了，也可能是工作方法改進了，或是領導作風改善了，等等。

以上四種研究方法是常用的方法。每種方法都有利有弊，應加以綜合使用。

(四) 具體的研究方法

在實際研究過程中常用的方法有如下幾種：

1. 訪談法

研究者通過面對面的談話，以口頭信息溝通的途徑直接瞭解他人的心理狀態和行為特徵的方法稱為訪談法。

根據訪談過程的結構模式的不同，可以把訪談法分為兩大類：有組織的訪談和無組織的訪談。有組織的訪談結構嚴密、層次分明，具有固定的談話模式。研究者根據預先擬訂的提綱提出問題，被研究者依次對問題進行回答。這些問題一般涉及的範圍較小，在整個談話過程中被研究者猶如做了一份口頭問卷。如招聘中的第一次談話，瞭解年齡、學歷、工作經歷等就屬於有組織的談話。無組織的訪談結構松散、層次交錯、氣氛活躍，沒有固定的模式。研究者提出的問題涉及範圍很廣，被研究者可以根據自己的想法主動、無拘束地回答。通過這種談話，雙方不僅交換了意見，也交流了感情。

有效的訪談式研究必須遵循下列原則：

有明確的目的；

要挑選能提供信息的對象；

在訪談過程中要建立開誠布公和合作的氣氛；

訪問者要具有啓發引導、靈機應變和控制不著邊際的談話的技巧。

2. 問卷法（調查表法）

這是設計出一種調查表來研究一個組織內工作者的心理和行為的規律性的方法。這是一項比較艱鉅的任務，是一門學問，也是一種藝術。一般調查表可分為下列兩種：

(1) 客觀型調查表

這種調查表向被調查者提供有關某個問題的幾種可供選擇的答案，讓被調查者挑選他們認為最接近自己想法的那個答案。

(2) 描述型調查表

這種調查表也要向被調查者列出許多問題，但要讓被調查者用自己的話來回答。

以上兩種調查表怎麼用、採用哪種更合適，都要根據被調查者的文化程度、喜好

來決定。

(3) 觀察法

在日常生活中，觀察者直接通過感官觀察他人的行為，並把觀察結果按一定條件做系統記錄的研究方法被稱為觀察法。在現代研究中，觀察往往要借助各種視聽輔助手段，如錄像、錄音、攝影等。

觀察法按被觀察者所處的實際情境特點，可分為自然觀察與控制觀察兩種。

自然觀察是在完全自然的條件下所進行的觀察，被觀察者一般並不知道自己正處於被觀察狀態。例如，要瞭解員工成就動機的強度，可以觀察他們在上班、娛樂、文化考試等各種不同場合的行為。控制觀察是在限定條件下進行的觀察，被觀察者可能知道也可能不知道自己正處於被觀察的地位。例如，為了進行時間—動作分析，觀察者就要系統地觀察工人的操作方式。

觀察法目的明確，使用方便，所得材料比較系統，已在組織行為學中得到廣泛應用。但運用這種方法，只能瞭解大量的表面現象，很難瞭解複雜現象的本質特徵，對「為什麼」難以作出回答。因此，最好能與其他方法結合使用，以取得較好的效果。

4. 自陳法

運用內容明確、表達恰當的問卷，讓被研究對象根據個人情況自行選擇答案的研究方法稱為自陳法。

常用的自陳法有問卷法和量表法。其中問卷法是由研究者擬定問題，交給研究對象回答。莫雷諾的群體成員關係分析法就是典型的問卷法。他制訂了一種格式，將態度分成「吸引」「排斥」和「不關心」三類，由群體內個人自行填報對其他成員的態度。量表法還包括是非選擇、多項選擇和等級排列三種。例如我們熟悉的利克特（R. Likert）的五點量表。這種量表在每一個陳述語後引出五種不同的答案，分別為「極不滿意」「不滿意」「一般」「滿意」「非常滿意」，讓被試者根據個人判斷選擇其一。

自陳法的優點是可以在較短的時間內取得廣泛的材料，並使結果達到數量化。但自陳法所取得的材料很難進行質量分析，因而無法把所得結論與被研究者的實際行為進行比較。

5. 測驗法

採用標準化的心理測驗量表或精密的測量儀器測量被研究者的有關行為特徵和心理品質的研究方法稱為測驗法，例如智力測驗、機械能力測驗、個性測驗、手指靈巧度測驗等。在組織行為學研究中，測驗法往往為人員選拔、安置和提升等提供依據。在採用標準化的測驗工具時，需特別注意檢驗其信度和效度。

6. 個案法

對某一個體、某一群體或某一組織在較長時間裡連續進行調查，從而研究其行為發展變化的全過程，這種研究方法稱為個案法。例如對某先進集體進行較長時間的調查研究，瞭解集體的人員狀況、生產狀況、群體內的人際關係、智力結構、集體風氣、關鍵事件等主要因素，並在此基礎上進行深入分析，整理出能反應該先進集體特點的詳細材料。這樣的一份材料就是個案，個案產生的全過程就是個案研究過程。

7. 實驗法

參見前面「研究方法的分類」中的簡單介紹。

8. 定量法

目前組織行為學的研究已開始由定性的分析逐步深入到定量的分析，更多地採用數學手段。建立數學模型、借助數學上的分析手段，有助於彌補定性研究的不足。

以上幾種方法都有一定的應用價值，也都有一定的局限性。

此外，還有一些其他的方法，如投射法等。應該配合使用所有的方法。

第四節　組織行為學的學科性質與目標

世界上的事物都具有其特殊的個性，組織行為學作為一門獨立的學科，具有其獨特的學科性質。

一、組織行為學的學科性質

(一) 邊緣性

組織行為學是一門多學科、多層次的邊緣性交叉學科。

1. 多學科性

組織行為學是把管理學、心理學、社會學、人類學、生物學、生理學等學科知識綜合應用於管理工作實踐的一門學科。

心理學是研究心理現象，揭示其規律的科學。把心理學的原理應用於組織管理工作的實踐中就產生了組織行為學。因此心理學是組織行為學的理論基礎，心理學所揭示的心理現象的規律或行為的規律，也是組織行為學的重要研究課題。

社會學是一門綜合性較強的學科，它把社會作為一個整體，綜合研究社會現象各方面的關係及其發展變化的規律性。其研究範圍很廣，從家庭、婚姻、人口、宗教、風俗習慣、文化傳統、城鄉生活和種屬關係到社會階層都包括。與組織行為學有關的社會學知識主要有研究個人在社會分工中所處的社會地位，群體的動力、結構、交往、權力和衝突，人與人之間的相互關係，文化傳統生活習慣對人的行為和管理方式的影響等。社會學探索的這些原理與方法，也是形成組織行為學原理和方法的理論武器之一。

社會心理學是心理學和社會學相結合的產物，它是研究人與社會在相互作用過程中所產生的心理現象的規律，尤其是研究人與人在相互交往過程中的心理現象的規律。在組織管理活動中，人們之間有廣泛的聯繫，因此研究組織行為學必然要運用社會心理學的基本內容。

人類學是研究人體結構、人體發展和人的行為的科學。它的內容包括兩部分：一部分是研究人類化石、種屬、機體構造等有關體質人類學的問題，另一部分是研究人的社會結構、經濟結構、政治體系、社會控制和文化傳統，研究人類群體的演化過程

和不同群體之間的文化差異等問題。總之，是以人類的社會與文化現象為研究對象。後一部分叫做社會人類學或叫文化人類學。前後兩部分都是組織行為學不可缺少的，文化人類學與組織行為學的關係更為密切。

此外，生物學、生理學甚至醫學的知識也應用到了管理心理學中。現在，組織行為學已深入到研究工作壓力對個體、群體、組織的行為和工作績效的影響，還要分析當人們承受工作壓力時軀體所產生的生理反應以及引起軀體生物結構的變化和如何防治等問題。

2. 多層次性

組織行為學不僅具有多學科性，同時還具有多層次性。這種多層次性主要表現為它是一門綜合研究組織中個體、群體、領導的心理與行為的發展規律，以及它們與社會環境的關係。在研究上述各層次人的心理與行為規律時均要綜合運用各學科的知識。

第一層是個體。這是組織行為學研究的基礎和出發點。馬克思研究整個資本主義社會，是從資本主義社會最基本的商品細胞開始研究，通過層層分析，揭示了資本主義必然要滅亡的規律性。而組織行為學要研究整個組織的行為規律，也必須從組織中最基本的個體細胞的心理與行為開始分析。這部分主要研究個人的心理特點如何影響其行為與工作作風和工作績效，重點是瞭解個人的心理因素與其所擔負的工作任務之間的關係，包括：一個人會把個人的哪些特徵帶入組織，有哪些因素會影響個人的態度、價值觀、積極性以及工作的滿意程度，個人的個性如何影響其行為和工作績效等。

第二層是群體。組織行為學在研究個體的同時，還要研究群體和群體結構、形成群體的過程、群體的發展和群體的內聚力，以及正式群體和非正式群體等。

第三層是組織。所有的組織，不論其規模、類型和行為怎樣，都是由個人和群體組成的。因而各種組織在很大程度上與個體、群體一樣，都具有各自的特徵，所以在研究個體和群體的同時，還要研究組織，即把組織作為一個整體來研究，研究它的文化、結構、設計、變革等（包括組織的心理與行為的規律性），以及外部環境對組織行為的影響。根據各種組織所具有的特徵可以對它們加以比較。例如考察一個組織規模的特徵，可以通過人員數、產品產量或生產能力等指標來說明組織規模的大小。

第四層是社會環境。任何一個組織都要受到所處社會環境的影響。為了把組織行為的規律研究清楚，還必須對社會環境進行研究。

事實證明，上述四個層次不是互相排斥，而是互相補充的。因此，應把這四個方面綜合地加以研究。而這正是組織行為學的貢獻。

(二) 兩重性

組織行為學又是一門具有兩重性的學科。這種兩重性來自下列三個方面：

一是多學科性。組織行為學既包括普通心理學、生物學、生理學等自然科學，又包括社會學、社會心理學等社會科學。

二是組織行為學的研究對象——「人」。人是具有兩重性的。無論是個體的人還是群體的人，把人作為勞動力和作為人與人之間的關係來研究是具有不同性質的兩個問題。一方面，把個體和群體作為生產力的一個要素，即作為勞動者來研究，是沒有階

級性的。另一方面，不管是個體的人還是群體的人都不能孤立存在，而是在一定社會環境中相互聯繫、相互影響的，因此人還不僅是生產力的最活躍的要素，還是人與人關係中的社會人。調整這種人與人之間的關係屬於調整和完善生產關係的問題。鑒於不同社會制度下的生產關係的性質不同，組織行為學所研究的人又具有社會性（階級性）。正如馬克思所說：「人是一切社會關係的總和」。①

三是管理的兩重性。一方面，對人們共同勞動的協調和指揮是管理的一般性和共性，它反應了社會化大生產的共同規律，是人類在生產實踐中形成的共同文明成果。這種管理的共性，不受社會制度的制約，不管資本主義的還是社會主義的社會化大生產都需要。另一方面，管理又是一種監督勞動。這種監督勞動是一種具有社會屬性的職能，在不同的社會制度下的體現形式是不一樣的。在階級社會中，管理又是統治階級意志的反應，是具有明顯的階級性的。鑒於不同社會制度有不同的統治階級，管理的階級性也根本不同。在資本主義制度下，正如列寧所揭示的那樣：「資本家所關心的是怎樣為掠奪而管理，怎樣借管理來掠奪。」② 在社會主義制度下，因為人民當家做了主人，上升為統治階級，所以管理的目的是民富國強。這種管理的兩重性，也就決定了專門研究管理領域內人的心理與行為規律的組織行為學也具有兩重性。

根據上述兩重性的分析，我們清楚地看出組織行為學除了在不同的社會制度下具有不同的階級性外，還具有一切社會所具有的共同的科學性，而後者正是我們可以吸收和借鑒的。

二、組織行為學的目標

組織行為學主要關注的是人的心理和行為。那麼，組織行為學的確切目標是什麼？我們從組織行為學的概念中可以知道，其確切目標是幫助管理者解釋、預測和控制人（員工）的行為。

（一）解釋

當我們被問及一個人或一個群體為什麼會做某些事情時，我們會客觀地尋求解釋。它似乎是組織行為學三個目標中最不重要的一個。因為從管理的角度看，解釋通常出現在事實之後。然而，如果我們要理解一種現象，我們必須從一開始就試著解釋它，然後通過這種理解找出原因。例如，一個很有能力的員工辭職了，我們毫無疑問想知道原因，以防止類似的事件再次發生。很顯然，員工辭去工作的原因很多，比如工資水平不合適或工作令人感到厭煩，管理者通常會採取必要的措施以避免類似事件再發生。

（二）預測

預測是對未來事件而言的。如果希望在將來出現某種結果，那麼就要從現在開始採取行動。一家公司的管理者試圖預先知道員工對公司改革的反應就是一種預測行為。

---

① 馬克思. 馬克思恩格斯全集：第42卷 [M]. 北京：人民出版社，1974：122.
② 斯蒂芬・P. 羅賓斯. 組織行為學精要 [M]. 鄭曉明，譯. 北京：電子工業出版社，2004.

掌握了組織行為學知識，管理者就能對由某種變化引起的行為反應作出一定程度的預測。當然，導致某種變化的原因是多種多樣的，所以管理者希望預先知道員工對不同變化作出的反應。這樣，管理者就可預測哪種措施引起員工的抵觸行為最小，進而作出決策。

(三) 控制

組織行為學中最具爭議的目標，就是運用組織行為學的知識控制員工的行為。比如，一位管理者想知道通過何種方法才能使員工對工作付出更多的努力，這就是一個控制問題。控制目標為什麼會引起爭議？我們絕大多數人都生活在民主社會，而民主社會是建立在個人自由理念基礎上的。當某個人試圖使他人按照自己的意願行事時，哪怕這種控制在主觀上是無意識的，但還是使他人的行為受到了控制。在一些組織中，這被認為是不道德的和令人厭惡的。因此組織行為學所提供的用於對人們進行控制的技術是否應該在組織中運用已成為一個道德問題。但我們必須意識到，組織行為學中控制目標的部分被管理者視為對其工作效果最有貢獻價值的理論。

三、組織行為學面臨的挑戰與機遇

對管理者來說，瞭解組織行為學從來沒有像現在這樣重要。只要看一下目前組織中發生的巨大變化，就更容易接受這個觀點。例如，員工正在逐漸變老，越來越多的女性參加了工作。公司重組和削減成本，讓一些員工下崗，嚴重削弱了員工的忠誠度，而在歷史上它曾把雇主和員工緊密地聯結在一起。全球性的競爭要求雇員變得更加靈活，學會了適應迅速變化和不斷革新的環境。

今天多元化的組織變革不僅為組織行為學研究也為管理者提供了挑戰和機遇。

(一) 質量的改善和生產率的提高

我們先來看一個簡單的案例：威廉‧弗侖奇（William French）經營著一椿艱難的生意。他管理著通用電氣公司在伊利諾馬頓的一家燈泡廠。他的主要競爭對手是來自美國、歐洲、日本以及中國的生產廠商。為了生存，他不得不削減開支，提高生產率，改善質量。他成功了。在五年的時間裡，該廠勞動生產率的年平均增長約為8%。通過持續不斷地改善、簡化生產過程，降低成本，通用電氣公司在馬頓的燈泡廠成為了充滿活力、利潤可觀的工廠。

越來越多的管理者面臨著與威廉‧弗侖奇同樣的挑戰。他們不得不提高本企業的勞動生產率和產品及服務的質量。為了提高勞動生產率和服務質量，管理者推行了全面質量管理和企業再造工程等改革，而這些方案要求員工廣泛地參與。

全面質量管理（Total Quality Management，TQM）是指通過不斷改善所有的組織流程來持續獲得顧客滿意。全面質量管理對於組織行為學意義重大，因為它要求員工重新思考他們所從事的工作，更多地參與工作決策。

在變革迅速而激烈的時代，人們必須從這樣的角度來改善質量和生產率：如果我們是在起跑線上，該如何做好現在正從事的工作呢？實質上，這正是企業再造工程的思路。它要求管理者重新思考這樣一個問題：如果重新開始，工作應該如何做？組織結構

應該如何設計？為了更好地理解再造工程（Reengineering）的概念，我們來考察一下滑輪冰鞋製造商的例子。製造商的產品基本上就是帶輪子的鞋。典型的滑輪冰鞋是把有鞋帶的皮幫固定在一塊鋼板上，鋼板上有四個木制的輪子。如果製造商能採納不斷革新和改善的思路，他就會通過改進產品來尋求不斷的增值。例如，在皮幫的上部增加掛勾，以提高系帶的速度；改變所用皮革的質量，提高舒適度；採用滾珠軸承，使輪子更平滑。我們都熟悉現在那種一線冰鞋，它代表了滑輪冰鞋改革的方向，其靈活性及可控性都較好。滾珠片通過一種完全不同的鞋樣實現了這一目標。這種鞋的上部用處理過的塑料制成，鞋帶用容易操作的夾子代替，四個輪子原來做成兩個一對，現在用四個或六個排成一線的塑料輪子取代。這種冰鞋使滑冰更為流行。實施再造工程後的產品，看起來不像傳統的滑輪冰鞋，但卻在全世界受到廣泛歡迎。當然，以前的產品就成為了歷史。一線冰鞋是滑輪冰鞋業的一場革命。

我們想讓今天的管理者明白：任何提高質量與勞動生產率的努力要想獲得成功，都離不開員工的參與。員工不僅是執行變革的重要力量，而且將越來越主動地參與變革計劃的制訂。組織行為學將為管理者處理這些變革提供重要的啟示。

知識連結

全面質量管理

（1）密切關注顧客。顧客不僅包括購買企業產品和服務的外部消費者，還包括與企業有內部聯繫和為他人提供服務的內部消費者，如運輸人員和回收帳款的人員等。

（2）持續提高。全面質量管理就是永不滿足。「非常好」是不夠的，質量的提高是永無止境的。

（3）所有質量都提高。全面質量管理使用廣義的質量定義。它不僅與最終產品有關，還與組織如何處理商品配送、如何迅速對顧客抱怨作出反應、如何有禮貌地回答電話等事務有關。

（4）準確計量。全面質量管理運用統計方法計量企業營運過程中出現的每一個重要的績效變化。這些績效變化經常被用來與標準和最低線進行比較，以找出問題並追查問題的根源，加以根除。

（5）授予雇員權力。全面質量管理同時還包括在崗人員技術的提高。全面質量管理方案被廣泛運用於團隊，同時將權力授予團隊以找出並解決問題。

（二）人際交往能力的改善

梅奧的霍桑實驗表明了人際交往能力對管理有效性的重要影響。組織行為學的目的之一，就是幫助目前及潛在的管理者開發與提高人際交往能力，實施以人為本的管理，把管理工作做好。

隨著閱讀本書，你會不斷地瞭解一些具體的人際交往的概念和理論，這可以幫助你解釋、預測工作中的人的行為。同時，你也會獲得一些具體的關於人際交往能力的技能，並可用於你的工作。例如，你將會學到激發員工工作熱情的很多方法、成為一名

良好的溝通者以及組織一支行之有效的團隊的基本方法。

（三）勞動力多元化管理

目前，北美企業面臨的最主要和最廣泛的挑戰之一是如何適應各種各樣的員工。我們用勞動力多元化（Workforce Diversity）這一概念來描述這種挑戰。①

勞動力多元化管理，也稱為跨文化管理。勞動力多元化是指組織在性別、種族、國籍方面的構成正在變得越來越多樣化。這個概念包括了各種各樣的人，除了越來越明顯的群體如婦女、韓國人、日本人、美國人、俄國人等以外，還包括有生理缺陷的人、愛滋病者和老年人。

我們可以使用「熔化鍋」這一詞語來描述組織。我們可以假設，不同的人在組織中或多或少地會被自動同化。但是，我們現在認識到，員工在工作中的時候不會將自己的文化價值觀和生活方式拋在一邊。所以企業所面臨的挑戰就是要通過尊重員工不同的生活方式、家庭需要以及工作方式，不斷地適應不同的群體。「熔化鍋」的假設就是承認和重視人與人之間的差異。

在一個企業中，經常會有不同的群體，特別是外資企業、合資企業。雖然他們只是企業中很小的一部分，但我們沒有理由忽視他們，而應該更多地關注他們。過去的觀點是這些少數人會努力融入大多數人並被同化。過去，大部分勞動力是男性，他們全職工作，以養活沒有工作的妻子和正在上學的孩子。而如今這樣的雇員已成為絕對的少數。現在，女性參與生產勞動的比例不斷增加，如美國勞動力中女性占46%，少數民族和移民則占到了23%。惠普公司就是一個很好的例子。在它的雇員中，少數民族為19%，女性為40%。數碼設備公司在波士頓市的分廠為我們提供了未來的可能性：工廠的350名員工來自44個國家，說19種語言。當公司管理層發布文件時，必須同時使用英語、漢語、法語、西班牙語、拉丁語、葡萄牙語、越南語和海地語等不同語言。②

勞動力多元化對管理有重大的實踐意義。管理者需要改變他們的經營哲學，把屬於不同群體、不同文化的員工作為相同的人來對待，承認差異，並以能夠保證員工穩定和提高生產率的方式對差異作出反應。同時，不能帶有任何歧視。如果對多樣化管理得當，還能夠提高創造性和革新精神，通過鼓勵不同的觀點來改善決策質量。當然，如果管理不當，會造成較為頻繁的人員調整、溝通困難和更多的人際衝突，從而影響管理的質量和組織目標的實現。

（四）面向全球化

由於世界的大融合，管理已不再受國家邊界的限制：漢堡王歸英國公司所有；麥當勞在莫斯科銷售漢堡包；埃克森——一家所謂的美國公司，其收入的75%來自美國以外的國家和地區；豐田在肯塔基生產汽車；通用汽車在巴西生產汽車；福特為了幫助馬自達管理生產過程，將其總經理從底特律派到了日本。以上事例都說明世界已變

---

① 斯蒂芬·P. 羅賓斯. 組織行為學精要［M］. 鄭曉明, 譯. 北京：電子工業出版社, 2004.
② 斯蒂芬·P. 羅賓斯. 組織行為學精要［M］. 鄭曉明, 譯. 北京：電子工業出版社, 2004.

成了地球村。相應的，管理者必須變得能夠與來自不同文化的人一起工作。

全球化至少在兩方面影響了管理者的人際交往能力：①如果你是一位管理者，你會發現你越來越有可能要承擔國外的工作任務，你的雇主會把你調到他在其他國家的分公司或合資公司去工作。在那裡，你會管理一群新的員工，他們在需要、願望和態度等方面與你在國內管理的員工完全不同。②即使是在本國，你也會發現你的雇主、同級和下屬是在不同年代中出生和成長起來的人。能夠激勵你的激勵因素不一定對他們有效。你的溝通方式可能是直截了當和開放式的，而他們可能會覺得這種方式不舒服，甚至是一種威脅，你們之間有「代溝」。為了有效地和這些人共同工作，你需要瞭解他們的文化背景，這些文化背景是如何塑造他們的，如何讓自己的管理方式適應他們。這需要瞭解不同國家的文化背景和行為方式。

（五）授權

隨便翻看任何一本當今流行的商業雜誌，你都會讀到有關調整或重新塑造管理者與被管理者關係的文章。你會發現，管理者經常被稱做教練員、建議者、倡議者或促進者。在多數企業中，雇員變成了副手或助理，管理者與工人的角色界限變得模糊不清。決策的職能已被下放到了執行層和操作層。在這裡，工人可以自由選擇工作日程和程序，解決與工作有關的問題。20世紀80年代，管理者鼓勵員工參與工作決策過程；今天，管理者走得更遠，他們允許員工完全控制自己的工作。沒有上司直接參與，基本上由工人操作的自我管理團隊已成為一種時尚。

所發生的這一切表明管理者給予了員工更大的工作自由空間，這實際上就是給員工授權。他們把員工完成工作的責任交給員工自己承擔。這樣一來，管理者需要學會下放權力，員工需要學會對自己所做的工作承擔責任及恰當決策。在以後的章節中，我們將說明授權是如何改變領導風格、權力關係、工作方式設計以及企業構成方式的。

（六）鼓勵創新和變革

究竟發生了什麼使W. T. 格蘭特、Wool Worth's、金伯利、太陽神和東方航空這些「巨人」公司倒下了？為什麼其他的「巨人」像西爾斯公司、波音公司及電子設備公司推行大規模的削減成本和裁員計劃？這是為了避免倒閉。

如今，成功的組織必須鼓勵創新，掌握變革的藝術，否則它們將成為下一個破產者。勝利將屬於這樣的組織：它們保持自己的靈活性，不斷改善服務的質量，通過持續不斷地革新產品和服務來贏得競爭優勢。由於其管理人員錯誤地認為只要堅持原來的做法就能維持企業經營，導致多米諾比薩餅連鎖店把幾千家營業廳拱手讓給了別人。而亞馬遜網站爭取到了許多獨立的書店成為合作夥伴並以此證明誰也可以通過因特網成功售書。福克斯電視臺則堅持不斷的革新，通過像「辛普森」和「百沃利山脈」這樣的創新節目，成功地從實力雄厚的電視網絡競爭對手那裡爭取到了25歲以下的大部分觀眾。[1]

一個組織的員工可能是創新和變革的推動力，也可能成為絆腳石。管理的任務是

---

[1] 斯蒂芬·P. 羅賓斯. 組織行為學精要 [M]. 鄭曉明，譯. 北京：電子工業出版社，2004.

刺激員工的創造性和增強對變革的容忍度。組織行為學可以為我們提供豐富的觀點和技術，幫助我們實現這些目標。

(七) 接納「臨時性」

管理者一直關注著變革，所不同的只是實施變革的時間間隔。過去的做法是每十年引進一兩次主要的變革項目。現在不同了，變革已成為管理者經常性的活動。持續改善意味著不斷地變革。

以前管理的特點是長期的穩定伴隨著偶爾的、短期的變革。而今天的情形正好相反，是長期的不斷變革伴隨著短期的穩定。管理者和員工今天所面臨的世界具有永遠的「臨時性」。工人所從事的實際工作處在永久的變化中。所以，工人需要不斷地更新自己的知識和技能，以滿足新的工作要求。工作群體也越來越處於變遷狀態。過去，員工被分配到一個特定的群體，這種分配幾乎是永久的。工人們日復一日地與一群同樣的人共事，有很強的安全感。現在不同了，穩定群體被臨時群體取代了。團隊中包括來自不同部門的成員，而成員總在變化。團隊通過讓員工輪換工作來適應不斷變化的工作任務要求。最後，組織本身也處於不斷變化中——組織不斷地重組它們的部門，賣掉經營不善的業務，縮短作業流程，用臨時工取代長期工。

今天的管理者和員工都必須學會應付臨時性。他們必須學會在充滿靈活性、自發性和不可預測性的環境中生活。組織行為學的研究能夠為我們提供重要的知識，幫助我們理解不斷改變的工作環境、懂得如何克服變革的阻力、更好地創造一種組織文化、在變革中求得發展。

(八) 員工忠誠度減弱

過去，公司員工相信他們的雇主會通過工作的保障、豐厚的福利、增加的薪水來報答他們對組織的忠誠。但是，從20世紀80年代中期開始，為了適應全球性的競爭、惡意接管、收購、兼併等，公司開始摒棄傳統的工作穩定性、資歷和報酬政策，關閉工廠、把生產轉移到勞動力成本低廉的國家、賣掉或關閉不贏利的企業、減少管理層次、用臨時工代替長期工，變得「刻薄而吝嗇」了。更重要的是，這不僅僅是個別現象，這種現象正在越來越普遍。如英國最大的銀行巴克雷銀行裁減了20%的員工，很多德國公司也裁減了員工和管理層，德國西門子集團公司曾經在一年內裁減了3000多個工作崗位，煉鋼「巨人」克拉普—霍斯把自己的管理層次從5級減到3級，奔馳把管理層次從7級減為5級。

這些變化導致員工忠誠度急速下降。員工們認為他們的雇主不像以前那樣對他們負責了。結果，員工們對公司的忠誠度也降低了。

組織行為學所面臨的一個重要挑戰就是為管理者設計出既能夠調動忠誠度不高的員工的積極性，又能維持組織在全球競爭中的優勢的方法。

(九) 道德缺失行為

在以削減成本、提高工人的生產率和市場競爭激烈為特徵的組織世界中，許多員工在浮躁心理的驅使下，被迫「抄近路，走捷徑」，行為越軌或捲入其他不正當的活動

的現象屢見不鮮。

組織成員越來越發現自己面臨著道德困境。所謂道德困境是指員工需要明白什麼是正確的行為，什麼是錯誤的行為。例如，發現組織中出現了違法活動，是否應該揭發？是否應該遵從自己不情願遵從的命令？如果績效評估的結果能夠保障同事的工作，是否應該憑空吹捧自己喜歡的同事？如果有助於自己在組織中晉升，是否應該允許自己玩弄政治手腕？

對於什麼是符合道德的行為，以前並沒有給出明確的定義。近年來，在利益的驅動下，正確的和錯誤的界限變得更加模糊不清了。員工們親眼目睹了身邊的人捲入不道德的活動——公眾選出的政府官員編造他們的費用帳單或行賄受賄；高水平的律師最瞭解法律，可他們幫助自己服務的公司和家庭成員逃避社會保險稅收；成功的高級經營人員利用公司內部的信息為自己謀利；其他公司的員工參與大規模的「地下商品」交易；為了提高牛奶中的蛋白質含量而往裡面加入對人體有害的化學物質「三聚氰氨」，等等。被起訴時，這些人總會為自己找借口：「大家都這樣做」，「當今社會你必須抓住每一個有利的機會」，「我從沒想到會被起訴」。

管理者和他們的組織正在從幾個方面對此作出回應。他們撰寫和發布道德行為規則，以指導員工擺脫道德困境。他們提供研討會、培訓班和其他類似的培訓項目，以改善道德行為。他們提供內部導師，讓員工從導師那裡尋求處理道德問題的幫助。但他們也設計保護機制，防止員工暴露組織內部秘密的不道德行為。

今天的管理者需要為員工創造一種道德而健康的氛圍。在這樣的氛圍中，員工可以高效地工作，全力從事自己的職業，很少碰到需要對錯誤行為模棱兩可的機會。

案例分析

案例 1

挑戰性課程

當參與者學習「繩索課程」時，他們會遇到韋德·伯比和他的訓練團隊。人們圍成一個圈。在接下來的 15~20 分鐘，伯比會敘述每人都必須遵守的安全措施的要點。他概要描述了一天 8 小時的課程中每個人都將遇到的一些挑戰，並強調如果某人不想參與某活動，小組並不會強迫他去參與。課程被分為四個系列部分：①破冰船。通過這個活動，人們將學會友好相處。②創制權。這是些獨特的問題，是為促進參與者之間的溝通而設計的。③低級原理。在這項課程中群體進行溝通並解決問題。④高級原理。該課程是通過測試對危險情境的反應來挑戰參與者。十六項活動，包括從離地 6 英吋（1 英吋 = 2.54 厘米）高的圓木上走過，從 25 英尺高的電話杆上跳離，以及爬上 15 英尺（1 英尺 = 0.3048 米）高的牆，都與這四個部分有關。

第一項活動是為鑄造信任而設計的。把一根 32 英尺長的圓木懸掛起來，圓木離地 6 英吋高，兩端用繩索系在附近的樹上，每次都讓一個人努力從圓木一端走到另一端去。伯比迅速跳上圓木，在助手們的幫助下走過圓木，他的助手們在必要時要抱住他

以防他從圓木上掉下來。沒有別人的幫助要想走過圓木是不可能的，因為圓木會搖晃。當他完成時，他就向幫助者致謝。參與者迅速排隊來走圓木。當所有人都完成時，群體開始討論任務的目的，那就是：依靠他人有助於提高個人的成績。

電話杆活動要求每個參與者借助梯子與木棍爬上漸尖的木杆。木杆大約有25英尺高。參與者要爬上杆子，停在一個旋轉的、與菜盤差不多大的木制盤上，向後轉，朝大約12英尺遠的擊鈴粗繩跳去，並擊響鐘鈴。伯比的一名員工演示完該活動後，一名參與者迅速帶上一個類似馬具的裝置；這個裝置把繩索和頭上的繩索牢牢地系在一起，同時也系在纜繩上。人跳離之後，不管抓住還是沒抓住擊鈴粗繩，別的群體成員都會緊緊地拉住繩索，慢慢地把他放下來。當這個人下來時，參與者歡呼鼓掌。一旦安全著陸，同伴也會去擁抱該人並表示祝賀。

問題討論
1. 結合本部分內容，理解這一案例所說的情況。
2. 該活動是對員工進行什麼樣的訓練？

案例2
主席的米飯布丁

有一位高級經理被委派去檢查公司總部的運作和過程。她組織了一個任務組去幫忙審查。組織的最高執行官們有他們自己的廚房和餐廳。雖然在任務組的優先考察列表中，這份額外補貼不是很重要，但任務組最終還是找時間看了看執行官們的廚房和餐廳的運作情況。

任務組發現每天中午12:15分有兩份米飯布丁做出來，然後在下午2:45分被倒掉。神祕的是，米飯布丁並未列入菜單之中。當主廚被問及此事時，他承認就他所知，餐廳裡沒有一個贊助人吃過這兩份米飯布丁。他也不知道為何要製作這兩份米飯布丁。8年前他加入該組織時情況就是如此，他只是繼續執行而已。

出於好奇，任務組決定進一步調查這個古怪的例行公事的起源。他們發現，17年前，那時組織的主席某一天閒逛進了廚房，在同主廚交談中，他提到了他多麼喜歡米飯布丁。主廚就指揮廚師們準備兩份米飯布丁，但不列入菜單中。當該主席來吃午飯時，服務員就給他提供一份米飯布丁。第二份米飯布丁做出來則是以防主席午餐會中有其他人也要求一份。

那位偶爾吃一份米飯布丁的主席4年後退休了。在主席退休以後的13年裡，廚房炊事員一直都在製作米飯布丁。但是，直到現在，他們中沒有人知道為什麼要這麼做，餐廳裡也沒有一個就餐的人知道可以得到布丁。

問題討論
1. 本案例要表明的中心思想是什麼？
2. 本案例中的現象是否正常？為什麼？

小結

　　本章主要介紹了組織行為學的產生、發展階段及流派，組織行為學的研究對象和方法，組織行為學的學科性質及目標，以及組織行為學發展面臨的機遇與挑戰。

　　組織行為學是運用系統分析的方法，研究各類組織中人的心理和行為的規律，從而提高管理人員預測、引導和控制人的行為的能力，增強組織的適應能力，以實現組織目標的科學。組織行為學既是管理學、心理學的新發展特別是組織管理學、管理心理學和人事管理學的新發展，又是心理學、社會學等原理在管理中的具體應用。

　　組織行為學的發展經歷了三個階段，即科學管理階段、行為科學階段和系統科學階段。

　　組織行為學不是研究人的一般行為規律，也不是研究一切人類的心理和行為的規律，而是研究各種工作組織中人的心理與行為的規律。其目的是在掌握一定組織中人的心理和行為的規律性的基礎上，提高預測、引導、控制人的行為的能力，以實現組織既定的目標。

　　組織行為學是一門多學科、多層次的邊緣性交叉學科。

思考題

1. 組織行為學是怎樣產生和發展的？
2. 組織行為學的研究主要有哪些理論流派？
3. 組織行為學的研究對象、內容和基本方法。
4. 簡述組織行為學的學科性質。
5. 結合實際，談談組織行為學研究所面臨的機遇與挑戰。
6. 結合實際說明霍桑實驗對管理者的啟示。

第二章 人性基本理論

第一節 中國古代人性理論

對人性的思考與研究早在中國古代就已經存在，主要表現為古代文人、哲人進行的對人的本質的探討，其出發點是追求人本身的幸福與滿足，主要側重於從哲學、抽象的角度思考人性問題，集中在人是性惡、性善，或是性無善惡、既善又惡的探討上，因而中國的人性假設是建立在對人性的哲學論斷之上的。而管理者就在這些人性哲論的基礎上探求牧民之道。這種探索始於先秦時期。諸子百家從各種角度談人性，論治國。爾後，隨著秦的一統天下，儒家逐漸成為統治階級的主導思想，董仲舒的「性三品論」（聖人之性、中民之性、鬥霄之性）漸成主流。因處於相對穩定的社會關係與儒說一統之下，儘管其後有不少文哲從不同角度對人性進行了汗牛充棟的論證，如王充的「性三品」論、朱熹的「人性二元論」等，但多圍於人性哲學層次的探討，多強調引經據典，拘於先人而不敢為天下先，竟無出先秦漢初之右者。今縱覽中國管理思想史，可以將中國古代的人性理論歸納為自然人、道德人、利欲人、動態人等假設[①]。

一、「自然人」假設

(一)「自然人」假設的主要觀點：順應自然

「自然人」假設的主要觀點是「順應自然」。這種觀點主要強調人的自然、樸素的一面，認為人來自自然，需要而且能夠舒展人的自然個性。現實中，在東方傳統思想的影響下，很多人或多或少具備這一假設的潛質，或者在某些時候的行為是以這一假設為前提的，儘管他自己可能都未曾意識到。「自然人」假設貼近民情，符合多數人的思維與行為方式，能給人以思想上的解脫，因而代代傳承，潛移默化地影響著華夏子孫的性格。「自然人」假設的主要觀點包括：

人是自然的產物，人有自然的需要，而這些需要不能以價值標準來判斷，即無所謂性善或性惡。

人具有樸素的自我管理意識。

管理者、被管理者之間順應人性，不矯揉造作，不摻雜人為，便是最好的境界，能達到一種和諧自然的狀態。

---

① 李大元，陳應龍．東方人性假設及中國管理流派初探［J］．經濟管理．2006 (17)：44－47.

人們能愉快地處事。

崇尚簡單，強調順其自然，少加干預。

(二)「自然人」假設的哲學基礎：性無善無惡論

「自然人」假設建基於性無善無惡論基礎之上。老子、莊子等先哲從人與自然的關係出發，認為要「天人合一」「道法自然」。老子的人性觀與宇宙觀緊密相連，推崇「見素抱樸，少私寡欲」的本然狀態。老子認為，人性是無私無欲的，因而也是無善無惡的。莊子認為「性者，生之質也」，即人性是人的自然資質，無善惡之分。告子則明確提出「性無善無不善也」，認為「性猶湍水也，決諸東方則東流，決諸西方則西流。人性之無分於善不善也，猶水之無分於東西也」。性無善無惡，人順其自然，這就是老莊及具有老莊思想的人的一般人性假設。

(三)「自然人」假設基礎上的無為管理

「自然人」假設的管理學含義是在此基礎上的無為管理思想。無為管理由老子提出，經歷代發展，已被奉為管理的至臬。老子提出「為無為，則無不治」，並在其被後人稱為「君王南面之術」的《道德經》一書中提出以「無為」的手段達到「有為」的目的的「無為」管理思想：「我無為而民自化，我好靜而民自正，我無事而民自富，我無欲而民自樸。」

無為管理並不是消極的管理方式，具有深刻的內涵。它有三重境界：一是謀事的境界，要求有所為而有所不為，即為大事而非小事，為急事而非緩事，為自己能為之事而非為利誘之事；二是為人的境界，強調君無為而臣有為，高層超脫於俗務之外進行戰略思考而中低層躬行，高層用人不疑而中低層愉快工作；三是合道的境界，以自覺復歸於自然為得常道，強調道法自然，順其自然。

以「自然人」假設為基礎的無為管理主張簡單、自然，尊重人，相信人，用民主自由的方式讓人自行激發潛力，而不必用各種法令加以束縛。腦中沒有枷鎖，心中沒有束縛，順其自然，才能令人輕鬆、自由地發揮創造力，才更能實現創新與不斷革新。歷代開國之初取得的成就，如漢初文景之治、唐初貞觀之治等皆是無為管理之花；日本「經營之神」松下幸之助提倡的「玻璃式經營法」「水庫式經營法」，便是「順其自然」的人生哲學在經營管理中的活用，能使人產生充沛的原動力，從而達到「無不為」的境地。日本蛇之目縫紉機工業會社顧問鳩田卓彌先生說：「管理方式應該不輕不重，最好是不知不覺，事情就能辦妥當。」這道出了管理的真諦。

由於「自然人」假設基礎上的無為管理崇尚簡單而內涵豐富，為管理者普遍採用，不同的管理者可以加以不同的理解。無為管理本身及其哲學假設也得到了中國民間幾千年來的普遍認可，儘管不是正統思想，但對整個中華民族影響深遠。

二、「道德人」假設

(一)「道德人」假設的主要觀點：倫理至上

「道德人」假設認為人是社會的產物，人們在處事、交往中會注重輿論的看法並且

修正自己的行為。「道德人」假設的主要觀點有：

　　人受文化的影響，一出生便有善的特徵，「人能善」。人之所以變壞是被外物的誘惑而亂了本性。

　　人是集體人，「人能群」，在群體中會導致群性彰顯和個性潛隱。

　　人可以通過教化達到至善。

　　人們會將自身目標與組織目標進行結合，並且當兩者矛盾時會以組織目標為重。

　　管理主體與管理客體之間能以禮相待，兩者關係和諧而融洽。

(二)「道德人」假設的哲學基礎：性善論

　　「道德人」假設建立在性善論基礎之上。孔子以「性相近也，習相遠也」開性善論之端，但沒有進行詳細的論述。他認為，「成人」應該是具智、仁、勇三德，有技藝、修養，既多才多藝又清心寡欲，更臨危不懼的道德人。「成人」的標準不在於才力而在於道德。孟子則對人性進行了深入的探討，他認為人「性本善」，人生而就有惻隱之心、羞惡之心、辭讓之心、是非之心；「人性之善也，猶水之就下也」，「人無有不善，水無有不下」，人之所以異於禽獸，在於人有仁、義、禮、智四德；「人之初，性本善」。人性的本質特徵被儒家概括為「仁、義、禮、智、信」，因而儒家倡行「仁政」「王道」，反對「霸道」。此後，隨著儒家思想的發揚光大，後人對人性善的論述頗多，但皆以孔孟為宗。性善論因而成為「道德人」假設的堅實基礎。

(三)「道德人」假設基礎上的道德管理

　　道德管理的精要在於教化、維持並擴展人所固有的善端，從而建立有序世界。道德管理以人道、仁義和群體為中心，以心理情感為紐帶，以情理滲透為原則，以得人心為出發點與歸宿，主張「以文化人」「以情動人」，不主張懲戒法制。《論語・為政第二》強調「道之以政，齊之以刑，民免而無恥；道之以德，齊之以禮，有恥且格」，把具體的管理操作方法放在文化倫理支配的管理原則之下，主張教化、德治，通過「修己」而達到「安人」，認為激發被管理者積極性的重要途徑是倫理的激勵和道德需要的滿足。歷史上，周以蕞爾小國而逐漸亡殷於中原，即是仁政道德管理的碩果；而後世所謂的盛世多有賴於道德管理的貫徹執行。

　　道德管理也有其自身的局限性。它能導人向善，卻難以止人之惡；過分強調道德管理容易導致賢人政治、人治，而這是現代管理之大忌；社會環境的劇變會導致道德的不一致，從而形成某種意義上的「道德歷史真空」，造成人們的社會行為失範，產生社會道德危機。

　　自秦漢一統，董仲舒「罷黜百家，獨尊儒術」以來，儒家被奉為聖典，成為統治者的工具與正統思想，德治為歷代帝王所納。

三、「利欲人」假設

(一)「利欲人」假設的主要觀點：人性自私

　　「利欲人」假設認為，人的行為有完全的利己目的，如有利他行為，也只是利己行

為的外部性導致的。其主要觀點有：

人生而有欲，人的本性是利己的。

人的行為是以滿足自己需要即利己為目的的。

人貪婪、懶惰、自負，以自我為中心。人趨利避害，唯有利害可以驅使。

管理主體與管理客體是矛盾的關係，管理主體會為自己的利益而利用自己的權力剝奪管理客體，而管理客體會追求自己的利益而忽略組織利益。

必須有一系列制度規範來約束管理者及被管理者的行為。

(二)「利欲人」假設的哲學基礎：性惡論

「利欲人」假設是建立在「性惡論」基礎之上的。荀子以人的物質慾望來解釋人性，主張「性惡論」，認為人生來就「目好色、耳好聲、口好味、心好利」，「人生而有欲，欲而不得，則不能無求，求而無度量分界，則不能不爭」；又說「人之性惡，其善者偽也」，即人性是惡的，善是後天教化養成的。韓非子也說「人無羽毛，不衣則不犯寒；上不屬天，而下不著地，以腸胃為根本，不食則不能活。是以不免於欲利之心。」韓非子還研究了君臣、父子、夫妻、朋友、官兵、主僕、商賈之間的政治、經濟、倫理、道德等諸方面錯綜複雜的關係，得出人性自為即自私自利的結論。他還進一步駁斥了儒家主張達到的仁愛，認為人與人之間只有不加掩飾的利害關係，而沒有道德、友誼和愛情，只有嚴刑重罰才能使百姓老實聽話。「故明主之治國也，適其時事以致財物，論其稅賦以均貧富，厚其爵祿以盡賢能，重其刑罰以禁奸邪，使民以力得富，以事致貴，以過受罪，以攻致賞，向不念慈惠之賜，此帝王之政也。」

(三)「利欲人」假設基礎上的制度管理

「利欲人」假設的管理學含義是建立在此基礎上的法理的制度管理思想。韓非子說：「法者，王之本也」，認為法律制度是管理成功的關鍵。人需要禮義教化和法律強制的約束，主張「賞厚而信，刑重而必」。制度管理通過有形的手去強制實施，重在尋找防範與克服人性惡的一面的方法。秦以彈丸小國而追亡逐北，南面六國，就是歷代圖強與商鞅變法嚴格的制度管理之效。作為現代企業制度方向的法人制度就是在各種規範準則前提下誕生的人與組織的混合體。

制度管理崇尚理性權力與法律規範，崇尚精確細緻與嚴格有序。但是，制度管理也有其固有的缺陷：往往難以隨環境的變化而及時變化；忽略人的個性，忽略差異性，不利於人的個性與創造性的自由發揮；不必要、不合理的制度會使企業作繭自縛而步履蹣跚。制度管理是中國最缺乏也最難以落實的管理思想。

四、「動態人」假設

(一)「動態人」假設的主要觀點：自我主體

「動態人」假設從整體層面上動態權變地認識人性。動態人假設的主要觀點有：

人性是一個有機複雜系統，與一般的機械複雜系統不同。

人性具有不可或缺的互補性與不可逆性。人性與環境互適，能做到平衡兼顧。

人的需求是多樣的,是人自身主觀感受的、不同權重的需求的動態組合。

人的需求是動態多變的,因人而異、因時而異、因事而異。

人的行為具有「當下理性」的特徵。

(二)「動態人」假設的哲學基礎:性多元論

「動態人」假設的哲學基礎來自性多元論。性多元論認為人可能性善、性惡,也可能無善惡,人性是複雜的、多重的、包容的。除了前述排他性的人性無善惡,以及為惡或為善的觀點外,也有人提出包容性、綜合性的觀點。世碩首先提出性有善有惡,「周人世碩,以為人性有善有惡,舉人之善性」;董仲舒認為,人性既有善的因素,又有惡的因素,據此有聖人之性、中民之性、鬥霄之性;王充認為,人性有善、中、惡三等,因而人有善人、中人、惡人,中人以上性善,中人不善不惡而又可善可惡,中人以下性惡;韓愈在《原性》中說:「性之品有上中下三。上焉者,善焉而已矣中焉者,可導而上下也下焉者,惡焉而已矣。」正是人性多元的哲學論斷夯實了動態人假設的哲學基石。

(三)「動態人」假設基礎上的人本管理

人的動態性使其難以捉摸,而其重要性又使得管理者不斷尋求優化之道。於是,人本管理浮出水面。人本管理以人的個性化發展為基本出發點,強調個人目標與企業目標的協調和統一,將謀求人的全面、動態發展作為管理的最高和終極目的。由於人性的動態特性,其激勵效果就更難測量。人本管理強調激勵方式選擇的根本準則是最大限度地滿足員工在特定條件下的最重要的需求。這就強調激勵要隨環境的變化,要有個性化、針對性。

人本管理建立在人性多元的哲學論斷與動態人假設的基礎上,綜合了各種人性假設,動態兼顧了人的各種需求。因此,人本管理既是一種權變管理,依據人的不同需要、組織面臨的不同環境而採取不同的管理方式;又是一種系統管理,綜合平衡員工與員工、員工與組織、組織與環境等各方面因素,尋求滿足員工全面發展的方式。

綜上所述,中國傳統文化對中國管理乃至東方國家的管理有著深刻影響。其各種人性假設理論都有一定的合理性而不存在最佳的管理方式。它們之間沒有明確的界限,不是截然分開,而是相互包容的,只是側重點不同而已,是共性與個性的統一。如孔子在強調道德管理的同時,並不否定制度管理的重要性,認為既要「道之以德」還要「齊之以禮」。人性是變化的,每個人的人性是不同的。每個人對人性的看法也不是前後完全一致的,依其目的與環境,有時認為性善,有時則認為性惡。同時,性善與性惡之間還有無善無惡的中間地帶,或者說,人性善惡是一個連續統一體。因此對各種觀點與假設要有「海納百川」的寬容與理解,要以權變、系統的觀點看待情境化、多樣化的人性。

第二節　西方近代人性理論

在西方管理理論中，人是管理的主體，也是管理的客體。人性假設是管理的必要前提，是選用管理方針、方法和技術的依據，它構成了全部管理理論發展和實踐的一條主線。西方管理對人性假設的論述頗多，西方系統的管理理論也正是建立在這些人性假設基礎之上的。

西方最早的人性假設是「工具人」假設，產生於古代中世紀奴隸社會的管理實踐。在奴隸社會，奴隸主把奴隸看成會說話的工具和他們的私人財產。在以大機器生產為特徵的資本主義初級階段，資本家則把雇備工人看成活的機器或機器的一個組成部分。總之，勞動者就像工具一樣，任由管理者使喚，其自身價值根本就不可能得到體現，他們是在暴力、強迫之下進行勞動的。

19世紀末以來，隨著管理實踐與理論的發展，先後出現了幾種關於人性的假設理論與觀點。美國心理學家埃德加·沙恩（Edgar H. Schein）在1965年出版的《組織心理學》一書中將前人提出的「經濟人」假設、「社會人」假設、「自我實現人」假設和自己提出的「複雜人」假設歸納成四種人性理論，從而成為研究西方近代人性理論中比較流行的一種體系。

一、「經濟人」假設

「經濟人」（Rational-Economicman）又稱為「實利人」或「理性—經濟人」。「經濟人」假設起源於享樂主義哲學和亞當·斯密關於勞動分工的經濟理論。在18世紀亞當·斯密在《國富論》中首次描述「經濟人」的含義後，約翰·穆勒依據亞當·斯密對「經濟人」的描述和西尼爾提出的個人經濟利益最大化公理，提煉出「經濟人」假設。20世紀初，「科學管理之父」泰勒首先把「經濟人」假設引入管理學，並以此為基礎，於1911年出版了代表作《科學管理原理》，從而使管理從傳統的經驗管理上升到科學管理，為科學管理理論的發展奠定了基礎；美國管理學家道格拉斯·麥格雷戈在《在企業中的人性方面》一書中以「經濟人」假設為基礎，提出了以「胡蘿蔔加大棒」為管理特點的「X理論」。「經濟人」假設認為人的一切行為都是為了最大限度地滿足自己的私利，爭取最大的經濟利益，其工作動機就是獲得經濟報酬。[1]

（一）「經濟人」假設的基本內容

「經濟人」假設的基本內容有：

一般人的天性是懶惰的、好逸惡勞的，只要有機會，總會想法逃避工作。

一般人是沒有雄心壯志的，他們喜歡逃避責任，對安全感的需要高於一切，寧可接受別人的指揮而不願承擔責任。

---

[1] 孫餘防. 人性假設理論的比較與分析 [J]. 全國商情：經濟理論研究，2007（10）：48-49.

一般人的個人目標和組織目標是矛盾的，為了達到組織目標，就需要依靠用強制、懲罰的辦法。

一般人是缺乏理智、不能自制的，容易受他人影響，所以要用外在控制的手段來管理。

多數人的目標是滿足基本的需要，只有金錢才能鼓勵他們努力工作。

少數人能克制自己而擔負起管理的職責。

人大致可以劃分為兩類。多數人都是符合上述設想的人，另一類是能夠自己鼓勵自己、克制感情衝動的人。這些人應擔當管理的責任。

(二) 相應的管理措施

依據「經濟人」假設理論，管理者可採取下列管理措施：

管理者的主要責任是執行管理職能，保證生產任務的有效完成，而不考慮被管理者的心理需要。

管理者應主要採取任務管理的方式，管理的重點是制定科學操作規程、規章制度，強調制度管理。

為使被管理者努力工作，必須強迫他們、控制他們，用懲罰威脅他們，同時用金錢、福利引誘他們，採用「胡蘿蔔加大棒」的管理政策。

(三) 對「經濟人」假設的評價

首先，它注意到了人的最基本需要──生理與安全需要，並且強調生理和安全需要對人的生存發展的重要性，這是值得肯定的。

其次，儘管「經濟人」假設忽視了人的情感和思想，把人看成機器人，但是它在任務管理中強調勞動定額，強調實行完善的監督，強調明確的分工和職責，這是現代管理需要吸取的。

最後，「經濟人」假設強調金錢對人的激勵作用，特別是強調實行績效工資制，這對調動員工的積極性是有意義的。

「經濟人」假設的不足主要表現在：首先，把金錢作為唯一的管理手段，忽視組織中思想工作的重要性；其次，只重視任務的完成，不注意人的心理需要；最後，把員工看成被動的服從者，將其作為一種「機器」來看待，沒能看到員工的創造性和能動性。

總之，「經濟人」假設為分析與處理管理工作中遇到的一些問題提供了依據，為科學管理的萌芽與發展奠定了基礎。

二、「社會人」假設

「社會人」（Socialman）又稱「社交人」，是人際關係學家梅奧根據霍桑實驗的結果於 1933 年在其發表的《工業文明的人類問題》一書中提出的。在「社會人」假設的基礎上，梅奧提出了人際關係理論和參與理論。「社會人」假設認為人是有感情的社會性動物，是社會關係的產物；認為人是社會的人，影響人生產積極性的因素不僅有經濟的，還有社會的；滿足人的社會需要比滿足人的經濟物質需要更能調動人的生產積極

性，而物質刺激對調動人的積極性起次要作用，良好的人際關係才是決定性的因素。

(一)「社會人」假設的基本內容

「社會人」假設的基本內容有：

人是社會人，在提高生產力的因素中，金錢和激勵是次要的，社會心理因素佔據著重要地位。

人與人之間的關係在調動員工積極性方面起著決定作用。

在正式組織中還存在一種非正式組織，非正式組織的規範會影響員工的行為。

生產效率主要取決於員工的士氣，員工心理需要的滿足是提高產量的基礎。

必須建立新型的人際關係，管理者應該善於傾聽意見，掌握管理的方法與技巧，善於在正式組織的經濟需要和非正式組織的社會需要之間維持一種平衡，使工人願意為達到組織目標而協作和貢獻力量。

工業革命和工業合理化的結果，使工作本身喪失了許多內在的意義，而這些喪失的意義必須從工作中的社會關係中尋求。

(二) 相應的管理措施

依據「社會人」假設理論，管理者可採取下列管理措施：

不應該只局限於完成生產任務，在完成生產任務的同時，更應該關心人、滿足人的社會需要。

不能僅僅執行管理職能，還應該關注員工之間的關係，培養和形成員工的歸屬感、認同感，激勵員工對組織的獻身精神。同時，應重視非正式組織的作用。

提倡集體獎勵制度，不主張或少採用個人獎勵，以增進組織的凝聚力。

應當成為員工和上級之間的聯絡人。

為提高員工的工作積極性，應提倡「參與管理」，讓員工在不同程度上參加關於企業決策的研究和討論。

(三) 對「社會人」假設的評價

「社會人」與「經濟人」相比是對人性認識的一大進步，而管理從以工作為中心轉向以員工為中心，標誌著對人性認識的深入。「社會人」假設否定了個人主義價值觀，把個人看做集體的成員，不僅看到了人的經濟需要，也看到了人的社會需要。因此，與「經濟人」相比「社會人」更深入地揭示了人的本質，把人追求歸屬感、群體感、重視人際關係看做影響人的積極性的主要因素，而把經濟動機看做次要因素。

總之，「社會人」假設的提出打破了科學管理一統天下的格局，為人際關係理論亦即行為科學理論的建立與完善奠定了堅實的基礎。

三、「自我實現人」假設

「自我實現人」又稱「自動人」(Self-actualizingman)。「自我實現人」假設產生於20世紀50年代，是美國心理學家馬斯洛提出的。他認為自我實現就是使人的潛能現實化，也就是使這個人成為有完美個性的人，成為這個人想成為的人。「自我實現人」假

設認為自我實現是指人都需要發揮潛力，表現自己的才能；只有人的潛力充分發揮出來，人才會感到最大滿足。美國管理學家麥格雷戈於 1957 年在《在企業中的人性方面》一書中以「自動人」假設為基礎提出了「Y 理論」。

(一)「自我實現人」假設的基本內容

該假設的基本內容有：

工作需要消耗體力和腦力，和游戲占休息一樣是人的自然需要。

外部的控制力量和懲罰性措施並不是使人們為達到組織目標而努力工作的唯一手段，人們在為承諾的目標服務的過程中會實現自我引導和自我控制。

對目標的參與能使自我意識和自我實現的需要得到滿足。通過參與，將使個人目標與組織目標統一起來。

在適當的條件下，一般人不僅會接受某種責任，還會主動承擔責任。

想像力和創造力是每個人都具有的。

在現代工業社會條件下，人的智力潛能只得到了部分開發。

(二) 相應管理措施

依據「自我實現人」假設的理論，管理者可採取內在激勵的管理措施：

管理者的主要職能是創造適當的工作環境和工作條件，以充分發揮員工的潛力和才能，減少和消除員工自我實現的障礙。

盡量把工作安排得有意義，盡可能地讓員工從事多項具有挑戰性的工作，滿足員工自我實現的需要。

重視員工的參與管理。讓員工在不同程度上參與關於企業各級管理工作的研究，能充分體現公司對員工的尊重、信任，使員工產生強烈的責任感和成就感。

實行「目標管理」，即管理者不僅要讓員工參與制訂組織目標，還要指導員工制訂個人目標，並把兩者結合起來，鼓勵員工對自己的工作績效作出評價，激勵他們努力工作，滿足自我實現的需要。

(三) 對「自我實現人」假設的評價

「自我實現人」是在資本主義高度發展的條件下提出的一種人性觀，注重把注意力放在創造工作環境而不是對人的具體行為的管理上；重視內在的激勵，不強調外在激勵。「自我實現人」假設是「社會人」假設的發展。

四、「複雜人」假設

「複雜人」（Complexman）假設是 20 世紀 60～70 年代由組織心理學家埃德加·沙因等經過長期研究提出來的。他們認為以往的人性假設，如「經濟人」「社會人」「自我實現人」各自反應了當時的時代背景，適合於某些人和某些場合，有合理的一面，但過於簡單和絕對。事實上，人是極其複雜的，不僅人的個性因人而異，人的需要和潛力在不同情況下的表現也不同，而且這些特性會隨著年齡、社會環境、生活條件、人際關係等各種因素的變化而不斷變化，因而不能把所有的人歸為一類。根據「複雜人」

假設，美國管理學者莫爾斯（J. J. Morse）與洛希於 1970 年提出了相對應的「超 Y 理論」。

(一)「複雜人」假設的基本內容

該假設的基本內容有：

人的需要是多種多樣的，會隨著人的發展和生活條件的改善而不斷地變化。

人在同一時間內會有各種需要和動機，並且各種需要和動機又互相作用、影響。

由於人在組織中的工作和生活條件是不斷變化的，因而會不斷產生新的需要和動機。

人在不同單位或同一單位的不同部門工作，會產生不同的需要。

由於需要和動機不同，人會對不同的管理方式作出不同的反應，因此沒有一種適合任何環境的管理方式。

(二) 相應的管理措施

依據「複雜人」假設的理論，管理者可採取下列管理措施：

要有權變的觀念，要依據企業所處的內外環境的變化確定不同的組織形式以提高管理效率。如根據工作性質不同，時而採取固定的組織形式，時而採取靈活、變化的組織形式。

要善於發現員工的需要和動機、能力、個性等方面的差異，因人、因時、因事、因地制宜地採取靈活的管理方式與獎酬方式，不能千篇一律。

管理措施不能過於簡單化與一般化，要根據組織的不同情況，採用彈性、隨機應變的管理方式，以提高管理效率。

(三) 對「複雜人」假設的評價

「複雜人」假設彌補了前幾種人性假設的缺失，具有辯證思想，認為沒有普遍適用的管理方法，管理人員應從具體情況出發，根據不同的場合、不同的對象，靈活採用不同的措施，應掌握各種管理原則並靈活使用。這種權變觀點對管理工作有一定的啟發，是對「一刀切」做法的否定。但是，由於「複雜人」假設有片面性，過於強調人的差異性，而且缺乏具體的研究，從而在某種程度上忽視了人的共同性，陷入了不可知論的境地。

以上「工具人」「經濟人」「社會人」「自我實現人」「複雜人」等人性假設反應了西方管理學界對人性認識的不斷深化的過程，揭示了人各方面的社會心理需要對管理的影響以及管理方式對人的影響。但是，這些假設受當時社會歷史環境的影響，都具有一定的局限性。所以，在實際管理工作過程中，既要分析和批判其局限性，又要學習和吸收其合理成分。

綜觀西方管理理論的發展，每一次大的理論突破幾乎都是基於對人的認識的飛躍；各種管理理論的差異，也多是基於對人的認識不同。人性假設理論是西方管理理論的一個顯著特色和傳統，也是西方管理理論研究的基本依據和出發點。

五、中西方人性理論比較

對中外人性假設的比較有利於對人性的全面理解。東西方社會演進的路徑不同，管理模式也大相徑庭。中國古代管理思想主要形成和運用於帝王對國家的管理，近代以來的西方管理主要形成於對企業的管理。管理的核心問題，是管理主體運用管理手段作用於管理客體的過程，是對人和人性的認識問題。

(一) 中西方人性理論的聯繫

首先，兩者與管理的關係相同。兩者都是管理理論的深層次結構，並都對管理思想和制度等產生了重大影響，而具體管理思想的形成、管理措施的選擇都是由相應的人性假設決定的。

其次，性善論和「自我實現人」假設有相通性，雖然表述不同，但兩者都看到了人性中積極的一面，並提供在管理中充分利用人性中的這一側面。兩者都重視環境、教育和繼續培訓的作用。

最後，性惡論和「經濟人」假設有相通性，兩者都看到了人性的利欲需要，都認為必須採取外界措施控制利欲心，都主張採取強制措施。它們都同樣忽視了人的社會性，片面強調了人的非理性和生物性。

(二) 中西方人性理論的區別

1. 產生的年代和社會背景不同

中國古代的人性觀產生於春秋戰國及秦漢時期，是農業經濟的產物。現代西方的「人性假設」產生於現代高度工業化的美國，是基於工業社會管理發展的需要而產生的。

2. 管理的對象和目的不同

中國古代管理理念的對象是國家、群體，是為鞏固封建統治服務的。無論是性善性惡論，還是善惡混淆論，都是為統治階級進行仁愛德治、祛除惡行、大治於天下提供理論依據的，其目的是為了更好的安邦定國。現代西方管理的對象是企業、組織，是為提高組織的管理效率、生產效率服務的，其目的是為了激勵員工，創造更多的利潤。

3. 對管理的影響方式不同

中國古代人性觀主要影響中國封建社會的社會政治管理，是一種由上至下的統一管理。西方人性假設主要用來管理西方的經濟，被分散應用於各個經濟團體。每個經濟團體自主採用自己所欣賞的理論，所採取的策略也不盡相同。

4. 產生方式不同

中國古代人性觀是個人在生活實踐中依據觀察和自己的生活感受對人性進行主觀判斷得出的。西方人性假設是從人的不同需要出發，通過大量的行為科學、心理學研究得出的結論。

5. 結構模式不同

中國古代人性論是線形平面結構，一端是性善論，另一端是性惡論，中間是善惡

混淆論。所有的人都被劃入這一結構中，人無論善惡還是中間狀態，都處於這個平面結構中，永遠無法超越。而西方人性假設是多側面立體結構，它們有的強調人的經濟性，有的強調社會性，還有的強調自我實現性和複雜性，等等，認為每個人某一時期的主導特性只屬於其中之一。①

總之，兩者都對管理有很大的促進作用，但它們對管理起作用的時間、影響層面和方式都是不同的。在具體的管理實踐中我們既要吸收前人留給我們的寶貴遺產，又要有選擇地吸收西方人性假設中的精華部分，使我們的管理實踐更科學、效率更高。

第三節　當代人性理論新進展

近代中國不少思想家為了民族的解放事業向西方學習科學，將中國的傳統人性思想與西方的人性理論相結合，提出了一些人性理論，如嚴復基於進化論的「性無善惡論」、梁啓超的「人性中心論」、章太炎的「善惡同時進化論」、李宗吾基於中西科學的「性惡論」，但都沒有形成系統的中國人性理論。中國古代和近代人性研究主要是為統治者服務的，當然這些都與中國的歷史環境有關。

隨著時代的進步、經濟與技術的發展，人性的特點也在不斷演變之中，這對管理科學與實踐提出了巨大的挑戰。當代國內外專家對人性又提出了幾種新的人性假設理論。

一、雙向人性假設理論

(一)「利己利他人」假設

這一人性假設是一般意義上的對人的本性的認識。這種觀點認為一個人身上同時具有利己和利他兩種傾向，只不過由於文化、教育、情景和管理方式等因素的影響和制約，人們的表現會有所差異。利己性是人們為自己謀取利益的一種行為動機和本能，是個體生存和發展的基本條件，是人類群體發展的前提之一。利他性是人們為他人和人類群體謀取利益的一種行為動機和本能，它是人類整體得以共同進步的另一個前提。利他性使得人類社會和人與人之間的關係朝著越來越美好的方向發展。對於管理者來說，人的利己性和利他性都是激勵被管理者的驅動力，通過得當的方法，都可以把被管理者的行為引導到有利於實現管理的目標上來。而片面誇大兩者中的一面都會嚴重影響管理的效果。②

(二)「目標人」假設

隨著管理實踐的發展，有關專家從現代心理學和管理學的角度重新思考了有關人性的問題，提出了「目標人」的人性假設。「目標人」假設的論點主要有：人們在工

---

① 倪鳳琨．管理中的中國古代人性觀和西方人性假設 [J]．鄭州航空工業管理學院學報，2005 (3)：13.
② 李暉，李科峰．中外人性假設綜述 [J]．上海理工大學學報：社會科學版，2004 (3)：74－75.

作和生活中都有一定的目標,在完成目標的過程中實現工作和生活的意義,並且進一步形成更高級的目標。這些目標分別與生活、社會關係和發展有關,形成了一個有三個層次的有機目標體系。這三個層次的目標在不同情景下分別成為行為的動力模式。個體的心理目標主要形成於後天的教育和社會交往,受到實踐的成功與否和他人態度的影響。個人所追求的目標體現著個人的價值觀,激勵著個人的行為。基於「目標人」的假設,組織可通過培養員工的成就感、教育員工認同組織目標、採用具有親和力的領導方式以及建立組織文化等策略來激勵員工。

二、新人性假設理論

(一)「文化人」假設

「文化人」假設是20世紀中葉由德國哲學家卡西爾在思考有關人的哲學時提出的一種新的人性假設。卡西爾認為:人的突出特徵,人與眾不同的標誌,既不是他的形而上學本性也不是他的物理本性,而是人的勞作。正是這種勞作,正是這種人類活動的體系,規定和劃定了「人性」的圓周。語言、神話、宗教、藝術、科學、歷史,都是這個圓的組成部分和各個扇面。人的「勞作」是人性的基礎。通過勞作,人類創造了語言、藝術、宗教、科學等不同階段的文化,也塑造了自己作為「文化人」的本質。

20世紀80年代,美國加州大學的日裔美籍學者威廉·大內在他的《Z理論——美國怎樣迎接日本的挑戰》一書中從社會和組織文化的角度來考察、分析日本、美國兩國企業的不同和利弊,強調要重視人的問題,對員工要信任、親密,要形成一致的組織目標和共同的價值觀念,才能使企業獲得成功。該書雖未直接提出「文化人」這一名詞,但其「文化價值觀決定人的行為」的觀點,就蘊涵了這個名詞的實質性內容。威廉·大內的「Z理論」提出重視人的尊嚴和價值,主張建立一種真正、全面的信任平等、親密和諧的人際關係。人是獨特的社會動物,只有把自己完全投入到集體之中才能實現徹底的「自由」。這正是人全面發展、自由發展所必需的。

「文化人」假說認為人的行為及價值選擇是由所處的文化決定的,有什麼樣的文化,就會有什麼樣的人的行為。「文化人」假設是「社會人」假設的進一步延伸,其視角伸向了人的社會本質的深層,特別強調人的精神因素和主觀能動因素。人是受文化影響的,而文化是滲透到人類文明的任何一個地方和環節的。這一假設揭示了管理中「軟因素」的重要性,認為管理必須注意調動人的積極性,實行以人為中心的管理;強調在生產管理中要關心人、尊重人、信任人;強調團隊精神;重視勞動者之間的默契合作;強調創新行動和內部競爭等。[1]

(二)「創新人」假設

隨著經濟全球化與一體化進程的加快,企業間的競爭已經不再局限於某一國家、某一行業,而是面向全世界,而且更加激烈,創新的地位與作用更加突出。「創新人」假設也應運而生。

---

[1] 戴曉霞. 論西方管理理論中人性假設的演變 [J]. 常州工學院學報:社科版, 2006 (2):34.

「創新人」作為一種新的人性假設，認為作為創新主體的「創新人」在企業創新活動中是最主要、最革命的因素，必然有其獨特的人性特徵[1]：第一，創新人最重要的特徵是創新性，即出色的學習能力和創新能力。他願意學習新工作和新技能，主動運用知識，而不是被動地接受資訊；在知識、技術創新的過程中，能客觀分析所從事研究的狀況及問題，能把握研究的進展與趨勢，敢於承認研究中的失誤與失敗。其次，創新人具有宏觀的思維，願意捨棄本位主義，以確保組織的全局目標。他強調思考的廣度而不是深度，將重點放在成效和結果上，而不是所從事的活動上。他瞭解本身的工作對於整體的貢獻有多大，並對結果有一種責任感，在遭受打擊和挫折後能避免行為失常，能使科學研究持續進行。此外，創新人還具備很強的冒險精神，期待獲得更高的成就感。創新人為了創新事業而不斷激勵自己進行創新研究，有著頑強的意志和自強自立的精神，期盼成功，會為自己選擇很高的目標。在工作交往中，創新人瞭解團隊中每個人的角色和其他成員的工作有什麼關係，並擅長團隊合作，認為自己是團隊組織的一部分，尊重不同的意見，能較好地獲得組織或他人的支持與幫助，能較順利地推行創新研究的實踐與應用。總之，知識經濟時代對「創新人」的管理模式也與傳統的管理有很多不同，而只有應用創新管理的模式才能使組織得以發展。正確地認識「創新人」是為了有效地激勵、滿足「創新人」合理而又可能的需求，同時也對群體需求進行正確導向。

(三)「理性生態人」假設

由於過去的幾十年人們總是以經濟的發展為重點，認為人的生存必須依賴一定的產品，形成了不斷追求經濟增長、鼓勵消費、發展科技的生存模式。但是，短短的幾十年之後，我們現在所面臨的自然環境遭到前所未有的破壞，環境污染、資源短缺等現象已經影響到人類的生存與發展。如果不加以控制和改善，按我們目前的模式進行經濟擴張的話，其後果將會是毀滅性的。

在這樣的背景之下，中外諸多專家和學者提出了「理性生態人」的假設，並且已經在實踐中進行了運用。這一假設反應了人們對人與自然、人與社會、人自身的生理和心理的和諧統一發展的追求，反應了人們對可持續發展觀念的認可。「理性生態人」將是未來社會管理中設計、規劃和實施的重要的人力要素。

該假設認為，未來的社會將是一個生態化的社會，作為一個「理性生態人」應具有雙重素質：作為「生態人」，他既具有充分的生態倫理學素養，又具備與其職業活動及生活方式相適應的生態環境知識。[2] 這樣，第一，他能對一切與環境有關的事物作出符合生態學的評價；第二，他有充分的道德、智慧和知識制定符合生態學的策略。同時「理性生態人」具有以下幾點特徵：有著人與自然和諧相處的自然觀；在考慮經濟發展問題時把生態安全置於首位，注重經濟、社會和生態多個層面的效益；追求公平與正義，不僅承擔起與其權利相對應的社會責任，還願意承擔這一權利所影響的自然界的責任，承擔起由受影響的自然界所引起的社會事務的責任，這種責任可以是個人之間

---

[1] 李寧琪，胡震宇.「創新人」假設及其管理模式初探 [J]. 長沙通信職業技術學院學報，2007 (9)：52.
[2] 吳繼霞.「理性生態人」：人性假設理論的新發展 [J]. 道德與文明，2001 (2)：31.

的、地區性的以及國際性的；追求與競爭者、外部環境共贏的競爭方式。

(四)「網絡人」假設

「網絡人」是在當今知識經濟時代，隨著 Internet 普及而出現的一種人性假設。通過互聯網進行社會交往，大大拉近了人與人的距離，更加開闊了人們的眼界，使人們的「社會人」本質又得到了一次昇華。隨著網絡技術的發展和人們對網絡知識的普遍掌握，互聯網將逐漸成為人們生活、工作和學習中不可缺少的一部分，人們僅僅依靠互聯網就能「生存」。「網絡人」的出現要求企業家的管理思維也隨之發展變化，把被管理者看做在互聯網上同自己交換思想的同事和自己的信息源泉。[1]

綜上所述，管理學中人性假設的發展歷程就是人們對人性內在本質認識不斷深化與發展的過程，從「經濟人」到「社會人」「自我實現人」「複雜人」，再到「文化人」與「創新人」等，人性假設每前進一步，都是對以往人性假設的繼承與發展，是「揚棄」；與此對應的管理理論也不斷深化，展現出管理學從科學管理到行為科學、決策理論、權變理論，再到知識管理與創新管理的波瀾壯闊的理論發展圖景。隨著社會、經濟與技術的不斷發展和進步，人們的生存狀況、思想觀念會有新的變化。為了反應和適應這種新的變化，還將產生新的人性假設理論，推動管理理論向新的方向發展。

不同的人性論都有其合理性。不同的學者基於所處環境及時代對人性提出了不同的認識和假設，相應地提出了不同的管理理論和管理方式。這些管理方式在實踐中也都不乏成功的典範。但無論是西方麥格雷戈的理論，還是中國的性善論、性惡論，對人性的認識都未能達到科學的水平。馬克思早在 1845 年《關於費爾巴哈的提綱》中就明確指出：「人的本質不是單個人所固有的抽象物，在其現實性上，它是一切社會關係的總和。」這就告訴我們，人的本性不是一成不變的，而是隨著社會的發展變化而變化；人性在不同歷史條件下的不同表現是客觀存在的，不是主觀的「假設」。人性的不同表現對管理提出了不同的要求。以上任何一種人性假設及其相關的管理方式都推動了相應歷史時期的社會發展和經濟進步。判斷一種管理制度、方式的進步與否，關鍵是看其與當時特定的歷史時期的「現實人性背景」是否一致。只要兩者是一致、適宜的，該管理制度和方案便是最為理想的、最合適的。因此，選擇管理方法必須考慮不同時代條件下人性的不同表現，而不能簡單照搬某種人性「假設」。這也許便是我們探索和構建中國管理制度的一個指導原則和根本出發點。

同時，應看到不同人性假設理論反應的是管理學家對人的不同認識，但這些「人性假設」理論提出的管理措施更偏重於從管理者出發，使人性假設理論的對策仍無法真正實現組織和諧管理。今後需要針對管理者與被管理者雙方提出相應的管理措施，使管理能以最少的投入獲取最大的效益，最終實現組織和諧管理。

總之，管理離不開人，而人性又千差萬別。所以管理是一項十分複雜的工作，其難度在於如何準確地把握人性。對人性的認識是一個逐漸深化的過程，需要管理者在工作中不斷探索和提煉。

---

[1] 戴曉霞. 論西方管理理論中人性假設的演變 [J]. 常州工學院學報：社科版, 2006 (2)：35.

對管理者的啟示

人性理論是對人性的分析，諸如「性善」「性惡」「經濟人」「社會人」等等。持不同的人性觀點或者運用不同的人性理論，對人的認識就不一樣。受不同的人性思想或理論的指導，對人的管理模式也就不一樣。如持「人性惡」的觀點，會重視對人的嚴酷管理；持「經濟人」觀點，則會對人進行「胡蘿蔔加大棒」的管理模式。管理模式不同，其效果也是不同的。因此，作為管理者，應該瞭解科學的人性理論，對員工進行科學的管理，在以人為本的基礎上，提高生產積極性，實現組織目標。

案例分析

案例 1

「80 後」CEO 的人性化管理之困

每天中午，汪海喜歡去辦公樓下的一個咖啡廳享用午餐，因為在那裡能碰到他的同行們——合肥高新技術產業開發區一批網絡企業的 CEO。他們大都是在 20 世紀 80 年代出生的，在這個開發區擁有一到兩家企業。這些年輕的 CEO 喜歡在用餐的過程中交流自己的管理經驗，比如如何消除公司內部的勾心鬥角。「我們都沒有做職員的經驗，大家碰到的都是同樣的問題。」汪海說。

僅僅在兩年前，他們並沒有這樣的午餐務虛會的機會，因為這些人正在讀大學或者僅僅靠一根電話線和一臺電腦在家累積原始資本。

時間在改變一切。

8 元錢的贏利

誰又能想到汪海這個在大學裡經常不上課、喜歡去看兩元錢一場的錄像的學生能在大二就開始通過網絡累積自己的個人財富？

汪海對於財富的理解緣於 2000 年外公的病逝。當他回到距離合肥 50 千米的農村老家料理外公後事時吃驚地發現外公外婆一輩子的財產竟然才價值 600 元！而彌留中的外公在一次清醒後的第一句話是叮囑外婆：「我那件襯衫裡還有 10 元錢，不要忘記了。」「這讓我第一次意識到自己的貧窮。」汪海說。

這種意識同樣體現在學生生活中。當時汪海每個月的生活費才 60 元，而同學基本都是 200 元左右。「我感覺需要真正的改變。」汪海說。

這時，很早去深圳工作的哥哥在電話裡對汪海提到了最熱門的電子商務。當時學校並沒有和互聯網相關的課程，汪海對電子商務的理解僅僅是企業可以通過網絡交易，但怎麼交易，他的大腦裡是一片空白。

2000 年下半年，汪海嘗試著通過朋友的信用卡，花了十幾美元買到一個國際域名，建立起自己的第一個網站——「中國營銷網」。

通過這臺連外殼都沒有的二手電腦和一根電話線，汪海開始做起代理網絡域名的生意。幾個月後，一位上海的客戶通過 E-mail 找到了他，這位大二學生盡量讓自己在

回信中表現得老練和成熟，最後做成了第一筆生意。「那個網絡域名我買來時花了80元，賣出去時88元，掙了8元錢。」

當時提供這類服務的企業並不多，這給了汪海一個機會。在隨後的幾個月內，汪海的業務呈現井噴之勢，每個月的贏利已有3000元。2003年，合肥市員工月平均工資剛剛1000元。

2001年9月18日，一天之內，汪海掙了4萬多元。在新浪網的一項新推出的網絡推廣業務中，他為他所代理的企業預定搜索關鍵詞，每個詞預定費是8000元，新浪給汪海的價格是4000元。在這一天內，他從一大早就開始預定，一天預定了十幾個詞。「激動得都發抖，對這一天記憶深刻。」

此後，汪海開始代理企業的網絡推廣業務，他的主要客戶是鮮花快遞企業和翻譯公司。「因為這兩類公司在網絡推廣中投入最大。」他說。在一段時間內，他壟斷了全國兩類公司推廣業務的80%。「我知道他們需要什麼樣的服務，知道他們什麼時間需要服務。」

2004年底，汪海發現所在城市缺少適合本地網民發布信息的門戶網站，他認為這是一個商業機會，於是又創立了自己的第二家網絡企業——肥肥網絡公司，經營「合肥論壇」。很快它就成為合肥市最著名的本地網絡信息平臺，有5萬多個註冊用戶，同時有3000人在線。但是一年後，這家企業依舊處於虧損狀態。每個月的支出是兩萬元，廣告收入為零。

正當汪海為這家網絡企業的存與留掙扎時，一家國內大型社區網站提出以45萬元收購他的「燙手山芋」。他一下子認識到這個論壇的價值，決定繼續撐下去。

2006年初，似乎一夜之間，合肥論壇成了廣告商眼裡的明星。客戶廣告投放量從第一個月的3000元到月均3萬元，一直到現在的月均5萬元。這些廣告客戶不少是那些在開發區投資的跨國公司。

管理的困境

解決了贏利問題後，另一個問題接踵而來。

從未打過工、沒做過老闆的23歲的CEO在開始的一段時間裡甚至不能接受稱呼的變化帶來的心理不適應。「他們昨天還叫你小汪，今天就是汪總，有點難以承受。」汪海說。第一次公司開會的時候，說話都打哆嗦。「因為你不知道開會的方式，要達到什麼效果，要開多長時間。」

為了消除這種不適應感，他極力淡化作為老總的角色。「當時我極力推崇人性化管理，」他說，「但我忽視了創業性企業的最終目的——追求利潤和效益。」

在最初的一段時間內，每天早上8點半，汪海帶領員工齊頌《羊皮卷》，兩個星期會在KTV裡高歌一次，不定期地帶員工一起出去吃飯、旅遊。「我認為這就是人性化管理。」

但是汪海很快發現：雖然與員工打成一片，但是員工們的銳氣沒有了。很多人開始對這個公司的前途產生迷茫。有一次汪海無意中聽到兩位員工的對話，一位充滿疑惑地問另一位：「為什麼汪總那麼喜歡玩兒呢？」

「我才明白一個CEO的工作不僅僅是讓員工感覺親切，而是要把握公司發展的整體戰略。」在汪海的辦公室裡，有大屏幕的背投電視和PS2遊戲機，他可以和員工在閒暇之餘共享足球遊戲。「但是你必須與他們保持距離感。」他甚至將曾經當過網絡論壇

管理員的經驗平移到現在的公司管理裡，恩威並施以增強對公司的掌控。

然而人性化管理不是簡單的「打成一片」或者「恩威並施」就能實現的。「無規矩不成方圓。在經過了長時間的思考之後，我終於認識到：行之有效的制度才是企業發展的源動力。而人性化，應該成為一種企業管理制度的潤滑劑。」汪海說。

兩個月前，26歲的汪海參加了一個資本推介會，希望能為他擁有的一家網絡公司找到合適的戰略投資者。這位1980年出生的年輕人並不缺錢，他名下的兩家網絡公司贏利情況並不壞，每年可以為他帶來幾百萬元的利潤。「我是想知道我們在投資者眼裡的位置。」他冷靜地說。

作為一個成功的年輕創業者，汪海對自己有著客觀的認識。而這正是許多他這個年齡段的創業者所缺乏的。「管理者必須要對所管理的企業有一個評價，就像對自己的評價一樣，要客觀並且深刻。」汪海如是說。

問題討論
1. 汪海的人性化管理為什麼行不通？
2. 管理者應該如何實施有效管理？

案例2

人性化管理：給員工放情緒假

員工今天上班心情不爽，怎麼辦？沒關係，山東勝利油田孤東三採中心的做法是：給他放「情緒假」，讓他舒緩一下焦躁情緒再上班。

中心的有關負責人認為，員工情緒不佳，上班時積極性就會不高，工作效率也會下降。因此，他們採取了放「情緒假」的辦法。「情緒假」一般是1～2天。一線員工請假，隊長就可以批；科室人員請假，主管或相關負責人就可以批。員工放「情緒假」時，工資、獎金等待遇不受任何影響，以後可以補班，也可以不補班，聽憑員工自己安排。

近年來，由於市場競爭日益激烈，生活和工作節奏不斷加快，該中心員工的心理健康問題越來越突出。常聽到員工說：「今天我心情不好，別惹我。」員工情緒不佳等心理問題給企業造成的負面影響主要是缺勤率、離職率、人際衝突增加。因此，員工心理問題已成為該中心管理中面臨的重要問題。

為此，該中心在日常管理工作中密切關注員工上崗時的情緒，及時瞭解員工的心理狀況，發現哪位員工家庭有事、上班覺得累了或者情緒不好，就給他放「情緒假」。同時，該中心還不定期請來專家開設「心理課堂」，以有效員工解除心理壓力，讓員工在工作期間始終保持愉快的心情。

今年以來，孤東三採中心積極倡導人性化管理，為每名員工建立了心理檔案，及時瞭解掌握員工的情況，幫助員工解決實際問題，使干群關係更加密切。據瞭解，心理檔案包括靜態信息和動態信息兩個部分。靜態信息詳細記錄了每名員工的個人簡歷、社會關係、家庭狀況、文化程度、工作業績、技能狀況等內容。動態信息包括員工個人愛好、專長、脾氣、性格、綜合素質能力、人際關係和諧度及受獎罰後的心理表現等。

問題討論
山東勝利油田孤東三採中心給員工放「情緒假」的方式。

小結

　　管理學中人性假設的發展歷程就是人們對人性內在本質的認識不斷深化與發展的過程。本部分從時間跨度和中西方地理因素考慮，將人性理論分為中國古代人性理論、西方近代人性理論和當代人性理論新進展三個部分進行介紹。

　　中國古代的人性理論主要介紹了「自然人」假設、「道德人」假設、「利欲人」假設及「動態人」假設。「自然人」假設是建立在性無善無惡論基礎之上的，其代表人是老子、莊子及具有老莊思想的人。該假設主要強調人的自然、樸素的一面，認為人來自自然，人需要而且能夠舒展人的自然個性，為此提出無為管理思想，主張簡單、自然、尊重人、相信人，用民主自由的方式讓人自行激發潛力，而不用各種法令加以束縛。「道德人」假設建立在以孔子為代表的性善論基礎之上，認為人是社會的產物，人們在處事、交往中會注重輿論的看法並且修正自己的行為。該假設為此提出道德管理，主張以人道、仁義和群體為中心，以心理情感為紐帶，以情理滲透為原則，以得人心為出發點與歸宿，主張「以文化人」「以情動人」，不主張懲戒法制。「利欲人」假設是建立在以荀子為代表的「性惡論」基礎上的，認為人的行為有完全的利己目的，如有利他行為，也只是由於利己行為的外部性所致。該假設為此提出制度管理，主張必須制訂一系列制度規範來約束被管理者的行為。「動態人」假設是建立在性多元論基礎之上的，認為人可能性善、性惡，也可能無善惡，人性是複雜的、多重的、包容的，應從整體層面上動態權變地認識人性，為此提出了人本管理的思想。人本管理既是一種權變管理，依據人的不同需要、組織面臨的不同環境而採取不同的管理方式；又是一種系統管理，綜合平衡員工與員工、員工與組織、組織與環境等各方面因素，尋求滿足員工全面發展的方式。

　　西方近代人性理論主要介紹了「經濟人」假設、「社會人」假設、「自我實現人」假設和「複雜人」假設。「經濟人」假設認為人的一切行為都是為了最大限度地滿足自己的私利，為了爭取最大的經濟利益，其工作動機就是獲得經濟報酬，為此管理者主要應通過加強執行管理職能、強調制度管理、採用「胡蘿蔔加大棒」的管理政策等來進行管理。「社會人」假設認為人是有感情的社會性動物，是社會關係的產物；人是社會的人，影響人生產積極性的因素，不僅有經濟的，還有社會的；滿足人的社會需要比滿足人的經濟需要更能調動人的生產積極性，而物質刺激對調動人的積極性起次要作用，良好的人際關係才是決定性因素。為此提出管理者應注重關心人、滿足人的社會需要，培養和形成員工的歸屬感、認同感，採用「參與管理」的方式提高員工的工作積極性。「自我實現人」假設認為所謂自我實現是指人都需要發揮潛力，表現自己的才能；只有人的潛力充分發揮出來，人才會感到最大滿足。為此該理論提出管理者應注重把注意力放到創造工作環境而不是對人的具體行為的管理上；重視內在的激勵，而不強調外在激勵。「自我實現人」假設是「社會人」假設的發展。「複雜人」假設認為人是極其複雜的，不僅個性因人而異，人的需要和潛力在不同情況下的表現不同，而且這些特性會隨著年齡、社會環境、生活條件、人際關係等各種因素的變化而不斷變

化，因而不能把所有的人歸為一類。為此管理者應從具體情況出發，根據不同的場合、不同的對象，靈活採用不同的措施，而且管理人員應該掌握各種管理的原則並靈活使用。

當代人性理論的新進展主要介紹了20世紀80年代以來國內外專家對人性理論的新觀點。「利己利他人」假設認為一個人身上同時具有利己和利他兩種傾向，只不過由於文化、教育、情景和管理方式等因素的影響和制約，人的表現會有所差異。人的利己性和利他性都是激勵被管理者的驅動力，管理者可以通過得當的方法，把被管理者的行為引導到有利於實現管理的目標上來。「目標人」假設認為人們在工作和生活中都有一定的目標，會在完成目標之中實現工作和生活的意義，並且進一步形成更高級的目標；個體的心理目標會受到實踐的成功與否和他人態度的影響；個人所追求的目標體現著個人的價值觀，激勵著個人的行為。為此管理者可通過培養員工的成就感、教育員工認同組織目標、採用具有親和力的領導方式以及建立組織文化等策略來激勵員工。「文化人」假說認為人的行為及價值選擇是由所處的文化環境決定的，有什麼樣的文化，就會有什麼樣的人的行為，因此應重視人的精神因素和主觀能動因素。為此管理者必須注意調動人的積極性，實行以人為中心的管理；在生產管理中要關心人、尊重人、信任人；要強調團隊精神；要重視勞動者之間的默契合作；要促進創新行動和內部競爭等。「創新人」假設認為創新人最重要的特徵是創新性，具有出色的學習能力和創新能力；具有宏觀的思維，願意捨棄本位主義，以確保組織的全局目標；具備很強的冒險精神，期待更高的成就感。為此管理者應有效地激勵滿足「創新人」合理而又可能的需求，同時也實行群體需求的正確導向。「理性生態人」假設認為「生態人」既具有充分的生態倫理學素養，又具備與其職業活動及生活方式相適應的生態環境知識。該假設認為管理者必須把生態安全置於首位，承擔起與其權利相應的社會責任，同時應採用合作共贏的方式來促進組織的發展。「網絡人」假設認為互聯網的出現大大增加了人們之間的社會交往，使人的「社會人」本質又一次得到了昇華。「網絡人」的出現要求企業家的管理思維也要發展變化，要把被管理者看做在互聯網上同自己交換思想的同事和自己的信息源泉。

不同的人性論都有其合理性，不同的學者基於所處環境及時代對人性提出了不同的認識和假設，並相應地提出了不同的管理理論和管理方式。管理者在選擇管理方法時必須考慮不同時代條件下人性的不同表現，而不能簡單照搬某種人性「假設」。

思考題

1. 中西方人性觀有何差異？
2. 各種人性假設對應的管理方式是什麼？
3. 人性假設理論對構建中國管理模式有何啟示？

第三章 個體過程

第一節 知覺與行為

認知過程非常複雜，這個過程可以分解為一系列的活動，如感覺、知覺、想像、思維、問題解決等。但人們普遍認為，知覺過程是發生在情境和行為之間的重要過程。人的行為首先發端於對周圍世界及自我的知覺，因此，知覺與歸因過程對人的行為具有廣泛的影響。本節討論知覺的過程與性質、社會知覺及其影響因素、社會知覺中的常見偏差、歸因過程及常見的歸因偏差等內容。

一、感覺與知覺

（一）感覺與知覺的含義

1. 感覺

感覺是直接作用於感覺器官的客觀事物的個別屬性在人腦中的反應。

感覺可以分為外部感覺與內部感覺。視覺、聽覺、味覺、嗅覺、觸覺等為外部感覺，而運動覺、平衡覺、機體覺等屬於內部感覺。

2. 知覺

知覺是直接作用於感覺器官的客觀事物的整體屬性在人腦中的反應。

感覺是以以生理為基礎的感覺器官接受外來信息為依據的。而知覺是在感覺的基礎上形成的，是由多種感覺器官聯合活動的結果，因此知覺多半是各種感覺的統合，並且包括當時的心情、期盼以及過去的經驗與學得的知識。知覺是純心理性的，同一種引起知覺的刺激情境表現在每個人的知覺判斷上，將會有很大的個別差異。人們是依靠感覺與知覺瞭解周圍世界的。

3. 錯覺

錯覺指在特定條件下對客觀事物必然產生的某種有固定傾向的歪曲知覺。

錯覺與幻覺不同，它是在一定條件下必然產生的，個體差異只表現為錯覺量上的變化。

（二）影響知覺準確性的因素

1. 知覺者的主觀因素

（1）興趣和愛好

通常人們最感興趣的人或事最容易被知覺到。

（2）需要和動機

能夠滿足或威脅人的某種需要、影響其動機的人或事，就容易成為知覺對象的中心。

（3）知識和經驗

知識和經驗能夠加強或者減弱知覺者對知覺客體的知覺。

（4）個性特徵

不同氣質、性格的人在知覺的深度和廣度上有所不同。

2. 知覺對象因素

（1）知覺對象的特徵不同影響知覺的深度和廣度

知覺對象的特徵主要指顏色、形狀、大小、聲音、強度和高低，運動狀態、新奇性，重複次數等。

（2）人們在知覺事物時會根據對象的特徵進行組織、整合

人對知覺對象的整合規則有：接近律（Proximity）——距離上相近的物體容易被知覺組織在一起；相似律（Similarity）——凡物理屬性相近的物體容易被組織在一起；閉鎖律（Closure）——封閉性，人們傾向於將缺損的輪廓加以補充使知覺對象成為一個完整的封閉圖形；連續律（Continuity）——凡具有連續性或共同運動方向的刺激容易被看成一個整體。

3. 知覺的情境因素

知覺的情境因素通過影響人的感受性而改變知覺的效果。感受性就是人的感覺靈敏度、人對外界刺激物的感覺能力。人的感受性在環境作用下發生的變化表現為下列現象：

（1）適應

這是指由於刺激對感受器的持續作用從而使感受性發生變化的現象。

（2）對比

這是指同一感受器接受不同的刺激而使感受性發生變化的現象。

（3）敏感化

這是指在某些因素影響下，感受性暫時提高的現象。

（4）感受性降低

這是指知覺的相互作用、人的生物因素和心理因素、不良嗜好（如吸菸）的作用以及某些藥物的刺激等都會引起感受性降低。

二、社會知覺

（一）社會知覺的概念

社會知覺就是對人的知覺、對人和社會群體的知覺、對社會對象的知覺。它是知覺主體的一種特殊的社會意識，影響著主體的心理活動，調節著主體的社會行為。組織行為學特別注重社會知覺的研究，因為它跟人的行為密切相關。

（二）社會知覺的分類

社會知覺包括對人的知覺、人際知覺、自我知覺、角色知覺和因果關係知覺等。

1. 對人的知覺

這是指通過對他人的外部特徵的知覺瞭解其動機、感情、意圖的認識活動。它受知覺對象的外部特徵和知覺者自身主觀因素的雙重影響。

2. 人際知覺

這是指人與人之間關係的知覺。它主要以人的交際行為為知覺對象，對人們交往中的動作、表情、態度、言語、禮節等進行感知。

3. 自我知覺

這是指一個人通過對自己行為的觀察對自己心理狀態的自我感知，是自己對自己的看法。

4. 角色知覺

這是指對人們所表現的社會角色行為的知覺。

5. 因果關係的知覺

這是指對兩個有關係的事物的知覺。

（三）社會知覺中的若干效應——社會知覺偏差（或錯覺）

社會知覺效應主要有首因效應、近因效應、暈輪效應、刻板效應和投射效應。

1. 首因效應

這是指素不相識的人在初次見面時所獲得的印象會對其將來的判斷起非常大的作用。

2. 近因效應

這是指個體對最近獲得的信息留下清晰印象，其作用往往會衝淡過去所獲得的有關印象。

3. 暈輪效應（光環效應）

這是指在認知時，人們常常將所知覺到的特徵泛化推及其他未知覺的特徵，從局部信息得出一個完整的印象。

4. 刻板效應

這是指對某人或某一類人產生的一種比較固定的、歸類化的看法。

5. 投射效應

這是指人們在日常生活中常常不自覺地把自己的心理特徵（如個性、好惡、慾望、觀念、情緒等）投射到別人身上，認為別人也具有同樣的特徵。

三、歸因

（一）歸因理論研究的基本問題

這一理論說明和分析人們行為活動因果關係，也稱「認知理論」，用以解釋、控制、預測相關的環境和隨著這種環境出現的行為。它通過改變人們的自我感覺、自我

認識來改變和調整人的行為。

(二) 歸因理論

歸因理論是說明和分析人的行為活動的因果關係的理論。

1. 海德的歸因理論

該理論主要研究日常生活中人們如何找出事件的原因。

海德認為人有兩種強烈的動機：一是形成對周圍環境一貫性的理解，二是控制環境。而要滿足這兩個需求，人們必須有能力預測他人將如何行動。因此海德指出，每個人（不只是心理學家）都試圖解釋別人的行為，並都有針對他人行為的理論。

海德認為事件的原因無外乎有兩種：內因（Internal Causes）（情緒、態度、人格、能力）和外因（External Causes）（外界壓力、天氣、情境）。海德還指出，在歸因的時候，人們經常使用共變原則（Covariant Principle）和排除原則（Removing Principle）。

共變原則是指如果在許多情況下一個原因總是與一個結果相聯繫，而且沒有這個原因時這個結果不發生，那麼可以把這個結果歸於這個原因。不變性原則是指某一特定結果與特定原因間存在不變聯繫。排除原則是指如果情境原因足以導致行為，就可以排除個人歸因，反之亦然。

2. 維納的歸因理論

維納於1972年提出了他的歸因理論，也稱成就歸因模型。其基本觀點是：內因—外因只是歸因判斷的一個方面，還應增加另一個方面，即暫時—穩定。這兩方面都很重要，是彼此獨立的。

維納等認為人們用於解釋成敗的原因可用下列三個維度加以分類與描述：

(1) 內因與外因

內因指存在於個體內部的原因，如人格、品質、動機、態度、情緒、心境以及努力程度等個人特徵。如將行為歸因於個人特徵，則稱之為內歸因。

外因指行為或事件發生的外部條件，包括背景、機遇、他人影響、工作任務難度。如果將行為原因歸於外部條件，則稱之為外歸因或情境歸因。

在許多情境中，行為與事件並非由內因或外因的單一因素引起，而兼受兩者的影響，這種歸因稱之為綜合歸因。

(2) 穩定性原因與非穩定性原因

穩定性原因指導致行為表現相對穩定、不易發生變化的各種因素、條件、個體自身的品性和特徵，如個體的能力、人格、品質、活動的難易程度等。非穩定性原因指容易發生變化、較不穩定的各種因素、條件及個體自身的品性和特徵，如個體的情緒、心境、努力程度、機遇及環境的影響等。

(3) 可控性原因與不可控性原因

有些原因個體能夠控制，有些原因是個體不可控的。

如果原因是可控的，表明個體通過主觀努力可以改變其行為及其後果。對可控性因素的歸因，人們更可能對行為作出變化的預測，因為個體努力了，結果就會好，個體不努力，結果就不理想。如果行為原因是不可控的，如智力因素、工作難度等，表

明個體通過努力也無能為力。通過對不可控因素的歸因，人們更可能對未來的行為作出準確的預測。

3. 凱利的歸因理論

凱利的歸因理論也稱三維歸因理論。

凱利的歸因理論說明行為的原因可以有三種：第一，從事該行為的人——行動者；第二，行動者的對象——知覺對象；第三，行為產生的環境——情境。

要找出真正原因，主要使用三種信息：一致性信息——該行動者的行為是否與其他人的行為在這種情境下一致；一貫性信息——行動者處於其他時間和其他情境下，這種行為是否發生；特異性信息——行動者對其他對象是否同樣作出反應。

有了上述三種信息，就可以進行歸因判斷：一致性高、一貫性高、特異性高，則應歸因於對象；一致性低、一貫性高、特異性低，則應歸因於行動者；一致性低、一貫性低、特異性高，則應歸因於環境。

4. 約翰斯和戴維斯的對應推論理論

約翰斯和戴維斯的對應推論理論也稱歸因—效果耦合，適用於對他人行為的歸因。該理論認為，推導出的行為意圖和動機與所觀察到的行為及其結果相對應。

一個人的行為是否與他的人格、態度等內在品質相對應，還應分析三個因素：

（1）自由選擇性

某人從事某個行為是自由選擇的，而並非外在強大的壓力導致的。

（2）非共同性

在有多種可能的選擇時，某種方案有不同於其他方案的特點。

（3）非期望性與非順從性

一個人的行為不符合社會期望或不為社會公認。

(三) 歸因偏差

歸因偏差（Attribution Bias）指的是認知者系統地歪曲了某些本來正確的信息。這一現象有的是源於人類認知過程本身固有的局限，有的則是由於人們不同的動機造成的。

1. 基本歸因偏差

基本歸因錯誤（The Fundamental Attribution Error）指的是人們經常把他人的行為歸因於人格或態度等內在特質上，而忽視他們所處情境的重要性。

這種錯誤的產生與兩方面的因素有關：一是人們總有一種對自己活動結果負責的信念，所以更多是從內因去評價結果，而忽略了外因對行為的影響；二是因為情境中的行動者比其他因素突出，所以人們把原因歸於行動者，而忽略了情境背景。

2. 行動者—觀察者效應

基本歸因錯誤有時表現為行動者與觀察者之間的偏差（Actor－observer Bias）；當人們作為一個評價者對他人的行為進行歸因時，往往傾向於穩定的、內部的歸因；而當人們作為自我評價者對自己的行為進行歸因時，卻傾向於作外部的歸因。這也就是觀察者高估個人特質因素、行動者高估情境因素的作用。

3. 自利偏差（Self-serving Bias）——自我服務的偏向

自利偏差是一種動機性的偏差，是指人們傾向於把自己的成就歸因於內部因素，如能力、努力等，而傾向於把自己的失敗歸因於外部因素。

當行為是成功的、獲得了良好的結果時，若是他人的行為則會被歸因於外（環境或外在條件），若是自己的行為則會被歸因於內（能力或其他人格品質）。而當行為本身不好、失敗時，若是他人的行為會被歸因於內，若是自己的行為則會被歸因於外。

對管理者的啟示

管理者的知覺與管理方式為：人際知覺與人群關係管理方式、自我知覺與自我實現管理方式、對人知覺與應變管理方式、角色知覺與責任管理方式。對於成功者和失敗者今後行為的引導，應盡可能地把成功與失敗的原因歸因於不穩定性因素。歸因理論說明瞭解釋行為的依據和複雜性，對同一行為可以有不同的解釋。

流動率、缺勤率和員工工作滿意度也都反應了個體的知覺。對工作條件不滿意、或認為組織中缺乏晉升機會都是一些主觀判斷，並不是以工作本身的意義為基礎的。員工對工作好壞的結論是一種解釋。管理者必須花時間瞭解每一個員工是如何解釋現實的。當他們所認為的與實際之間差距顯著時，管理者要努力消除這些信息失真。如果個體以消極方式認識工作，而管理者又未能成功糾正其認識，則將導致缺勤率與流動率增加，以及工作滿意度的降低。

案例分析

晉代阮籍在登高憑吊古跡時，曾發出過「世無英雄，遂使豎子成名」的感嘆。但是，劉邦真的沒有本事嗎？非也，劉邦最大的本事就是用人。他自己曾說過：「運籌帷幄之中，決勝千里之外，吾不如子房（張子房，即張良）；鎮國家，撫百姓，給餉饋，不絕糧道，吾不如蕭何；連百萬之眾，戰必勝，攻必克，吾不如韓信。三人者皆人杰，吾能用之，此吾所以取天下者也。項羽有一範增而不用，此所以為我擒也。」

問題討論
用知覺與社會知覺理論分析劉邦的管理之道。

第二節　需要、動機、態度、價值觀與行為

人類的行為模式大致為：外界刺激或者生理機能使身體的某些指標失衡，產生對某種物質或者精神目標的需要，在肌體內產生內驅力；當具體目標刺激形成之後轉化為行動，從而達到目的，實現均衡。然後，又會產生新的失衡。

一、需要與行為

(一) 需要的概念

需要是人腦對生理和社會的需求的反應，指人對某種目標的渴求和慾望，是人心理上的主觀感受。

需要是有機體內部的某種缺乏或不平衡狀態，它表現出有機體的生存和發展對客觀條件的依賴性，是有機體活動的積極性源泉。需要是人的行為的動力源泉，人沒有需要，就沒有動力。

(二) 需要的特徵

1. 指向性（對象性）

需要的指向性指需要有明確的目標與誘激物。

2. 階段性

需要的階段性是指人的需要是隨著年齡、時期的不同而發展變化的，可以重複發生，但不是一成不變的簡單重複。

3. 社會制約性

人不僅有先天的生理需要，而且在社會實踐中，在接受人類文化教育過程中，發展出了許多社會性需要。這些社會需要受時代、歷史的影響，又受階級性的影響。

4. 獨特性

由於生理因素、遺傳因素、環境因素、條件因素不同，每個人的需要都有自己的獨特性。年齡、身體條件、社會地位、經濟條件不同的人，會在物質和精神方面有不同的需要。

(三) 馬斯洛的需要層次理論

馬斯洛（A. H. Maslow, 1908—1970 年）是美國的比較心理學家和社會心理學家，人本主義心理學的創始人之一。他於 1954 年提出需要層次理論，之後又不斷地加以發展，形成了頗有影響的需要理論。

1. 需要層次

人類的基本需要是按出現的先後或力量的強弱排列成等級的，即需要層次。其強弱和先後出現的次序是：

(1) 生理需要

生理需要是指維持人的生存的需要，包括人的衣、食、住、行等方面的需要。這是人最基本、最原始的需要。如果一個人同時有食物、安全、愛情、尊重等項需要時，其最強烈的需要一定是食物的需要。而當食物等人類最基本的需要得到滿足，即達到足以維持其生命的程度之後，其餘的需要才能成為新的激勵因素。這類需要如不被滿足，生命就會受到威脅。所以這一需要是最強烈、最迫切、不可迴避的需要。

(2) 安全需要

安全需要是指當一個人的生理需要得到基本滿足之後，突出地表現出來的一組新

的需要。安全需要包括人身的安全、財產的安全和職業的穩定等方面的需要。人身安全的需要要求人身免受傷害，如避免疾病和工作事故等。財產安全的需要是指要求避免財產的損失。職業穩定的需要是指免受失業的威脅。當這種需要一旦相對滿足後，也就不再成為激勵因素了。

(3) 社交需要

社交需要是指人對於友誼、愛情和歸屬的需要。當生理需要和安全需要得到滿足之後，人們便希望得到友誼和愛情，希望受到集體的接納，得到集體的幫助。此時，個人將前所未有地、強烈地感受到朋友、情人或妻子和孩子不在身邊的寂寞，就會產生與人交往的慾望。換句話說，他要在群體中找到一個位置。

(4) 尊重需要

尊重需要是指人的受人尊重和自尊的需要。人一方面希望得到名譽、地位、聲望等，希望受到別人的尊重和承認；另一方面也希望自己具有實力、自由、獨立性等，感到自己存在的價值，從而產生自尊心、自信心。如為了在社交中表現自己的能力而需要受教育和知識，為了表明自己的身分和地位而對某些高級消費品產生需要等。這類需要很難得到完全的滿足，然而它一旦成為人的內心渴望，便會形成持久的推動力。

(5) 自我實現需要

自我實現需要是指人希望從事與自己能力相稱的工作，使自己潛在的能力得到充分的發揮，成為自己久已向往的人物。像音樂家必須奏樂，畫家必須繪畫，詩人必須寫詩一樣，人都要從事自己所喜愛的事業，並從事業的成功中得到內心的滿足的需求。自我實現是馬斯洛需要層次理論中最高層次的需要。它的產生有別於前四種需要。只有在基本需要得到滿足的基礎上，人才會產生人生的最高追求，才能最大限度地發揮自己的潛能和創造力，實現自己的抱負與夢想，使人的價值最終得以完美地實現。

不過，為滿足自我實現需要所採取的途徑是因人而異的。自我實現需要的產生有賴於前述四種需要的滿足。

任何一種需要是否出現，取決於更具優勢的需要的滿足或不滿足狀況。占優勢的需要將支配一個人的意識，並自行組織充實機體的各種能量；不占優勢的需要則被減弱，甚至被遺忘或否定。當一種需要被滿足時，另一種更高級的需要就會出現，轉而支配意識，並成為組織行為的中心，而那些已滿足的需要就不再是積極的推動力了。人是永遠有所要求的動物。

2. 需要層次論

需要層次論的基本內容有：

人類的需要是一種似本能（Instinctoid）需要。似本能的基本需要是一種內在的潛能或固有趨勢。這種需要在某種程度上是由體質或遺傳決定的。因此人類的需要，即使是最基本的對食物的需要，也與動物有很大區別。似本能需要只有在適宜的社會條件下才會表現出來。

人的需要會影響他的行為。只有未滿足的需要能夠影響人的行為，滿足了的需要不能充當激勵工具。

人的需要按重要性和層次性可以排列成一定的順序，從基本的需要（如食物和住

房)到複雜的需要(如自我實現)。

需要的滿足順序是波狀起伏的遞進曲線,如圖3-1所示。

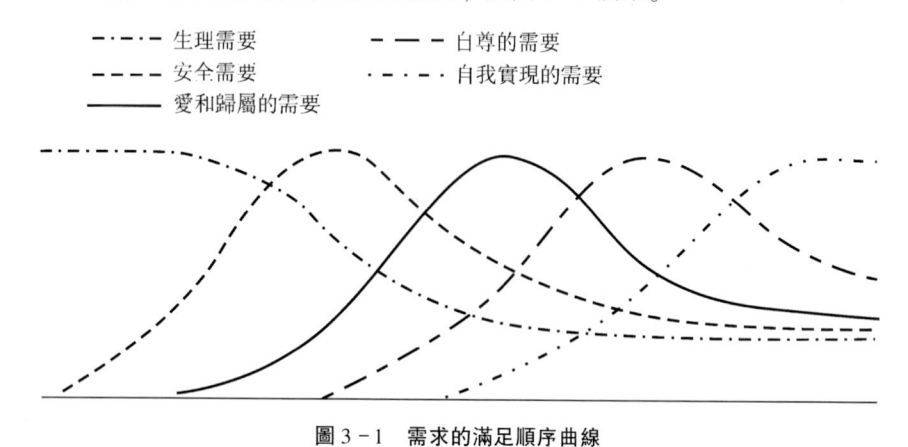

　　—·—·— 生理需要　　　　— — 自尊的需要
　　— — — 安全需要　　　　—··— 自我實現的需要
　　———— 愛和歸屬的需要

圖 3-1　需求的滿足順序曲線

自我實現的需要是人類基本需要中最高層次的需要,但不是每一個成熟的成年人都能自我實現。能自我實現的人是極少數。

二、動機與行為

(一) 動機

1. 動機的產生

人的某種需要從未滿足狀態轉換到滿足狀態,然後產生新的需要,這一循環過程稱為動機過程,如圖3-2所示。

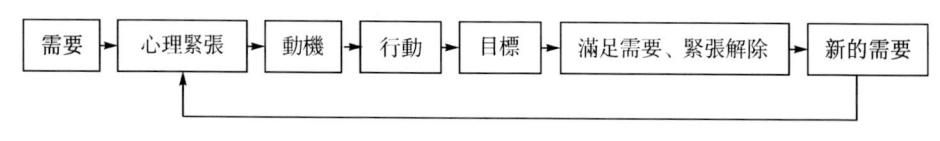

需要 → 心理緊張 → 動機 → 行動 → 目標 → 滿足需要、緊張解除 → 新的需要

圖 3-2　動機過程示意圖

2. 動機的概念

動機是受社會個體生活經驗和社會生活條件調節的,是帶有社會內容的、社會化了的內驅力。

3. 引起動機的兩個條件

(1) 需要必須有一定的強度

就是說,某種需要必須是個體的強烈願望,迫切要求得到滿足。如果需要不迫切,則不足以促使人去行動以滿足這個需要。

(2) 誘因的刺激

它既包括物質的刺激也包括社會性的刺激。有了客觀的誘因才能促使人去追求它、得到它,以滿足某種需要;相反,動機就無從產生。例如,人身在荒島上,雖然很想與其他人交往,但缺乏交往的對象(誘因),這種需要就無法轉化為動機。

4. 動機的特徵

(1) 動機強度

動機強度表明動機在強度上有強弱之分，如圖3-3所示。

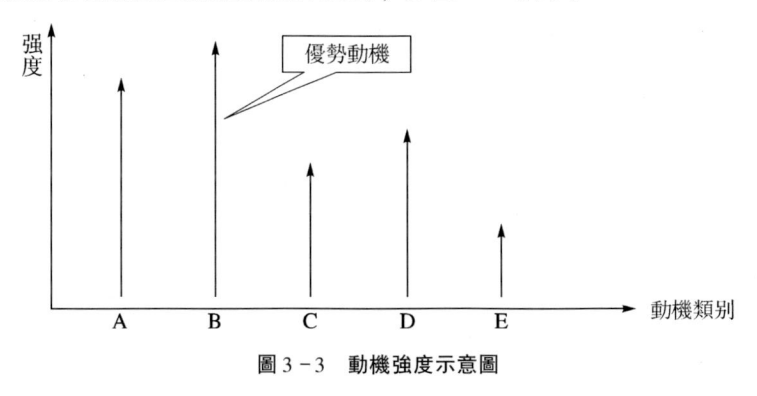

圖3-3　動機強度示意圖

動機的引發與維持對提高活動效率有重要意義。但動機強度與活動效率之間並不呈正的線性關係。一般說來，動機強度與活動效率之間的關係大致呈倒U型曲線，即中等強度的動機活動效率最高。動機強度過低或過高，均會導致活動效率下降。

(2) 動機清晰度

動機清晰度表明動機指向的目標在意識程度上有高低之分。

(3) 動機轉換

動機轉換指一個動機為另一個動機所替代，也稱動機更替。它對改變個體的行為有直接的影響。

(二) 動機的功能

1. 激活功能

社會動機激發個體產生社會行為，使個體處於活動狀態，是行為的啟動因素。

動機會推動人們進行某種活動，使個體由靜止狀態轉化為活動狀態。在動機的驅使下，個體會產生某種行為並維持一定的行為強度。例如，饑餓會促使個體產生覓食的活動。由生理需求引發的動機往往比較急迫，需要立即得到滿足。

2. 指向功能

個體的社會行為總是指向一定目標，社會動機使社會行為具有明確的目的性和指向性。

動機使個體進入活動狀態，並指引個體的行為指向一定的方向。例如，在成就動機支配下的人會積極地學習，主動選擇有挑戰性的任務。動機不同，有機體行為的目標也不相同，這就是動機的方向性在起作用。例如，同樣是努力學習，有些孩子是為了獲得教師和家長的讚賞，並不十分在意是否真的掌握了知識，而有些孩子則是對所學的內容本身有濃厚的興趣。動機的不同導致了行為目標的差異性。

3. 維持與調節功能

在個體的社會行為達到目標前，社會動機起著維持作用。

如果行為受阻，只要動機仍然存在，行為就不會完全停止，它會以別的形式繼續存在，比如由外顯行為變為比較隱蔽的行為。這是動機的調節作用。

(三) 動機和行為的關係

1. 一致性關係

動機和行為的一致性表明有什麼樣的動機，就能推動什麼樣的行為。

2. 不一致性關係

動機和行為具有不一致性——沒有一對一的關係：

同一動機可以引起多種行為；

同一行為可出自不同動機；

一種行為可能同時為多種動機所推動；

合理的動機可能引起不合理甚至錯誤的行為；

錯誤的動機有時被積極的行為所掩蓋。

三、價值觀與行為

(一) 價值觀的含義

1. 價值觀的定義

價值觀是一個人對周圍的客觀事物（包括人、事、物）的意義、重要性的總評價和總看法，是一個人基本的信念和判斷。

2. 價值觀的內涵

從內容方面看，價值觀是關於價值的觀念。價值觀決定了事物或行為對於個人是否有意義及重要程度如何。

從形式方面看，價值觀是指人們頭腦中的信念、信仰、理想系統。價值觀具有個體性。每個人都有自己的價值觀，而且每個人的價值觀都不同。

從功能方面看，價值觀是人們心目中的評價標準系統。價值觀及其體系是決定人的行為的心理基礎。

3. 價值觀的來源

價值觀的來源主要有遺傳、早年教育和民族文化等。其中，遺傳約占來源的40%，早年教育包括父母行為、教師、朋友以及其他相似的環境因素，民族文化的影響也很重要。價值觀的大部分變異是由環境因素決定的。價值觀是相對穩定和持久的，這是由價值觀自身的遺傳成分和獲得方式所決定的。

(二) 價值觀對人的行為的影響

價值觀對人的行為的影響主要表現在：影響對他人及群體的看法，從而影響到人與人的關係；影響個人的決策和解決問題的方法；影響個人對所面臨的形勢和問題的看法；影響界定有關行為的道德標準；影響個人接受和抵制組織目標和組織壓力的程度；影響對個人及組織的成就的看法；影響對個人目標和組織目標的選擇；影響管理和控制組織時採取的人力資源手段。

在同一個客觀條件下，對於同一個事物，組織成員的價值觀是不會完全相同的，這就會導致員工行為的不一致。如對同一個規章制度，如果兩個人的價值觀相反，那麼他們將會作出相反的反應。認為這個規章制度合理的人就會認真貫徹執行，認為這個規章制度錯誤的人就會拒不執行。

(三) 價值觀對管理的意義

1. 招聘以價值觀把關

價值觀強烈影響員工的態度與行為，它是瞭解員工態度與動機的基礎。

2. 培育新的價值觀

根據客觀環境的變化，積極樹立和培育新的價值觀。

3. 重視群體價值觀

在確定企業價值觀時，要考慮各種群體的價值觀。當員工的價值觀與組織的價值觀一致時，才能發揮出更大的作用。

四、態度與行為

(一) 態度的概念

態度是個體對人或事的一種較為持久而又一致的內在心理和行為傾向。

(二) 態度的結構

態度有內在的心理結構，是由認知、情感、意向三種心理成分構成的。

認知成分指個體對態度對象的認識、理解和評價，既包括對人和事的知曉，也包括對人和事的評論、讚同或反對。

情感成分指個體對態度對象的喜愛或厭惡的情感體驗，指態度中的情緒和感受部分。

意向（行為傾向）成分指個體對態度對象的反應傾向，是行為的準備狀態，即準備對態度對象作出某種反應。

這三者一般協調一致。在不一致時，情感起核心作用。

(三) 態度測量

1. 態度測量的內容

態度的方向：個體對客體的行為，其內容包括喜歡或不喜歡、肯定或否定。

態度的強度：個體對客體的感覺強度。

2. 態度測量的方法

(1) 總加量表法

總加量表法又稱李克特量表法。測量一種態度就用一個態度量表。態度量表針對某個態度對象而設計，由若干個問題組成，根據被試對象對每個問題的態度打分，以代表該人對某個對象所持態度的強弱。

(2) 社會距離法

該法由美國社會心理學家 E. S. 布加達斯於 1925 年創立，用來衡量人們對某個人

或事物的態度。

(3) 語義差異量表

該法是心理學家 C. E. 奧斯古德於 1957 年創立的測量態度的方法。具體測量方法是：根據主題設計一套相對的、兩個極端的形容詞，將其平行列在七個等級的量表兩端。測試時，要求被測者根據自己的意願，在量表的某一個等級上選擇，表示自己對該對象的態度。將被測者在每一對形容詞量表上的得分加起來，就可以反應被測試者對該對象的總的態度。

(4) 投射法

投射法通過分析人們對某個刺激物所產生的聯想來推測其態度。這種聯想是人們內心深處的想像、願望、要求以及思想方法等在某個刺激物上的無意識的反應。

(5) 造句測驗法

事先準備好幾個有關某一事物的未完成的句子，讓被試者把句子寫完。從中也可以看出被測者的態度。

(四) 態度的改變

1. 態度改變的內容

態度的改變包括兩方面的內容：強度的改變和方向的改變。強度的改變稱為一致性改變，如對某事物由稍微反對變為堅決反對。方向的改變稱為不一致性改變，如對某事物原有的態度是消極的，後來變得積極了。

2. 態度改變的理論

(1) 凱爾曼的態度變化階段理論（如圖 3-4 所示）

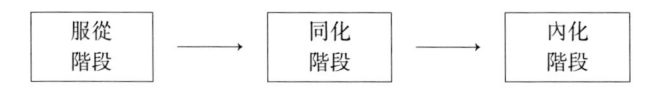

服從階段 ⟶ 同化階段 ⟶ 內化階段

圖 3-4　凱爾曼的態度變化階段理論

①服從階段

服從階段指個人為了獲得獎勵或避免懲罰，按照社會的需要、群體的規範或別人的意志而採取的表面服從行為。這一階段人的態度和行為的特點是：第一，態度受外部壓力的影響或外力的誘惑；第二，表面順從，但內心並不相信；第三，服從行為往往是表面的，有人監督就規規矩矩地「絕對」服從，無人監督就違反紀律；第四，從被迫服從、逐漸形成習慣轉化為自覺地服從。

②認同階段

認同階段是接受他人的觀點與行為的影響、使自己的態度與外界要求接近的階段。此時，態度的認知成分和情感成分都發生了很大的變化，「相信」他人的觀點、行為、態度是正確的，情感體驗也趨於一致。

③內化階段

新觀點和新思想已經被納入了個體的價值體系之中，與個體的體驗完全融合一致，產生了強烈的行為意向。這就是新態度完全形成和舊態度徹底改變的階段。

（2）態度一致性與費斯廷格的認知失調理論

人會自動地在各種態度之間以及態度和行為之間尋求一致性。

這意味著人們會自行調和處於分歧狀態的各種態度，以證明自己是理性的、言行一致的人。一旦行為與態度不一致，人們就會試圖改變其中一方，使它們之間變得一致；或者找出一種合理的解釋來說明態度與行為之間的不一致，為自相矛盾找借口。

①認知失調

認知失調指個體能感受到的兩個或多個態度之間或者他的行為和態度之間的任何不和諧。任何形式的不和諧都是令人不安的，因而個體將試圖減少這種不和諧，尋求使不和諧最小的穩定狀態。

②減輕或解決失調狀態的辦法

第一，改變某一認知元素，使其與其他元素的不協調關係趨於協調；第二，增加新的認知元素，尋找其他因素來平衡不協調的因素。

③影響態度改變的因素

費斯廷格的認知失調理論認為影響態度改變的因素主要有導致不協調因素的重要性、不協調因素的可控性、不協調可能帶來的後果等。這些因素表明，有認知失調並不意味著一定要採取行為恢復平衡。也就是說，不諧調並不一定要求人們直接尋求一致性，朝著減少不諧調的方向努力。

認知失調理論的價值在於幫助我們預測人們改變其態度和行為的傾向性究竟有多大。認知失調越大，壓力就越大，想消除不平衡的欲念就越強。

3. 改變態度的方法

（1）說服宣傳

第一，要選擇有號召力、有威信的人擔任宣傳者；第二，宣傳的內容要包括單面宣傳與雙面宣傳，要注意說服宣傳只能逐步提出要求；第三，態度能否改變還在於被說服者的特性，因此需要因人而異，有針對性地宣傳；第四，要正確使用恐懼性宣傳，例如宣傳「態度如果不改變則會扣安全獎金」等。

（2）積極參加活動

引導人們參加實踐活動有助於改變人們原來的態度。

（3）利用群體規定

人們都處在一定的團體中，團體中的準則規範可以有效地改變個人的態度。

（五）管理實踐所關心的態度類型

1. 工作滿意度

工作滿意度即個體對他的工作的一般態度。

2. 工作參與

工作參與測量的是一個人在心理上對他的工作的認同程度，以及他的績效水平對自我價值的重要程度。

3. 組織承諾

組織承諾是員工對特定組織及其目標認同，並且希望維持組織成員身分的一種狀態。

對管理者的啟示

　　現代企業管理的核心問題是調動員工的積極性。人的積極性是與需要相聯繫的，是與人的動機相聯繫的。只有瞭解人的需要和動機的規律性，才能預測人的行為，進而引導人的行為，調動人的積極性，使之朝著達成組織目標的方向發展。

　　無論動機與行為的關係如何複雜，還是可以歸納出需要、動機、行為之間的關係以及發展規律，即需要—心理緊張—動機—目標導向行為—目標行為—需要滿足—新的需要產生。遵循這一規律，管理者就能從宏觀上掌握被管理者的心理，從而制定相應的較為科學的管理措施，高效地實現組織目標。

　　組織在甄選新成員時，不僅要考慮他的能力、經驗和動機，還要考慮他與組織的價值系統是否適應。管理者應該關注員工的態度，因為態度是潛在問題的警報，而態度能夠影響員工的行為。個體總是試圖減少認知不協調，而不協調是可以調節的。

案例分析

杰克的任用

　　杰克約50歲，在一家大銀行的分行做經理助理。他做助理經理已經有11年了，由於表現實在平庸，幾乎沒有哪個分行經理願意要他做助手。通常他的現任行長都會設法將他派到新的分行去當助理，以便擺脫他。所以杰克在這11年裡曾在8個分行任職。在他現在工作的這第9個分行，經理很快就瞭解了他的經歷，決定試著激勵一下他。經理瞭解到，杰克沒什麼經濟上的需要，因為他繼承了一筆可觀的遺產，擁有幾套公寓房，他的太太在家裡打理家務，兩個孩子都大學畢業，有很好的收入。

　　經理認為，雖然杰克的有形的物質需要基本上都得到了滿足，但他也許會需要更多的別人的認可。於是，經理開始朝著這個方向努力。在分行週年的店慶日，經理召集所有員工開了一個慶祝會。會上，經理在訂做的大蛋糕上寫著分行最近頗受好評的一個財務指標。而這一指標是在杰克的努力下實現的。經理對此作了一番誇獎。杰克的情緒被這種讚揚以及很多同事善意的玩笑所鼓舞。從此以後，他的行為徹底改觀。因為不斷的認可和讚揚，杰克有了極大進步，兩年後成為了另一家分行的傑出經理。

問題討論

1. 員工的需要層次有哪些？
2. 需要與動機理論對管理實踐的啟示是什麼？

第三節　人格與情緒

　　個性或者人格是由需要、動機、態度、興趣、理想、信念、世界觀等組成的個性傾向和由能力、氣質、性格組成的個性心理特徵有機結合而成的。

一、個性

(一) 個性的內涵

個性是一個人在其先天生理素質的基礎上、在長期的生活實踐中形成的具有一定意識傾向性的穩定的心理特徵的總和。它是指一個人整個的、本質的、比較穩定的意識傾向性與心理特徵（個性心理特徵和品質傾向）的總和。

(二) 個性的特點

1. 整體性

人的個性是在先天的自然素質的基礎上通過後天的學習、教育與環境的作用逐漸形成起來的。個性是自然性與社會性的統一。

2. 穩定性

個性的穩定性是指個體的人格特徵具有跨時間和空間的一致性。在個體生活中暫時的、偶然表現的心理特徵不能被認為是一個人的個性特徵。我們可以從一個人兒童時期的人格特徵推測其成人時期的人格特徵。

3. 獨特性

個性的獨特性是指人與人之間的心理和行為是各不相同的。因為構成個性的各種因素在每個人身上的側重點和組合方式是不同的。

(三) 影響個性形成的因素

個性的形成時期主要有嬰幼兒時期、學生時期、社會時期。影響個性形成的因素主要有先天遺傳因素和後天社會環境因素。

1. 先天遺傳因素

遺傳因素如身材、相貌、性別、生物節律、氣質等是個性形成和發展的自然前提。人的興趣愛好的30%也來自遺傳。

2. 後天社會環境因素

社會生活條件是個性形成與發展的決定因素。教育在個性形成中起主導作用。社會實踐是個性形成發展的主要途徑，如成長的文化背景、社會群體規範、生活條件等。

二、氣質與行為

(一) 氣質

氣質指個人行為及心理活動的動力特點的總和，即個人與神經過程（心理過程——強度、速度、指向）的特性相聯繫的行為特徵。

(二) 氣質的類型和特徵

氣質類型是由神經過程的基本特性按照一定的方式結合而成的氣質結構。表3-1給出了氣質類型及其表現和高級神經活動類型及其特徵的對照。

表 3－1　　　　氣質類型及其表現和高級神經活動類型及其特徵對照表

神經系統的特性及類型				氣質	
強度	平衡性	靈活性	特性組合的類型	氣質類型	主要心理特徵
強	不平衡（興奮占優勢）		不可抑制型（興奮型）	膽汁質	精力充沛，情緒發生快而且強，言語、動作急速而難以自制，情緒外露，率直，熱情，易怒，急躁，果敢
強	平衡	靈活	活潑型	多血質	活潑好動，富於生氣，情緒發生快而多變，表情豐富，思維、言語、動作敏捷，樂觀，親切，浮躁，輕率
強	平衡	不靈活	安靜型	黏液質	沉著冷靜，情緒發生慢且弱，思維、言語、動作遲緩，內心少外露，堅毅，執著，冷淡
弱	不平衡（抑制占優勢）		弱型（抑制型）	抑鬱質	柔弱易倦，情緒發生慢而強，易感而富於自我體驗，言語、動作細小無力，膽小，扭捏，孤僻

　　1. 多血質

　　多血質一般表現為活潑好動，敏感，反應迅速，喜歡與人交往，注意力容易轉移，興趣容易變換，情緒容易表現和變換，行為的外傾性明顯，對行為的改造較容易等。

　　2. 黏液質

　　黏液質一般表現為安靜，穩重，反應緩慢，沉默寡言，情緒不易外露，注意力穩定又難以轉移，善於忍耐，行為的內傾性明顯，對興奮性行為的改造較容易等。

　　3. 膽汁質

　　膽汁質一般表現為直率熱情，精力旺盛，情緒易於衝動，心境變換劇烈，行為的外傾性明顯，對興奮性行為的改造較不容易等。

　　4. 抑鬱質

　　抑鬱質一般表現為孤僻膽小，行動遲緩，不易動情，體驗深刻細心，感受性很強，敏感多疑，缺乏果斷和自信，精力較不足，忍耐力較差，行為的內傾性嚴重，對行為的改造較難等。

(三) 氣質在管理中的作用

　　氣質是個人心理活動的穩定的動力特徵在外部行為上的表現。個人的各種心理活動如認識活動、情緒活動和意志行動都會表現出他固有的氣質特點，使其個性具有一定的色彩。

　　第一，每一種氣質類型都有優點和缺點，都有可能在事業上取得成就。

　　第二，氣質不能決定人的價值觀，不能決定人的個性傾向性的性質，僅能使個性帶有一定的動力色彩。

　　第三，氣質不僅僅影響活動的動力，也可能影響活動的效率。

　　第四，氣質可以影響人的情感和行動。

三、性格與行為

(一) 性格

　　1. 性格的含義

　　性格是指人對現實的態度及其行為方式中比較穩定的、獨特的心理特徵的總和。

它是一個人的心理面貌的本質屬性的獨特結合，是區別個性的主要標誌。性格在人的個性中起著核心作用。

2. 性格與氣質

性格與氣質都是描述個人典型行為的概念，都是人腦的機能，其共同的基礎是神經類型。氣質不是人的性格中的某種外來的東西，而是有機地包括在性格結構之中，兩者共處一體，相互滲透、相互影響。氣質影響著性格的動態方面，渲染性格的特徵，使性格具有獨特的色彩。

（1）性格與氣質的區別

從起源上看，氣質是先天的，體現著神經類型基本特徵的自然影響，是神經類型在行為、活動中的直接表現。性格是後天的，個體在生命開始時期並沒有性格，它體現了社會生活條件和環境的外來影響，是在神經類型的基礎上形成的暫時聯繫系統。

從可塑性上看，氣質的變化較慢，可塑性較小；即使可能改變，但較不容易。性格的可塑性較大，環境對性格的塑造作用是明顯的；即使性格已經形成，但改變也較容易。

氣質指的是行為特徵，與行為內容無關，因而氣質無好壞善惡之分。性格主要是指行為的內容，表現為個體與社會環境的關係，因而，有好壞善惡之分。

（2）性格與氣質的聯繫

氣質會影響性格的形成，因為性格特徵直接依賴於教育和社會相互作用。氣質可以按照自己的動力方式渲染性格特徵，從而使性格特徵具有獨特的色彩；氣質還會影響性格特徵形成或改造的速度。

性格也可以在一定程度上掩蓋或改變氣質，使它滿足生活實踐的要求。

（二）性格的結構

性格是一個複雜而完整的系統，它包含著各個側面，具有不同的特徵。這些性格特徵在不同的個體上組成了具有獨特結構的模式。一般人對性格結構的分析，著眼於性格的態度特徵、意志特徵、情緒特徵、理智特徵四個方面。

1. 性格的態度特徵

人在現實態度體系中的個性特點是性格的重要組成部分。人對現實的態度是多種多樣的，由以下幾方面構成：

對社會、對集體、對他人的態度特徵；

對學習、勞動和工作的態度特徵；

對自己的態度特徵。

2. 性格的意志特徵

性格的意志特徵是指一個人在自覺調節自己行為的方式和水平上表現出來的心理特徵。

3. 性格的情緒特徵

性格的情緒特徵是指一個人在情緒活動中經常表現出來的強度、穩定性、持久性以及主導心境方面的特徵。

4. 性格的理智特徵

人們在感知、記憶、思維等認識過程中表現出來的個別差異就是性格的理智特徵。

(三) 性格的類型

對於性格的分類，通常有機能類型說、向性說、獨立—順從說、文化—社會類型說等幾種學說。

機能類型說按人的心理機能把人的性格分為理智型、情緒型和意志型三種；向性說按人的心理活動傾向性把人的性格分為外傾型和內傾型兩種；獨立—順從說按人的獨立性程度把人的性格分為順從型和獨立型兩種；文化—社會類型說以人的社會意識傾向把人的性格分為理論型、實際型、審美型、社會性、政治型和宗教型。另外，結合人的四種氣質類型，人的性格還可分為活潑型、力量型、完美型和和平型四種。

四、性格在管理實踐中的意義

(一) 重視管理者自身性格的鍛煉

管理者首先要重視對自身性格的鍛煉。奧爾波特定義了健康人格的六大特徵：自我擴展的能力、密切的人際交往能力、情緒上有安全感和自我認可、知覺的現實性、自我客觀化、定向一致的人生觀。

自我擴展的能力指健康成人參加活動的範圍極廣，有很多朋友、很多愛好，在政治、社會、宗教方面有積極的態度。密切的人際交往能力指健康成人與他人的關係是親密的，富有同情心，無佔有感和嫉妒心，能寬容自己與別人在價值觀與偏好上的差異。情緒上有安全感和自我認可指健康成人能忍受生活中不可避免的衝突和挫折，經得起一切不幸遭遇，具有一個積極的自我形象。知覺的現實性指健康成人是根據事物的實際情況而不是根據自己希望的那樣來看待事物，他們在評價一種形勢和決定順應這種形勢時非常清醒。自我客觀化指健康成人對自己的所有和所缺都十分清楚和準確，能理解真實自我與理想自我之間的差異。定向一致的人生觀指健康成人為一定的目的而生活，有一種主要的願望。

(二) 重視對組織成員性格的瞭解和把握

在管理實踐中管理者要把握不同性格和氣質的人的行為表現，並針對組織成員的性格差異而採取不同的管理策略。表3-2給出了個性差異與管理對策。

表3-2　　　　　　　　　　個性差異與管理對策

性格特徵	氣質類型	行為表現	管理對策
開朗直爽	多血質	坦白直爽，興趣廣泛，愛發牢騷，不拘小節，言行有時易被他人誤解	表揚為主，防微杜漸
沉默寡言	黏液質		
倔強剛毅	膽汁質	能吃苦，辦事有始有終，但缺乏靈活性，與領導意見不一致時不冷靜，容易產生抗拒，求勝心切	經常鼓勵，多教方法
心胸狹窄	抑鬱質		

表3-2（續）

性格特徵	氣質類型	行為表現	管理對策
粗暴急躁	膽汁質	好衝動，心中容不得不公平的事，好提意見，不太注意方式方法，事後常後悔	肯定成績，避開鋒芒
自卑心強	各類型		
傲慢自負	多血質	反應快、聰明能幹、過分自信、好出風頭、發議論，聽不進不同意見，虛榮心強	嚴格要求，表揚謹慎
拖拖沓沓	各類型		

（三）重視領導班子及其組織成員的性格互補結構

組織成員中有一些強勢的、權力慾和支配慾很強的員工，也有一些愛表現的、會討領導歡心的員工。這種人在企業裡是必不可少的，是調劑工作氣氛、宣傳造勢、公關遊說的最好人選。但是這種人不能多，要不工作沒人幹了。另外，還有一些專能發現問題、執著、好鑽牛角尖的員工。他們個性強、桀驁不馴，不服從管理。這樣的人讓領導撓頭卻也實在不可或缺，如善加利用絕對是個打市場做項目的好手。也有一些默默無聞、無私奉獻、勤勤懇懇的老黃牛式的員工，企業用他們做些沒有開拓性的事情倒也十分合適。

在組織中每一種成員都需要配備，因此，領導班子及其成員的性格互補對於組織績效的提升是非常重要的。

（四）重視創造一個有利於培養良好性格的環境

作為組織的管理者，要努力營造寬鬆、健康的管理環境，使用相對公正、公平的激勵手段，給員工提供一個培養良好性格的環境。

四、能力與行為

（一）能力及其類型

1. 能力

能力是人順利地完成某種活動必須具備的心理特徵和本領。

能力總是和人的某種活動相聯繫並表現在活動中。能力影響活動的效果，能力的大小只有在活動中才能比較。

2. 能力的含義

能力包含實際能力和潛在能力兩個層次。

實際能力就是指個體掌握的知識和實際技能，而潛在能力指能力傾向和潛在才能。

3. 能力的類型

能力分為一般能力和特殊能力。

一般能力是指在許多基本活動中都表現出來的、從事各種活動都必須具備的能力。一般能力的綜合也被稱為智力。

特殊能力是指在某種專業活動中表現出來的能力。

一般能力和特殊能力的關係是辯證統一的。一方面，一般能力在某種活動中經過

特別發展就可能成為特殊能力。另一方面，在特殊能力得到發展的同時一般能力也會得到發展。

(二) 能力結構理論

分析能力的結構對於瞭解能力本質、合理設計能力測驗、擬訂發展能力的原則都是必要的。

1. 單因素論

人與人之間智力上有高低，但智力只是一種總的能力。

2. 斯皮爾曼的二因素論

英國心理學家斯皮爾曼（C. E. Spearman）提出了二因素論。他將人類智力分為兩個因素：一是普遍因素，又稱 G 因素，即在不同智力活動中共有的因素；一是特殊因素，又稱 S 因素，即在某種特殊的智力活動中必備的因素。兩者相互聯繫，完成任何作業都需要兩者的結合。

3. 瑟斯頓的群因素論

美國心理學家瑟斯頓（L. L. Thurstone）是群因素論的主要提出者。他認為智力是由許多彼此無關的原始能力或因素組成的。他通過對被試者進行大量的測驗，得出了智力中的七種主要因素：語詞理解（V）、語詞流暢（W）、推理能力（R）、計數能力（N）、機械記憶能力（M）、空間能力（S）和知覺速度（P）。

4. 阜南的智力層次結構模型

阜南（P. E. Vernon）認為智力因素的結構不是立體的模型，而是按層次排列的結構。他認為智力因素有四個層次。他把斯皮爾曼的智力普遍因素 G 作為第一也即最高層次；把第二層分為兩個大因素群——言語和教育方面的因素以及機械和操作方面的因素；把第三層分為幾個小因素群；把第四層定義為各種特殊因素，即斯皮爾曼的 S。由此可見，阜南的智力層次結構理論是斯皮爾曼的二因素論的深化，在 G 和 S 之間增加了兩個層次。

5. 吉爾福特的智力三維結構模型——智慧結構

美國心理學家吉爾福特（J. P. Guilford）於 1967 年提出了智力三維結構模型。他否認有普遍因素 G 的存在。他認為，智力結構應從操作、產物和內容三個維度去考慮，操作有 5 種，產物有 6 種，內容有 4 種，共有 120 種智力。

(1) 智力操作的內容

①評價（即能不能評價事物）；

②集中思維（強調抽象概括、形成概念）；

③分散思維（過去強調集中思維，現在還必須重視創造性思維的培養，而創造性思維要求分散思維和集中思維相結合）；

④記憶；

⑤認知。

智力活動的產物就是智力操作的結果。

(2) 智力活動的產物

①單元（如一個詞，一句話）；

②類別（比單元範圍要寬一點）；
③認識一個關係；
④認識一個系統的關係；
⑤轉換（即從對一個事物的認識轉換到另一個事物上去）；
⑥蘊含（如能瞭解隱喻）。
從單元到蘊含是從最簡單的結果到最複雜的結果。
（3）智力活動的內容
① 圖形的（形象的東西）；
② 符號的（比較抽象的東西）；
③ 語義的（語言意義的東西）；
④ 行為的（動作的）。
吉爾福特的理論是一種比較新的理論，是對智力結構認識的一個深入，它推動著人們對智力結構進行新的探索。

（三）能力的個體差異

1. 能力發展水平的差異

能力發展水平的差異主要是指智力上的差異，它表明人的能力發展有高有低。研究發現，就一般能力來看，在全世界人口中，智力水平基本呈常態分佈，即智力極低或智力極高的人很少，絕大多數的人屬於中等智力。如表 3－3 所示。

表 3－3　　　　　　　　　能力發展水平差異表

智商	百分比%	級別
139 以上	1	非常優秀
120～139	11	優秀
110～119	18	中上
90～109	46	中等
80～89	15	中下
70～79	6	臨界智力
70 以下	3	智力遲鈍

2. 能力類型差異

這是指構成能力的各種因素存在質的差異，主要表現在知覺、記憶、想像、思維的類型和品質上：

知覺方面——綜合型、分析型、分析綜合型。

記憶方面——視覺型、聽覺型、運動型、混合型。

言語方面——生動的言語類型或形象思維類型、邏輯聯繫的言語類型或抽象思維類型、居兩者之間的混合型。

思維能力方面——深刻型、靈活型、批判型。

3. 能力表現早晚的差異

能力表現的早晚有個體差異，有的人能力在早期顯露，有的人則大器晚成。一般來說，25～40歲是成才的最佳年齡。表3－4給出了能力表現早晚的差異。

表3－4　　　　　　　　　　能力表現早晚差異表

學科	最佳創造的平均年齡（歲）	學科	最佳創造的平均年齡（歲）
化學	26～36	聲樂	30～34
數學	30～34	歌劇	35～39
物理	30～34	詩歌	25～29
使用發明	30～34	小說	30～34
醫學	30～39	哲學	35～39
植物學	30～34	繪畫	32～36
心理學	30～39	雕刻	35～36
生理學	35～39		

不同的能力在發展速度上是不同的。有的能力發展得較早，有的卻很晚；而到了老年，不同能力的衰退速度也是不一樣的。有研究表明，知覺能力發展較早，也首先開始下降，其次是記憶力，最後是思維能力。比較、判斷能力在80歲開始急速下降，動作反應速度在18～29歲發展到最高峰，在以後較長時期內仍保持較高的水平。表3－5給出了能力發展速度的差異。

表3－5　　　　　　　　　　能力發展速度差異表

年齡	10～17歲	18～29歲	30～49歲	50～69歲	70～89歲
知覺	100	95	93	79	46
記憶	95	100	92	83	55
比較、判斷	72	100	100	87	69
動作反應速度	88	100	97	92	71

4. 智力的性別差異

男女智力的總體水平大致相等，但男性智力分佈的離散程度比女性大。男女的智力結構存在差異，各自具有自己的優勢領域。

男性的左腦較發達，而女性的右腦比較發達。右腦控制左側肢體和左側神經，右腦的特性決定了左側肢體的活動。一般左腦具有語言、概念、數字、分析、邏輯推理等功能，右腦具有音樂、繪畫、空間幾何、想像、綜合等功能。表現在注意力上，男性的注意力多定向於事，女性的注意力多定向於人；表現在記憶力上，男性的理解記憶和抽象記憶較強，而女性的機械記憶和形象記憶較強，這也是女性語言能力較強的原因；表現在想像力上，男性的想像力偏重於邏輯性方面，而女性的想像力偏重於形象化方面，等等。

(四) 能力差異與管理

第一，要掌握好招聘人才的能力標準。首先，要擺正文憑與才能的關係；其次，要處理好現實成績與潛在能力的關係；最後，要注意克服人才的錯位和浪費。

第二，要用人之長，人盡其才。在管理實踐中要把握能職對應原則、能級對應原則。善用人者能成事，能成事者善用人。

第三，要開發和利用人的潛能。要利用各種科學的方法開發和利用人的潛能，使人的潛能得以最大限度地發揮。

五、情緒與行為

(一) 情緒的內涵

情感是指在人類社會中產生的人對一定事物的態度體驗。人們通過知覺、思維等反應客觀事物，這是心理活動的認識過程。伴隨著認識過程，人們還會產生喜、怒、哀、懼、愛、惡等心理體驗。這種體驗就是情感。

(二) 情緒的形態

根據情感的發生速度、強度、持續性和對人的影響程度，情緒可分為四種基本形態：

1. 心境

心境是一種比較微弱、平靜而持續時間較長的情緒狀態，其主要特點是彌散性和持續性。

2. 激情

激情是指人們受到外界刺激時產生的強烈而短暫的情緒狀態，其主要特點是瞬息性和衝動性。

3. 應激

應激是指因出乎意料的緊張情況而引起的情緒狀態。

4. 熱情

熱情是指一種掌握著人的整個身心、決定著一個人的心理和行為基本方向的較強烈、穩定而又深刻持久的情緒狀態。

(三) 情緒對個體行為的影響

既要發揮情緒對個體行為積極的一面，也要警惕其消極的一面。良好的情感對組織員工的行為具有促進作用；不良情緒的消極作用不僅會干擾人的價值判斷，還容易使人產生衝動行為。

情緒控制的原則主要有：不逃避，不強行遺忘；正確面對，讓不良情緒得以發泄；不求全責備；不委曲求全。

對管理者的啟示

組織在甄選新成員時，不僅要考慮他的能力、經驗和動機，還要考慮其是否具有與組織相適應的價值系統。管理者應該關注員工的態度，因為態度是潛在問題的警報器，而且態度能夠影響員工的行為。個體總是試圖減少認知不協調，而不協調是可以調節的。

在管理實踐中，要重視管理者自身性格的鍛煉、對組織成員性格的瞭解和把握，重視領導班子及其組織成員的性格互補結構，重視創造一個有利於培養良好性格的環境。在人才招聘過程中，要處理好現實成績與潛在能力的關係，注意克服人才的錯位和浪費問題。既要發揮情緒對行為的影響的積極的一面，也要注意克服消極的一面。

案例分析

講習班裡試身手

把銷售知識講習班授課的時間定為上午8點30分。在這之前還有一個於8點鐘開始的早餐例會。你7點50分左右到場，卻發現張大偉已經到了，筆記本和幾支鉛筆整齊地放在他面前的桌上。他站起身，你們兩人握了一下手。他的嘴角掛著一絲幾乎不易察覺的微笑。就他和他的工作情況，你簡單地問了幾個問題，他的回答簡短而彬彬有禮，但你會注意到他站得與你有一段距離。

8點15分左右，李齊猶猶豫豫地跨進門，輕聲問：「對不起，這裡是銷售講習班嗎？」當被告知正是這裡時，他長出了一口氣。進得門來，他自己倒了杯咖啡，然後談起他一直想參加這個講習班。他說，在這裡學到的東西無論是對工作還是對家庭事務都會有幫助。李齊問了你幾個問題，非常細心地聽你回答。他說他希望坐在前排的人被叫起來做示範表演的次數不要太多。

快要開課了，馬山大步流星地走進來。「喂，這裡是銷售講習班嗎？」他笑著問。在你答話之前，他就已經自己倒了杯咖啡，邊喝邊承認他沒有咖啡就會提不起精神。然後他一下子接過有關示範表演的話題，開始講起在上次講習班他正在模仿某位大老闆的舉手投足時，正好被這位老闆看到，結果弄得他很尷尬。「不過說實在的，我倒是很喜歡這件事。」他說。

最後一位與會者王麗出現了。她匆匆走進房間，找了靠前排的位子坐下，對你說：「10點半我還有別的應酬。那時你能講完嗎？如果不能，這堂課下個月能否再講一次，讓我們大家中那些今天不能來的人還有一次機會？今天沒到場的人還真不少，所以重新修訂一下課程可能是很有必要的。」

問題討論

請你分析這四位與會者的氣質類型，並說出你會怎麼做。

第四節　學習與強化

幾乎所有的複雜行為都是習得的，也就是通過後天學習得到的。如果我們想解釋和預測行為，就需要瞭解人們是如何學習的。強化是通過指導個體學習的方式塑造個體的過程。合理的強化會對員工的工作積極性起到提升的作用。

一、學習

（一）學習的含義

我們每個人都不停地「在學校裡學習」，學習發生於任何時刻。心理學家對學習的定義比我們日常認為的要寬泛得多——由於經驗而發生的相對持久的行為改變。可以這樣說，行為的變化表明了學習的發生，學習是行為的改變。

在學習的定義中包含幾層含義：

第一，學習包含著變化。從組織的角度來看，這一點有利有弊。人們可以學會好的行為，但也可以學會不好的行為。

第二，這種變化是相對持久的。暫時的變化可能僅僅是反射的結果，而不是學習的結果。因此，需要把那些由於疲勞或暫時的適應性而導致的行為改變排除在外。

第三，學習的定義關注的是行為。只有行為活動出現了變化，學習才會發生。如果個體僅僅在思維或態度上發生了變化，而行為未發生相應變化，則不能稱為學習。

第四，學習必須包含某種類型的經驗。學習可以通過觀察或直接經驗得到，也可以通過間接經驗得到（如通過閱讀而獲得）。這其中的關鍵問題依然是這種經驗是否導致了相對持久的行為變化。如果是，我們就可以說學習發生了。

（二）學習理論

解釋學習過程的理論主要有經典條件反射理論、操作條件反射理論、社會學習理論。

1. 經典條件反射（Classical Conditioning）理論

最早對經典條件反射進行研究的是俄國生理學家伊萬·巴甫洛夫。他的研究主要是教會狗聽到鈴聲後作出分泌唾液的反應。

巴甫洛夫通過一個簡單的手術程序使自己可以精確測量出狗分泌的唾液量。當他給狗一片肉時，狗的唾液分泌量明顯增加。當他藏起這一片肉而只搖鈴時，狗不分泌唾液。然後，巴甫洛夫將肉和鈴聲結合在一起。每次狗得到食物之前都會聽到鈴聲，如此反覆。於是狗聽到鈴聲就會立即開始分泌唾液。此後，狗即使只聽到鈴聲而沒有提供食物時也會分泌唾液。事實上，狗已經學會了一種新的反射，即聽到鈴聲就分泌唾液。

食物是無條件刺激物，它必然會使狗做出某種形式的反射。只要無條件刺激物出現，這種反射就會發生（在這一實例中，這種反射為唾液量的明顯增長），因此這種反

射稱為無條件反射。鈴聲為人為刺激物，或稱條件刺激物。它原本是中性的，當與食物（無條件刺激物）聯繫在一起之後，最終使得條件刺激物單獨出現時也產生了這種反射。最後一個概念為條件反射，它描述的是狗在僅有鈴聲時也分泌唾液的行為。

從根本上說，習得條件反射包括了建構條件刺激與無條件刺激之間的聯繫。將具有吸引力的刺激物與中性刺激物相結合，中性刺激物會變成條件刺激物，因而具有了無條件刺激物的性質。

經典條件反射是被動的。當某件事發生時，我們會以某種特定的方式作出反射，它可以幫助我們解釋一些簡單的反射行為。然而，大多數行為尤其是個體在組織中的複雜行為，都是主動出現而不是被誘導出來的，它們是主動自覺而不是被動反射的。比如，員工準時下班、遇到困難尋求上司的幫助、在沒人監督時遊手好閒等行為。

2. 操作條件反射（Operant Conditioning）理論

操作條件反射的概念是哈佛大學心理學家斯金納提出的。

斯金納認為行為並不是由反射或先天決定的，而是後天習得的。他指出，在具體的行為之後創設令人滿意的結果，會增加這種行為出現的頻率。如果人們的行為得到了積極強化，則最有可能重複這種令人滿足的行為。比如，如果獎勵緊跟在恰當的反應之後，會最為有效。如果行為不被獎勵，則不太可能被重複。

在任何情境中獎勵或懲罰都或明確或隱含地表明強化依你所採取的行為而定。比如，一名想掙大錢的銷售代理發現獎勵取決於他在此領域中創造的高銷售額。當然，這種聯繫也能教會個體不按組織滿意的行為方式工作。假設你的上司告訴你如果能在以後的三個星期的旺季裡加班工作，在下一次績效評估中你將會得到補償；但是當績效評估到來之時，你發現關於加班工作你就沒有得到任何積極強化。下次上司再請你加班時，你很可能會拒絕！你的行為可以用操作條件反射來解釋：如果一種行為未能得到積極強化，則該行為重複的可能性會降低。

3. 社會學習理論（Social-learning Theory）

個體不僅通過直接經驗進行學習，還通過觀察或聽取發生在他人身上的事情學習。比如，我們通過觀察榜樣，如父母、教師、同伴、演員、上司等而學會了很多東西。這種認為人可以通過觀察和直接經驗兩種途徑進行學習的觀點稱為社會學習理論。

社會學習理論是操作性條件反射的擴展。也就是說，它也認為行為是結果的函數，但它同時還承認了觀察學習的存在以及在學習中知覺的重要性。人們根據自己對客觀結果的感知和定義作出反射，而不是根據客觀結果本身作出反射。

二、強化

（一）強化的含義

學習不但發生於工作之前，還發生於工作之中，因而管理者應該注重如何教導員工，使他們的行為對組織最有利。管理者常常通過逐步指導個體學習的方式來塑造個體，這個過程稱為強化。

行為塑造通過系統地強化每一個連續步驟而使個體越來越趨近理想的反應。對於

一名長期上班遲到半個小時的員工，如果他此次上班遲到了 20 分鐘，我們就應強化這種進步。當反應越來越接近所期望的行為時，強化也應不斷提高。

塑造行為的方法有四種：積極強化、消極強化、懲罰和忽視。當一種反應伴隨著愉快事件時，稱之為積極強化，如管理者稱讚員工工作幹得好。當一種反應伴隨著中止或逃離不愉快事件時，稱之為消極強化。如老師在課堂問了一個問題，而你不知如何回答，要翻看課程筆記，這樣老師就會不再讓你回答了，這就是一種消極強化，因為你學會了匆忙地翻看筆記以防止教師提問你。懲罰是指為了減少不良行為而導致的不愉快情境。員工因為酗酒而被責令停工兩天不付薪金就是懲罰的一個例子。消除任何能維持行為的強化物則稱為忽視。當行為不被強化時，便傾向於逐漸消失。在開會時，如果教師不希望學生在課堂上提出問題，那麼當這些學生舉手要發言時就可以忽視他們的存在。當舉手行為得不到強化時，這種行為便會消失。

積極強化和消極強化都導致了學習：強化了反應，增加了其重複的可能性。前面已指出，表揚增強了做好工作的行為，因為表揚是令人愉快的。而看上去很忙碌的行為增強了中止不愉快的行為結果。懲罰和忽視也導致了學習，但它們削弱了行為，並減少了其發生的頻率。無論是積極強化還是消極強化，它們作為行為塑造工具都有重要的影響。

(二) 強化程序

強化程序有兩種主要類型：連續的和間斷的強化程序。

1. 連續強化（Continuous Reinforcement）程序

連續強化程序是指當每一次理想行為出現時，都給予強化。比如，對於一個有不準時上班習慣的員工，每次他準時上班，主管都會表揚他這種好行為。

2. 間斷強化（Intermitent Reinforcement）程序

間斷強化程序可以拿老虎機的原理為例：在賭場中，即使人們知道不可能總有回報，他們仍然會繼續賭下去。間斷強化的目標只是能夠使人們的投幣行為得到重複。研究結果表明，與連續方式相比，個體在間斷強化中傾向於更不願意放棄活動。間斷強化又分為比率強化和間歇強化兩種。

比率強化程序取決於被試者作出反應的數量。當某一具體行為重複了一定數量後個體才可得到強化。

間歇強化則取決於上次強化後所經歷的時間。個體在第一次恰當的行為之後要再經歷一段時間才會得到強化。

強化還可以分為固定強化和可變強化兩種。由此，用來實施獎酬的間斷強化技術可以劃分為四種類型，如表 3-6 所示。

表 3-6　　　　　　　　　　強化類型表

	時距	比率
固定	固定時距	固定比率
可變	可變時距	可變比率

（1）固定時距

每隔一定的固定時間給予一次強化的方式為固定時距程序（Fixed-interval Schedule）。這種程序的關鍵變量是時間，而且這種程序必須持續進行。在北美國家中，幾乎所有工薪階層員工都受到過這種程序的強化。你會在每週、每月或其他預定的時間間隔後拿到工資。這種方式就是以固定時距的強化程序為基礎進行的獎勵。

（2）可變時距

獎勵根據時間分配，但強化的時間卻不可預測的方式稱為可變時距程序（Variableinterval Schedule）。比如，教師在新課的開始就告訴大家這學期將會有一系列隨堂考試（具體的考試次數學生並不知道），這些測驗的成績占總分的20%。這位教師運用的就是可變時距強化。同樣，總公司的審計部門對各分公司進行的不加通知的隨機視察也屬於可變時距強化。

（3）固定比率

在固定比率程序（Fixed-ratio Schedule）強化中，當個體反應達到了一個固定數目後，便給予獎勵。比如，計件付酬方式就是固定比率強化。員工憑自己生產的產品件數得到獎勵。如果一個製衣工廠的工人安裝12根拉鏈可得5美元，則強化（在這一實例中是金錢）取決於衣服拉鏈的固定數目。每縫製12根拉鏈，工人就可得到5美元。

（4）可變比率

獎勵根據個體的行為發生變化的方式稱為可變比率程序（Variable-ratio Schedule）。代理銷售商的行為就是這種強化程序的例子。有時，對於潛在的用戶，他們僅僅需要兩個電話就能做成一筆買賣；有時，他們可能要打20次甚至更多的電話才能談成一筆交易。這種獎勵是變化不定的，因此，其獎勵取決於銷售商成功洽談的數目。

強化程序與行為連續強化程序容易導致過早的滿足感。在這種程序下，強化物一旦消失，行為傾向就迅速衰減。不過，連續強化方式適合於新出現的、不穩定的或低頻率的反應。與之對照，間斷強化程序不容易產生過早的滿足感，因為它並不是每一次反應之後都有強化。這種方式適合穩定的或高頻的反應。

總之，可變程序比固定程序更容易導致較高的績效水平。組織中的大多數員工以固定時距的強化方式得到報酬，但是這種方式並未清楚明確地表明績效和獎勵之間的聯繫。獎勵是根據工作中所花費的時間而不是具體的反應（工作績效）設定的。相反，可變時距方式會產生更高的反應機率和更穩定一致的行為。因為在這種方式裡，績效與獎勵之間的相關性很高，而且其中包括不確定性的因素。由於這是一個出其不意的因素，員工們傾向於更為警覺。

三、學習理論在組織中的一些具體應用

學習理論在管理上主要有六方面的具體應用：使用抽彩法降低缺勤率、以健康工資替代病假工資、對問題員工進行訓導、開發有效的員工培訓計劃、對新員工建立導師負責制、使員工學習自我管理。

（一）使用抽彩法降低缺勤率

這種抽彩法屬於可變比率強化程序。員工的全勤記錄提高了他獲獎的可能性，但

這種全勤記錄並不保證員工必然會獲得獎勵。與強化方面的研究結果一致，抽彩法降低了缺勤率。

(二) 健康工資與病假工資

大多數組織在員工病假時照發工資，並把它作為員工福利的一部分。然而病假制度強化了錯誤行為，即請病假不來上班。美國中西部的一家組織實施了健康工資制度，對那些連續一個月沒有缺勤的員工提供獎勵，而因病請假者所得到的工資則少於正常工資額。對健康工資制度進行評估後人們發現，它節省了組織的開支，降低了缺勤率，提高了生產率，還增加了員工的工作滿意度。

(三) 員工訓導

每一位管理者都會在工作中碰到這樣一些問題：員工酒後上工，不服從上級領導，偷竊公共財產，上班經常遲到等。管理者採取的訓導活動常常包括口頭批評、通報批評和暫時停職。有關訓導方面的研究表明，管理者應及時行動改正錯誤，使懲罰的程度與問題的嚴重程度保持一致，並要確保員工認識到懲罰與不良行為之間的聯繫。不過，我們前面介紹的懲罰對行為效果的影響的理論表明，懲罰的使用是有代價的，它只能起到短期效果，並會帶來嚴重的副作用。

人們之所以普遍地使用訓導方式，毫無疑問是由於它能在短時間內產生顯著的效果，使員工迅速改變原有的行為，從而也強化了管理者對懲罰的使用。但從長遠的觀點來看，如果只使用訓導而不對良好行為給予積極強化，則可能出現下面這些問題：員工產生挫折感，對管理者產生畏懼心理，問題行為再度出現，員工缺勤率和流動率增加。

(四) 開發培訓計劃

社會學習理論在組織中的應用表明：培訓必須提供一個榜樣以吸引被培訓者的注意力；要建立激勵機制；要幫助培訓人員總結自己學到的知識對今後工作的作用；要提供機會實踐新行為；如果培訓為脫產的，還應為培訓人員提供機會把自己所學到的知識應用到工作實際中去。

(五) 建立導師負責制

幾乎所有的員工在職業生涯的早期都會由組織安排年長的、經驗更為豐富的導師給予他指導。這位導師把門徒們保護在自己的羽翼之下，並對他們如何在組織中求得生存和發展提供指導和建議。

成功的導師制是在社會學習理論的榜樣概念基礎上建立起來的。也就是說，導師的影響不僅僅來自他向門徒說了些什麼，還來自他作為角色榜樣的作用。門徒通過模仿導師的活動和特點學會了組織向他們傳授的態度和行為。他們觀察，然後模仿。對於高層管理者來說，如果他想培養員工適應組織並準備賦予年輕的管理天才更大的責任，應仔細選擇由誰來擔當導師的角色。建立正式的導師制，即每一位年青員工都由導師帶領和幫助，能夠使高級經營人員只管理過程，並提高學徒模仿高級管理層所希望的行為方式的可能性。

(六) 自我管理

學習概念在組織中的應用並不僅僅局限於管理他人的行為，還可以用於個體對自己行為的管理，這就是自我管理（Self-management）。自我管理是個體管理自己的行為，從而減少外界管理控制的一種學習技術。

自我管理要求個體精細地操縱刺激物、內部過程和反應方式以實現個人的目標。其基本過程包括：觀察自己的行為，將自己的行為與標準進行對比，當行為達到標準時進行自我獎勵。

對管理者的啟示

組織成員的學習以及強化過程要遵循客觀規律，要掌握強化對學習的影響、對改變行為的作用。要通過使用抽彩法降低缺勤率、以健康工資替代病假工資、對問題員工進行訓導、開發有效的員工培訓計劃、對新員工建立導師負責制、使員工學習自我管理等將學習理論的應用於管理實踐。

案例分析

西門子的知識管理

西門子公司（Siemens）所推行的知識管理被美國生產力與質量中心（American Productivity & Quality Center）連續兩年票選為「最佳實務」（Best Practice）代表。包括英特爾、飛利浦及福特汽車在內的世界級企業在推行「知識管理」時都是以西門子為典範的。什麼是「知識管理」？我們來看看西門子的例子。簡單地說，「知識管理」就是集合眾人的智能。

西門子建立了一個「分享網」（Share－Net）來肩負知識管理的重責大任。負責西門子「分享網」的項目領導人道齡（Joachim Doring）指出，通過網絡可以把遍布全球四十六萬多名員工的知識集合起來，彼此補充，增加專業能力。這個「分享網」包含了聊天室、數據庫以及搜尋引擎。員工可以在「分享網」裡提供任何信息，如一個成功項目的描述或 PowerPoint 的製作等，只要是對其他員工有幫助的信息都可以。員工透過「分享網」可以找到信息的提供者，並借由電子郵件進一步交談。道齡指出，員工在把自己的知識貢獻出來的同時，也獲得了知識。

「分享網」自 1999 年推行以來，雖然只在西門子信息與通信事業部進行試驗，但是成效卻相當顯著。「分享網」的成本只有七百八十萬美元，可是它卻為西門子增加了 12,200 萬美元的營業收入。例如馬來西亞電信公司擬架設試驗性寬帶網絡，但西門子在馬來西亞的人員的專業能力不足以應付當地的情況。通過「分享網」，他們發現丹麥的一個團隊曾經處理過一模一樣的案子，馬來西亞團隊因而取得了工程承包權。

儘管「知識分享」的好處很明顯，但是要改變員工，讓他們願意分享，卻是推行「分享網」最困難的地方。西門子組織了項目團隊，專門負責訓練員工使用「分享

網」、回答員工的疑問，並且監督「分享網」系統。不僅高層管理人員全力配合，企業也提供誘因，鼓勵員工改變。西門子為了鼓勵員工多利用「分享網」，採取了恩威並施的方式。經理人只要通過運用「分享網」而創造出額外的銷售額，就可以獲得紅利。不過，各國分公司的執行長及營運長除非提供「分享網」信息，或是從「分享網」獲取資源因而獲利，才能得到紅利。一般員工只要提供對另外一個人有實際幫助的信息，就可以獲得參與研討會的機會。

要將「分享網」的概念推廣給銷售人員是比較簡單的，因為只要他們知道可以利用「分享網」取得遠在他國的同事的經驗，可能帶來可觀的贏利，他們就會加入。未來，「分享網」還會開放給顧客使用，讓顧客直接與研發部門人員溝通，開發出更好的商品。

員工的專業知識就是企業最珍貴的資產。21世紀，網絡發展會越趨成熟，如何通過網絡把員工的智能結合起來，應該是經理人責無旁貸的目標。

問題討論

用學習和強化理論分析西門子的知識管理。

第五節　工作壓力與挫折

個體常常會承受來自工作的壓力與挫折。但壓力和挫折給員工帶來的不一定都是負面、消極的影響，也有積極和正面的影響因素。正確地認識壓力與挫折，發揮其積極的影響，對員工工作績效的提高是大有裨益的。

一、壓力

（一）壓力的含義

壓力是人與環境交流後，知覺到環境的要求與其生理、心理或社會系統資源之間有差距而產生的一種反應。

（二）壓力的類型

在現實中，人們面臨的壓力可分為潛在壓力和現實壓力兩種。

潛在壓力變成現實壓力的兩個必備條件是：第一，活動結果具有不確定性，而且這個結果很重要；第二，個人不能確定機會能否被抓住、限制因素能否排除、損失能否避免。

（三）壓力的潛在來源

壓力的潛在來源有環境因素、組織因素、個人因素。

環境因素指不斷加劇的不確定性，主要包含經濟、政治和技術等因素。

組織因素指組織內能引起壓力感的許多因素，主要包括任務要求、角色要求、人際關係要求、組織結構（嚴格的規章制度、缺乏參與的決策）、組織領導作風、組織生命週期（初創、成長、成熟、衰退）等因素。

個人因素主要指家庭問題、經濟問題、個性特點等因素。

(四) 壓力與工作績效之間的倒 U 型關係

壓力與工作績效呈倒 U 型關係。當壓力感低於中等水平時，壓力有助於刺激機體、增強機體的反應能力；當壓力過大時，員工的績效會降低；而持續的高壓力會拖垮個人並將其能量資源消耗殆盡。

(五) 壓力的後果

壓力帶來的後果主要表現在三個方面：生理上、心理上和行為上。

生理症狀主要有新陳代謝紊亂，心率、呼吸率增加，血壓升高，頭痛，易患心臟病等。心理症狀主要來自壓力導致的不滿意，如緊張、焦慮、易怒、情緒低落等。行為症狀則表現為生產率的變化、缺勤、流動、飲食習慣改變、嗜菸、嗜酒、言語速度加快、煩躁、睡眠失調等。

(六) 壓力應對策略

應對壓力可以通過個人和組織兩個途徑。員工個人的解決途徑指員工個人可以通過時間管理、增強體育鍛煉、放鬆訓練、聊天、擴大社會支持網絡等方式排遣壓力。組織途徑指管理人員利用各種方法來減輕員工壓力，具體有：加強人事甄選和工作安排、設置現實可行的目標、重新設計工作、提高員工的參與程度、加強組織的溝通、設立公司身心健康項目等。

二、挫折

(一) 挫折的概念

挫折是指人們在達到某一目標、完成某一任務時受到阻礙，因無法克服這種阻礙而產生一種較持久的、消極的緊張狀態的情緒反應。

(二) 挫折產生的五個條件

其一，有行動的動機和明確的行動目標；

其二，有滿足動機和達到目標的手段和行動；

其三，有挫折的情境產生；

其四，在實現目標受到阻礙而產生挫折時對此有所知覺；

其五，有因為挫折的知覺與體驗而產生的緊張狀態與情緒反應，即有消極的緊張情緒體驗。

(三) 動機受到阻礙或干擾的四種情況

其一，雖然受到干擾，但主觀和客觀條件仍可使其達到目標；

其二，受到干擾後只能部分達到目標或達到目標的效益會變差；

其三，由於兩種並存的動機發生衝突，必須暫時放棄一種動機，而優先滿足另一種動機，即修正目標；

其四，由於主觀因素和客觀條件的影響很大，動機的結局完全受阻，個體無法達

到目標。

在第四種情況下人的挫折感最大，第二和第三種情況次之。挫折是一種普遍存在的心理現象。在人類現實生活中，不但個體動機及其動機結構複雜，而且影響動機行為滿足的因素也極其複雜，因此，挫折的產生是不以人們的主觀意志為轉移的。

由此可見，挫折是指當人們為實現目標而採取的行動遭遇到無法逾越的困難阻礙時所產生的一種緊張的情緒反應和體驗。它是人的一種消極心理狀態。

（四）挫折的起因

1. 客觀因素

由客觀因素引起的挫折稱為環境起因挫折。這類挫折通常又分為兩種：一是自然因素造成的挫折，二是社會因素造成的挫折。

由於自然環境的限制，人們的動機往往不能被滿足，目標不能達到。

因為人際關係緊張或其他人為因素的限制而造成的挫折均屬於由社會因素所造成的挫折。

2. 主觀原因

由人們的主觀因素如身體素質不佳、個人能力有限、認識事物有偏差、性格有缺陷、個人動機衝突等所引起的挫折稱為個人起因挫折。

（五）挫折的表現

1. 挫折容忍力

挫折容忍力是指人受到挫折時免於行為失常的能力，也即經得起挫折的能力。它在一定程度上反應了人對環境的適應能力。

同一個人，面對不同的挫折，其容忍力也不相同。如有的人能容忍生活上的挫折，卻不能容忍工作中的挫折，有的人則恰恰相反。

挫折容忍力與人的生理、社會經驗、抱負水準、對目標的期望以及個性特徵等有關。

例如，企業中有的員工有嬌驕二氣，眼高手低，其挫折容忍力一般較低。

再如，企業員工對安全生產的價值觀不同，對達到目標的自我標準也不同；因此即使客觀上挫折情境相似，每個人對挫折的感受也會不同，受到的打擊程度也就不同。

2. 挫折後行為表現

挫折後的行為表現一般有攻擊、退化、病態的固執、妥協、冷漠等。

攻擊通常指受到挫折後攻擊他人或自己的行為。退化指個體遇到挫折時表現出與自己的年齡、身分極不相稱的幼稚行為。病態的固執通常指被迫重複某種無效的動作。妥協指當個體受到挫折時產生的心理上的一種緊張狀態，這種狀態叫做「應激」。冷漠指個體對挫折的反應並不通過上述四種形式表現，而是表現為對挫折的漠不關心、無動於衷的態度，似乎他超然於挫折以外。

（六）應付挫折的辦法

1. 個體方面

首先，對待挫折的正確態度應當「一是不怕，二是分析」；其次，要樹立遠大的奮

鬥目標；最後，要善於靈活應變，及時理智地實現目標和情緒的轉移。

2. 組織方面

首先，要加強對員工的思想教育，不斷深化員工對挫折的認識，使他們樹立對待挫折的正確態度。要使員工掌握戰勝挫折的方法，教育員工樹立遠大的目標，不要因為眼前的某種困難和挫折而失去前進的動力。其次，要瞭解和掌握受挫者的心理狀態和行為反應方式，對受挫折者的攻擊行為要有容忍精神。要正確對待受挫折的員工，為他們排憂解難，維護他們的自尊，使他們盡快從挫折情境中解脫出來。再次，要幫助受挫折者改變受挫折的情境，避免受挫折員工「觸景生情」，防止他們產生心理疾病和越軌行為。最後，要對受挫折者採用「精神發泄」的心理治療方法。

對管理者的啟示

在管理實踐中，壓力與挫折並不意味著工作績效的下降，它們對員工的績效的影響可以是正面的，也可以是負面的。正確認識和把握壓力與挫折的調試和解決方法，可以幫助員工改變心態，提高績效。

案例分析

空調技術開發部的改革

(1) 改革之初，實行項目承包制：取消月薪，使開發人員收入和產品掛勾，提前發放生活費，年終根據所開發產品的市場效益決定獎金分配。

(2) 負債開發策略：給資源，按時開發產品，且要有質量和銷量的保證。

如：開發額為 10 萬元，目標為年產量 5 萬臺。

如開發成功，又達到產量目標，可得 3 萬元；

如銷售 10 萬臺，可得 6 萬元；

如投產後只有 3 萬臺的銷量，則按比例倒扣，只能獲 1 萬元，並且負責人欠公司 4 萬元（開發額的 3/5），必須通過開發其他項目來彌補。

問題討論

用壓力與工作績效的關係分析此案例。

第六節　個體決策

個體決策是個體在一系列心理過程後發揮主觀能動性，對潛在行為的一種取捨。個體決策在個體行為中起著舉足輕重的作用。

一、決策的概念

（一）決策的一般定義

決策是針對某一問題，制訂解決問題的方案並從中挑選出最佳方案的過程。

個體為了獲得最佳結果而採取的行動稱之為理性決策。

（二）決策的過程

決策過程一般如圖 3-5 所示。

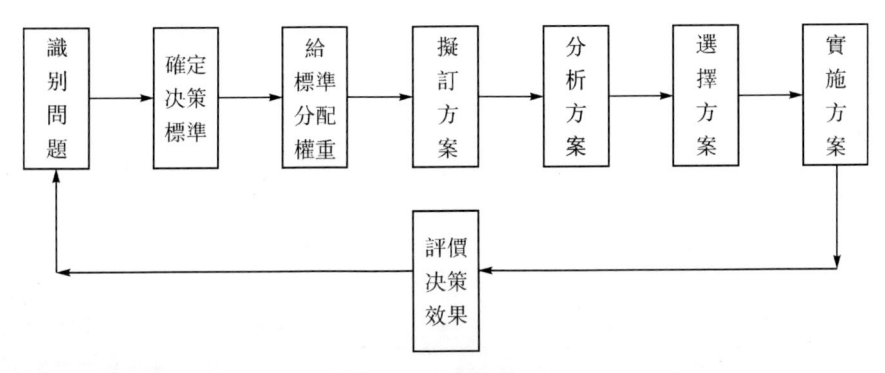

識別問題 → 確定決策標準 → 給標準分配權重 → 擬訂方案 → 分析方案 → 選擇方案 → 實施方案 → 評價決策效果 →（回到識別問題）

圖 3-5　決策過程

二、決策的類型

（一）理性決策方法

理性決策方法假定，管理人員是遵循一個系統的、循序漸進的流程進行決策的。進一步的假設是，組織主要是建立在經濟利益基礎上的，並且是由非常客觀的、擁有全部信息的管理者在管理。

1. 理性假設

理性決策模型中包含了一系列假設條件：

第一，問題清晰。假定問題是清楚而明確的，決策者對於決策情境擁有完整全面的信息。

第二，所有選項已知。決策者可以確定所有的相關標準，並能列出所有的可行性方案。更進一步，決策者還能認識到各個備選方案的所有可能結果。

第三，偏好明確。決策標準和備選方案的價值可以量化和排序，以反應它們的重要性。

第四，偏好穩定。具體的決策標準是恒定的，分配給它們的權重也是穩定的，不隨時間的推移而改變。

第五，沒有時間和費用的限制。理性決策者可以獲得有關標準和備選方案的豐富信息，因為假定沒有時間和費用的限制。

第六，最終選擇效果最佳。理性的決策者將選擇評估分數最高的方案。

2. 理性決策的類型

理性決策包括完全理性決策和有限理性決策兩種。這兩種決策的比較如表 3－7 所示。

表 3－7　　　　　　　　　　　　兩種決策類型的比較

決策制定步驟	完全理性	有限理性
1. 提出問題	確定一個重要的、相關的組織問題	確定一個可見的、能反應管理者禮儀和背景的問題
2. 確定決策標準	確定所有的標準	確定有限的一套標準
3. 給標準分配權重	評價所有標準並依據它們對組織目標的重要性進行排序	準排序，決策者自身的利益強烈影響排序
4. 制訂方案	創造性地制訂各種方案	制訂有限的一系列相似方案
5. 分析方案	依據決策標準和重要性評價所有方案，每一方案的結果是已知的	從希望的解決方法出發，依據決策標準一次一個地評價方案
6. 選擇方案	最大化決策：選擇能獲得最高經濟成果的方案（依據組織目標）	滿意決策：尋找方案，直到發現一個滿意的、充分的解決方法為止
7. 實施方案	由於決策是最大化單一的、明確的組織目標，所有組織成員都接受此方案	政治和權力的考慮將會影響到決策的接受和執行
8. 評價	依據最初的問題客觀評價決策成果	對決策結果的評價只有消除評價

3. 理性決策方法的優缺點

（1）理性決策方法的優點

①要求決策者以合乎邏輯的、有序的方式來思考一個決策。

②對決策方案進行深入、徹底的分析，能夠使決策者在信息充分的基礎上進行選擇，而不是根據感情或社會壓力進行選擇。

③理性決策方法被稱為最優決策方法。

（2）理性決策方法的缺點

①理性方法的嚴格假設通常是不實際的。

②管理人員可以利用的信息量通常是有限的。

③並非所有的方案都能夠很容易地量化，而且決策者也不可能知道各種方案的所有可能結果。

（二）決策類型

1. 確定型/非確定型決策

確定型決策是決策目標明確、問題熟悉、與問題相關的信息易於獲取的決策。

非確定型決策是決策問題新，結果難以估計，與問題相關的信息模糊、不易獲取的決策。

2. 程序化/非程序化決策

程序化和非程序化決策的比較如表3-8所示。

表3-8　　　　　　　　　程序化和非程序化決策比較

特徵	程序化決策	非程序化決策
決策類型	結構化很強	結構化很差
頻率	重複的、日常的	新的、不經常的
目標	清楚、明確	模糊
信息	容易得到	不易得到、渠道不明確
結果	不很重要	重要
組織的層次	低層	高層
解決時間	短	相對較長
解決的基礎	決策規則、流程	判斷力和創造力

(三) 決策理論在管理中的應用

個體在行動之前會先進行思考和推理。因此，瞭解人們怎樣作出決策有助於解釋和預測他們的行為。

在某些決策情境中，人們遵循最優化模型。但大多數人以及大多數非常規的決策很可能不符合這一模型。重要的決策很少是簡單明瞭的，因而無法運用最優化模型假設。我們發現，個體在尋求解決辦法時通常更注重令人滿意的方案而不是最優方案，在決策過程中常帶有一些主觀偏見並依賴直覺。

對管理者的啟示

個體在行動之前會先進行思考和推理。因此，瞭解人們怎樣作出決策有助於解釋和預測他們的行為。在某些決策情境中，人們遵循最優化模型。但大多數人以及大多數非常規的決策很可能不符合這一模型。重要的決策很少是簡單明瞭的，因而無法運用最優化模型假設。我們發現個體在尋求解決辦法時通常更注重令人滿意的方案而不是最優方案，在決策過程中帶有一些主觀偏見並依賴直覺。

案例分析

是走還是留？

王濤現在陷入了兩難境地，他正為是走還是留而苦苦思索。事情還要從三年前說起。

某沿海城市W為了進一步推動城市經濟的發展，提高國際知名度和競爭力，制定了鼓勵海外華人歸國創業的一項政策。此項政策一推出，就得到了許多海外華人的積

极回应，王涛就是其中之一。王涛原来在国外一家金融机构做专职市场分析师。他在行业中的知名度很高，一些经济管理学院还想聘请他当高级讲师。王涛所属的金融机构高层管理者十分器重他，给了他优厚的待遇和福利。他在国外也建立了自己的家庭。因此，王涛的事业和生活都十分令人满意。然而，三年前，当王涛听说了W市的政策后，马上决定放弃自己现有的优越条件回国创业，为国内金融市场分析水平的提高作一点贡献。同时，王涛最大的愿望就是希望以行业领军人的身分领导国内金融市场投资分析行业的发展。

全然不顾公司和亲友的劝阻，王涛带着妻儿来到了W市。他的到来得到了W市市长的热烈欢迎。恰好W市原有的一家市场投资分析机构缺少专职分析师，所以王涛立刻就被任命为这家机构的专职分析师。由于刚回到国内，王涛没有对职务和待遇提出任何异议，马上就投入了工作。他相信自己的工作一定能够得到大家的认可。

事情的进展正如大家所期望的那样，所有经过王涛操作的投资项目都获得了巨大的成功，王涛在国内投资分析业的名望也渐渐树立起来了。王涛自己心里也暗暗高兴，因为自己已经成为国内该领域的知名专家。更让他满足的是，自己报国的愿望也得以实现。但令王涛不满意的是，他的职业目标不仅仅是做一个成功的分析师，而是成为该机构的领导者。王涛确信投资分析机构应该主动对前景进行预测，为企业和事业单位提供谘询，应充分发挥员工的专业技能。在国外，政府的很多决策都是民间机构提供的。而在国内，这一切都看不到。王涛一直期望成为该机构的主管，想通过这种方式来表达自己对行业的看法。王涛的初衷毋庸置疑，但是让他感到失望的是，无论自己怎样努力，无论自己在业内取得了何种成就，自己丝毫没有被提升的迹象。「也许是怕我的薪水要求太高？」王涛这样认为，于是他主动向这家机构的主管部门提出，提升后的薪水可以保持现有的水平，自己的真正目的是成就事业而不是谋取利益。

上级部门的回复让王涛大感失望。他们说虽然王涛干得很好，在这方面也是专家，但是他毕竟是新来的员工，所以不可能得到太快的升迁。况且，还有许多老员工都是干了十几年的功臣，要是让一个新人担当主管，恐怕会引起他们的不满。在回复中，上级还勉励王涛，肯定他是该行业的专家，希望他安心深入第一线进行市场分析工作。他们还暗示说，在国内可没有主动申请升迁的先例，要王涛注意自己的言行。面对如此态度，王涛无可奈何。而接下来发生的事情就更让王涛费解。接近年末，该机构进行业绩评估，出乎王涛意料，自己没有得到太多的认可，只有简单的口头表扬。而得到奖励或者升迁的，仍然是那些老员工。尽管他们在这一年里没有提出很有价值的投资建议，做出好的项目，但是由于他们「出色的领导」，机构有了「蓬勃的发展」，所以决定给予他们「应得的奖励」。

王涛顿时有一种失落的感觉，他没有想到自己在国内根本没有发展的空间。对前途深感失望的王涛决定回到自己以前工作过的那家国外机构去，因为当初他离开时该机构就告诉他随时等待他归来。报国的愿望已经达到了，但成就事业的心愿却注定无法实现。就在王涛提出离职意向的两三天后，关于他的风言风语就传了出来。有人说王涛利欲熏心，没有奉献精神，回国只不过是想自己捞一把。还有人甚至给他扣上了「不忠」的帽子。王涛在感到极度意外和失望的同时，一时也拿不定主意。到底是该继

續留在這裡讓事業停滯不前呢，還是冒著「不忠」的危險離去呢？

問題討論

如果你是王濤，你如何理性地進行決策？

小結

　　知覺是一種重要的認知過程，它並不是對情境的準確記錄，而是對情境的唯一解釋。知覺比感覺更複雜，它會對信息過濾和修正，甚至進行完全的更改。

　　社會知覺是指具有社會意義的知覺。其中我們主要討論了對他人的知覺和歸因。社會知覺中常見的偏差有：首因效應、近因效應、暈輪效應、刻板效應、投射效應。

　　歸因是指人們解釋自己或他人行為的原因的過程。內外因是歸因的基本維度，穩定性是歸因的另一個維度。在歸因的過程上，凱利認為，可以根據行為的一致性、一貫性和獨特性將行為結果歸為內部或外部原因。在歸因時，常見的歸因偏差有兩種，即基本的歸因偏差和自利性偏差。

　　從人類的行為模式看，需要與動機是存在差異性的。管理者必須瞭解這種差異性，把握被管理者真正的需要與動機，從而確定激勵內容及強度，調動員工積極性，提高組織績效。

　　人們的價值觀是不同的，管理者要判斷那些將來有可能成為員工的人的價值觀是否與組織的主導價值觀一致。當員工的價值觀與組織的價值觀相匹配時，他的績效和滿意程度可能更高。這種觀點就要求組織在甄選新雇員時，不僅要考慮候選人的能力、經驗和動機，還應該考慮他與組織的價值系統是否適應。

　　管理者應該關心員工的態度，因為態度是潛在問題的警報，而且態度能夠影響員工的行為。如果管理者希望降低員工的流動率和缺勤率——尤其是那些生產率高的員工——他們應當促使員工產生積極的工作態度。

　　管理者也應認識到員工總是試圖減少認知不協調。更為重要的是，不協調是可以調節的。如果要求員工從事那些似乎與他們的價值觀不協調或是與他們的態度相違背的活動，只要他們認為這種不協調是外界強加給他們的，並超出了他們的控制範圍，或者獎賞非常大足以抵消不協調，則減少不協調的壓力就會大大削弱。

　　個性心理特徵包括氣質、性格和能力。氣質是個體與神經過程（心理過程——強度、速度、指向）的特性相聯繫的行為特徵，性格是與態度和行為方式相關的比較穩定的、獨特的心理特徵的總和。氣質與性格是相互區別又相互聯繫的。能力是人順利地完成某種活動所必須具備的那些心理特徵和本領，包含實際能力和潛在能力兩個層次。情感是指在人類社會中產生的人對一定事物的態度體驗。氣質、性格、能力以及情緒影響著個體的行為方式，個性差異決定著管理方式的不同。

　　學習是由於經驗而發生的相對持久的行為改變。學習包含著變化。這種變化是相對持久的。學習的定義關注的是行為，只有行為活動出現了變化，學習才會發生。學習必須包含某種類型的經驗。解釋學習過程的理論主要有經典條件反射理論、操作條件反射理論、社會學習理論。

管理者常常通過逐步指導個體學習的方式來塑造個體。這個過程稱為強化。塑造行為的方法有四種：積極強化、消極強化、懲罰和忽視。強化程序有兩種主要類型：連續的和間斷的。強化還可以分為固定強化和可變強化兩種。學習理論在管理上主要有六方面的具體應用，即使用抽彩法降低缺勤率、以健康工資替代病假工資、對問題員工進行訓導、開發有效的員工培訓計劃、對新員工建立導師負責制、使員工學習自我管理。

壓力是人與環境交流後知覺到環境的要求與其生理、心理或社會系統資源之間有差距時產生的一種反應。壓力是一種動態情境，壓力是一種刺激，壓力是一種反應，壓力是一個過程。壓力與工作績效呈倒 U 型關係。應對壓力可以通過個人和組織兩個途徑。

挫折是指人們因無法克服某種阻礙時產生的一種較持久的、消極的緊張狀態的情緒反應。挫折後的行為表現一般有攻擊、退化、病態的固執、妥協、冷漠等。應付挫折的辦法有個體方面和組織方面等。

個體為了獲得最佳結果而採取的行動稱之為理性決策。理性決策模型包含了一系列假設條件：問題清晰、所有選項已知、偏好明確、偏好穩定、沒有時間和費用的限制、最終選擇效果最佳。

理性決策包括完全理性決策和有限理性決策兩種。有限的理性是指決策者不可能掌握關於一個決策問題的所有方面的信息和所有可能的方案，因此只能選擇處理其中的關鍵性部分。

決策類型分為確定型/非確定型決策或程序化/非程序化決策。

思考題

1. 什麼是知覺？它有什麼特點？
2. 什麼是社會知覺？社會知覺有哪些效應？
3. 什麼是歸因？簡述凱利和韋納的歸因理論的基本要點。
4. 常見的社會知覺偏差有哪些？管理者應該如何正確對待人的社會知覺偏差？
5. 知覺與管理是什麼關係？
6. 簡述馬斯洛的需要層次理論的基本內容。
7. 簡述動機和行為的關係。
8. 什麼是態度？構成態度的三種成分是什麼？
9. 什麼是價值觀？價值觀與管理有什麼關係？
10. 影響態度的因素是什麼？如何正確運用宣傳手段改變人的態度？
11. 什麼是個性？
12. 什麼是氣質？氣質如何分類？氣質與管理有何關係？
13. 什麼是能力？能力形成的因素是什麼？管理者需要具備哪些基本技能？為什麼？
14. 什麼是情緒？情緒對個體行為有哪些影響？

15. 個體理論對管理實踐有哪些啟示？
16. 什麼是學習？
17. 什麼是強化？
18. 學習與強化理論在管理實踐中有哪些應用？
19. 什麼是壓力？壓力與工作績效的關係如何？
20. 什麼是挫折？挫折形成的原因有哪些？什麼是挫折容忍力？
21. 理性決策假設包括哪些類型？理性決策有哪些類型？
22. 個體理論對管理實踐有哪些啟示？

第四章　激勵理論

第一節　激勵基本知識

一、激勵概述

（一）激勵的概念、作用

1. 激勵的概念

「激勵」一詞譯自英語「motivation」，原本是心理學的概念。「激勵」作為心理學術語，是指心理上的驅動力，含有激發動機、鼓勵行為、形成動力的意思，也就是通過某些內部或外部刺激，使人興奮起來，驅使人去實現目標。激勵對於不同的人有不同的含義：對一些人來說，激勵是一種動力；對另一些人來說，激勵則是一種心理上的支持，或者為自己樹立起榜樣。

在組織行為學中，激勵的含義主要是指激發人的動機，使人有一股內在的動力，朝著所期望的目標前進的心理活動過程。也可以說，激勵是調動個體積極性的過程。

從心理學的角度來看，激勵可以從下面三個方面來理解：

其一，從誘因和強化的觀點來看，激勵就是將外部適當的刺激轉化為內部心理動力，促使人們按一種特定的方式行動。

其二，從內部狀態來看，激勵是指人的動機系統被激發起來，處於一種被激活狀態，從而對行為有強大的推動力量。

其三，從心理和行為過程來看，激勵主要是指由一定的刺激激發人的動機，使人有一股內在的動力，向所期望的目標前進的心理和行為過程。

激勵作為一種心理活動過程，必須具備以下條件：要有被激勵的人；被激勵人要有從事某種活動的內在的願望和動機；產生這種動機的原因是需要；被激勵人的動機的強弱即積極性的高低是一種內在變量，是內部心理活動，不是固定不變的，而且不能直接觀察到，只能從行為和工作績效上衡量和判斷。

2. 激勵的作用

個體的行為表現和行為效果在很大程度上取決於他所受到的激勵水平和激勵程度。激勵水平低，就難以取得好的績效。研究證明，經過激勵的行為和未經激勵的行為效果大不相同。因此激勵對於調動人們的潛在積極性，努力實現既定目標，提高工作績效，都有十分重要的作用。

(1) 激發和調動員工的工作積極性

人是有很大潛力的。專家指出，在現代社會中，人的能力只發揮了一小部分。通過企業的激勵活動，不僅可以充分發揮員工現有的能力，更重要的是可以進一步激發員工在完成工作任務時的一種能動的、自覺的心理和行為狀態。這種狀態可以促進員工智力和體力能量的充分釋放，還可以導致一系列積極的行為後果。

美國哈佛大學教授威廉·詹姆士通過對員工的激勵研究發現，在按時計酬的制度下，一個人要是沒有受到激勵，僅能發揮其積極性的20%～30%；如果受到正確而充分的激勵，其能力就能發揮到80%～90%，甚至更高。這一分析不能不讓人吃驚，因為每當有困難影響生產任務和績效時，大多數企業的管理人員總是首先想到設備和工藝的改進，企圖通過提高延伸負荷和強度負荷來渡過難關。其實，企業的人力資源還有巨大的潛力未被開發利用。

(2) 實現組織目標

個體在組織中有多方面的需要希望得到滿足。管理者的一個很重要的任務就是瞭解員工的不同需要，然後採取有效的激勵因素和激勵措施，引導員工把個人目標統一到組織目標中去，促使其能夠自覺自願地為實現組織目標而奮鬥，在實現組織目標的過程中滿足個人的需要。

(3) 增強組織的凝聚力

激勵可以增強組織的凝聚力，促進組織內部各部門之間的協調統一。組織是由多個個體組成的有若干工作群體的集合。為保證組織的凝聚力，除了用嚴格的規章制度加以規範外，更重要的是通過運用各種激勵方法，滿足員工各方面的需要，從而增強組織的凝聚力和向心力，並促進部門、群體、成員之間的分工協作。

(二) 激勵過程

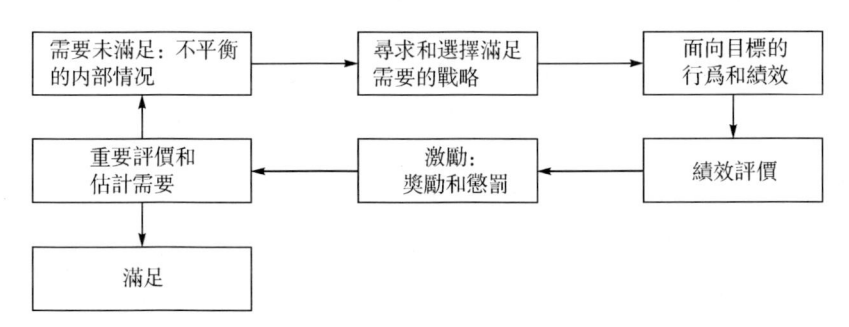

圖4-1 激勵的一般過程

圖4-1所示的模式反應了激勵的多個階段。第一，需要未滿足，個人內心產生了不平衡。第二，個人尋求和選擇滿足這些需要的方法，以恢復他的平衡狀況。第三，個人通過面向目標行為或工作去滿足需要。介於行為選擇和實際選擇之間的是需要的個人特點，即能力。這就是說，個人可能具備也可能不具備達到所選擇的某一具體目標必不可少的條件，如能力、技術、經驗或知識基礎等。第四，個人在實現目標方面的績效成就要由個人或別人來進行績效評價。這可以滿足一個人的工作成就感。第五，

根據對績效的評價而給予獎勵或懲罰。第六，由個人來評價績效和報酬在多大程度上滿足了最初的需要。如果這個激勵過程滿足了這個需要，這個人就會有平衡感和滿足感。如果這個需要沒有滿足，激勵過程就要重複，可能採取另外的行為。

(三) 影響激勵效果的因素

人能夠被某種因素所激勵而變得積極，也可能被某種因素所刺激而變得消極。一方面，人本身是一個有機的系統，不是一個機械的系統，人會受變數的影響；另一方面，人又會受環境因素的影響。這兩方面是影響行為的決定因素。

1. 個體因素

個體因素是指人不管如何理智，其思想、分析、推理、判斷行為及溝通等都免不了受個體情緒的影響。一般來說，考慮的問題越重要，受情緒的影響也越大。

（1）中樞神經系統和內分泌系統功能的影響

當我們集中精力想問題時，心跳就會加快，對環境中其他刺激的接受程度就會降低；而在心跳正常時，對外界刺激就較靈敏。

（2）個人的情緒反應直接影響行為

如領導批評得越嚴厲，員工的「自衛反應」就越強烈。這說明，人們不可能完全憑理性作出反應。當員工和領導者在一起時，其內外行為會變化，這是由於能力和地位對情緒產生的衝擊作用導致的。人很難察覺自身情緒對行為的影響，但較容易察覺別人這方面的情況。所以，人們互相幫助，能夠減輕或消除情緒對理性決策的影響。

（3）情緒雖有時會被壓抑，但其作用卻不會消失

情緒總是不斷地影響著人們的行為和思想。當個人對某種情況有情緒反應時，該情況必與其利益有關。而絕對客觀地看問題是不可能的，因為人是綜合運用理性和情緒來思考的。

（4）情緒衝突對行為的影響較大

一個平時工作不積極的人，會因為偶爾一次受到了表揚而引起了強烈的情緒衝突，產生了要求進步的需要，就會開始改變過去的不良行為。這種衝突來自內在的需要，若經過積極引導，新的生命力就會被注入人的心靈或組織，就會產生持久的效果。

2. 環境因素

人所處的環境會影響他的行為。要把人引向某一方向，就要使人與環境間的關係有相應的變化和調整。不是改變環境，就是適應環境。如果人與環境經常處於不適應的狀態，則不但會影響行為，還會導致人生理上的變化。引導人們適應環境的方法主要有以下幾種：

（1）設置目標

對於要完成的工作，要有明確的規定。

（2）規定標準

標準不能定得太高，也不能定得太低。如果讓一個人去做無法做到的工作，他就會失去信心，產生挫折感；如果讓他做輕而易舉的事，對他就不會產生激勵作用。規定的標準必須是經過努力可以達到的，也就是「跳一跳」才能摘到的「果子」。

(3) 制訂方案建議制度

做任何一件事，都可能有幾個方案可供選擇。有了這種制度，就能激發員工遇事動腦筋、想辦法，採用最有效的工作方法、最經濟合理的實施方案。對於提出先進的工作方法和經濟合理的方案的人，應給予必要的獎勵。

(4) 公開的授權

權力和責任公開化，使自己和他人都能正視權力和責任，可以避免有職無權和對工作不負責任的現象。

二、激勵的原則與機制

(一) 激勵的原則

1. 物質激勵與精神激勵相結合

物質激勵就是從滿足人們的物質需要出發，對物質利益關係進行調節，從而激發人們的勞動熱情。物質激勵多以增加薪酬、獎金和福利的形式出現。除了物質上的需要外，人類還有精神上的追求，如需要滿足自尊心、榮譽感等。在物質需要獲得基本滿足的情況下，精神上的追求就往往上升為人們的主導需要。精神激勵就是從滿足人們的精神需要出發，通過對人們的心理狀態的影響來達到激勵的目的。精神激勵多以授予榮譽稱號、頒發獎狀、開會表揚、宣傳事跡等形式出現。它作為滿足人們精神需要的一種重要手段，有著激勵作用大、持續時間長、影響範圍廣等特點。在激勵工作中，兩者相輔相成、缺一不可。在中國目前的經濟發展水平下，物質激勵仍然是激勵的重要手段，它對強化按勞分配的原則和發揮先進典型的榜樣作用仍有著至關重要的意義。隨著經濟的發展和物質產品的豐裕，物質激勵有向精神激勵轉化的趨勢，所以在激勵工作中要強調物質激勵與精神激勵相結合，並逐漸轉向以精神激勵為主。

2. 正激勵與負激勵相結合

正激勵是當一個人的行為表現符合社會的需要時，通過獎勵的形式來強化這種行為，以達到調動工作積極性的目的。負激勵則是當一個人的行為不符合社會需要時，通過制裁的方式，來抑制這種行為，從反方向來實施激勵。正激勵與負激勵作為激勵的兩種不同類型，都是對人的行為進行強化，其不同之處只是在於取向相反。正激勵起正強化的作用，是對行為的肯定，表現為獎賞與鼓勵；負激勵起負強化的作用，是對行為的否定，表現為批評與制裁。在實際的管理工作中，應將正激勵和負激勵相結合，實行「獎懲結合」「賞罰分明」。因此，對員工好的工作成績和行為，要及時給予表揚，使之得到大家的認可，從而繼續發揚下去；對有破壞傾向的不良行為，必須嚴格管理，按組織的制度進行查處，這樣就可避免其再次發生，做到防患於未然。

3. 外激勵與內激勵相結合

外激勵就是運用環境條件來制約人們的動機，強化或削弱各種行為，進而提高工作意願。外激勵多以行為規範的形式出現，通過建立一些措施和制度，鼓勵或限制某些行為。比如設立合理化建議獎，用以激發工作人員的創造性和革新精神；建立崗位責任制，對失職行為予以限制。而內激勵則是通過誘導和啟發的方式，激發人的主動

精神，使他們的工作熱情建立在自覺自願的基礎上，充分發揮出內在潛力。內激勵多表現為進行思想教育工作。教育者本著曉之以理、動之以情、消除誤會、融通感情的原則，使受教育者受到啓發和觸動，真正提高認識、樹立信念。當然，人們思想的轉化、認識的形成要有一個過程，需要一定的時間；所以內激勵不能操之過急，否則就會違背人的認識規律和心理活動變化規律，使內激勵失去作用。

從兩種激勵的表現形式看，外激勵表現出某種程度的強迫性，內激勵帶有自願、自覺的特徵。在激勵工作中，要結合運用這兩種激勵類型，從不同角度來加強激勵的效果。

4. 按需激勵

在經濟發展水平不同的國家或同一國家的不同的時期，人們對生理、安全、歸屬、尊重和自我實現的需要是不同的。同樣，在一個組織中，因為年齡、個性、性別、職位、經歷和教育程度等各方面的不同，員工各方面的需要都會有差別。由於時間和地位的變化，同一個人各方面的需要也在變化。因此，動態地掌握員工的需要變化情況，並根據這些變化制訂相應的激勵措施，一直是管理者面臨著的重要問題。這就是按需激勵原則。

5. 組織目標與個人目標相結合

在組織行為學中，激勵的手段都是從員工的自身目標和需要出發的。員工之所以能從組織中得到其所需要的，是因為個人投入自身的資源給組織，使組織的目標得以實現。所以，組織目標和個人目標是相互依存的。從激勵的角度來說，就是要貫徹組織目標和個人目標相結合的原則。

要貫徹組織目標和個人目標相結合的原則，必須真正建立起組織目標和個人目標的正相關關係。組織戰略目標的制訂是高層決策者的重要任務。高層決策者必須根據市場情況、顧客需要和技術發展來正確制訂組織目標，使組織提供的產品和服務能得到社會的承認，實現組織的價值。達到了這一點，員工實現自身目標才有希望。而更重要的是要讓員工意識到，組織在實現自身目標的過程中，個人也在不斷地向自身的目標邁進。通常，組織會強調員工應該為了組織的利益而捨棄個人的利益。這一點當然有利於組織目標的實現，是正確的，但是不能過分地強調組織目標而不顧及個人目標。在制訂激勵制度時，應當建立組織目標和個人目標的正相關關係，讓所有員工都看到，一旦組織目標實現了，自身的目標也就實現了。這一點，對於員工的激勵作用是巨大的。

要貫徹組織目標和個人目標相結合的原則，還要建立賞罰分明的制度，讓每一個員工都看到，只要自己為組織目標的實現作出了貢獻，就會得到回報，個人的目標也就能實現。因此，只有建立量化的考核制度、提高獎勵制度的公開性和透明度，才能使員工拋棄各種顧慮，將所有的精力和能量集中在工作上，從而有利於組織目標和個人目標的實現。

（二）激勵機制

對組織來說，在瞭解員工需要結構的基礎上，設置某些既可以滿足員工需要，又

符合組織要求的目標，通過目標導向使員工形成有利於組織的動機，並按組織所需要的方法自覺行動，這就是激勵機制。

激勵機制是激勵賴以運轉的一切辦法、手段、環節等制度安排的總稱。它具有內在地按組織目標運作、管理、調節控制的功能。從心理學的角度分析激勵過程，有效的激勵機制要處理好三類變量之間的相互關係。這三類變量是指刺激變量、機體變量和反應變量。刺激變量是指對有機體的反應產生影響的刺激條件，其中包括可以變化與加以控制的自然與社會的環境刺激；機體變量是指有機體對反應有影響的特徵，也即被試對象本身所具有的特性，如性格、動機、內驅力強度等；反應變量是指刺激變量和機體變量在行為上引起的變化。

人的行為的激勵過程實質上就是要使刺激變量引起機體變量（需要、動機）產生持續不斷的興奮，從而引起積極的行為反應。當目標達到之後，經反饋又強化了刺激，如此連續不斷、周而復始。

對管理者的啟示

激勵是所有導致人們行動的因素。激勵因素是複雜的，既有有意識的又有無意識的。每個行動的背後都有一定的動機，但動機卻不是每次都會導致一定的行為。激勵是針對人們的行為動機而進行的工作。管理者通過激勵使下屬認識到，用符合要求的方式去做需要他們做的事，會使自己的需求得到滿足，從而產生符合組織要求的行為。為了進行有效的激勵，收到預期的效果，管理者必須瞭解人的行為規律，知道員工的行為是如何產生的，產生以後會發生何種變化，這種變化的過程和條件有何特點，等等。

第二節　基本激勵理論

一、內容型激勵理論

這種理論著眼於滿足人們需要的內容，即人們需要什麼就滿足什麼，從而激起人們的動機。

（一）馬斯洛的需要層次論

1943年，美國心理學家和行為科學家馬斯洛在《人類動機的理論》一書中提出了需要層次論，將人類的需要分為由低到高的五個層次，即生理需要、安全需要、社交需要、尊重需要和自我實現需要（詳見第三部分），如圖4－2所示。

```
        ┌─────────┐
        │自我實現需要│
       ┌┴─────────┴┐
       │  尊重需要   │
      ┌┴───────────┴┐
      │   社交需要    │
     ┌┴─────────────┴┐
     │    安全需要     │
    ┌┴───────────────┴┐
    │     生理需要      │
    └─────────────────┘
```

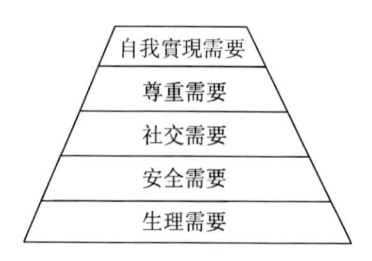

圖 4－2　馬斯洛需要層次圖

　　這一理論對管理者的啟示是：如果想激勵某個人，根據馬斯洛的需要層次理論，就要瞭解他目前處於哪個需要層次，然後重點滿足這種需要以及在其以上的更高層次需要。管理者可以根據馬斯洛的一種需要，相應地制定一些管理措施，指導組織中的管理實踐。

(二) 赫茨伯格的雙因素理論

　　赫茨伯格（F. Herzberg）的這一理論又稱為激勵因素—保健因素理論。其要點是：使員工不滿的因素與使員工感到滿意的因素區別開來，如圖4－3所示。使員工不滿意的因素主要是由工作以外的條件引起的，主要是公司政策、工作條件、工資水平、工作環境、勞保福利、地位、安全以及各種人事關係等。這些條件必須維持在一個可以接受的水平上，否則就會引起員工的不滿。這些因素改善了，雖不能使員工變得非常滿意，真正激發其積極性，卻能夠解除員工的不滿，所以稱為保健因素，意為雖不能治療疾病，但能防止疾病。

　　使員工感到滿意的因素主要是工作本身引起的，如工作富有成就感、工作成績能得到承認、工作本身富有挑戰性、職務上的責任感、個人發展的可能性。這些因素的存在能夠極大地激發員工的積極性和熱情。而缺乏它們時，又不會產生多大的不滿足感。這些因素就被稱為激勵因素。

　　雙因素理論強調：不是所有的需要得到滿足都能激發人的積極性，只有那些被稱為激勵因素的需要得到滿足時，人的積極性才能最大限度地發揮出來。缺乏激勵因素，並不會引起很大的不滿；而保健因素的缺乏，卻將引起很大的不滿。不過，具備了保健因素並不一定會激發強烈的動機。

　　雙因素理論為管理者有效地激勵員工指明了方向。該理論指出，要調動並維持員工的積極性，一是要注意保健因素，防止因員工的不滿情緒帶來負激勵。二是要注重利用激勵因素來激發員工的工作熱情，增加員工的工作滿意度。也就是說，不僅要注意物質利益和外部條件等外部因素，更要注意工作的安排，要量才使用，注意對員工進行精神激勵，並給員工提供成長、發展和晉升的機會。隨著人們生活水平的提高，這種內在激勵的重要性越來越明顯。

　　雙因素理論對在組織行為管理中如何進行有效的激勵有一定的指導作用，但也有很多缺陷，主要表現在以下幾個方面：

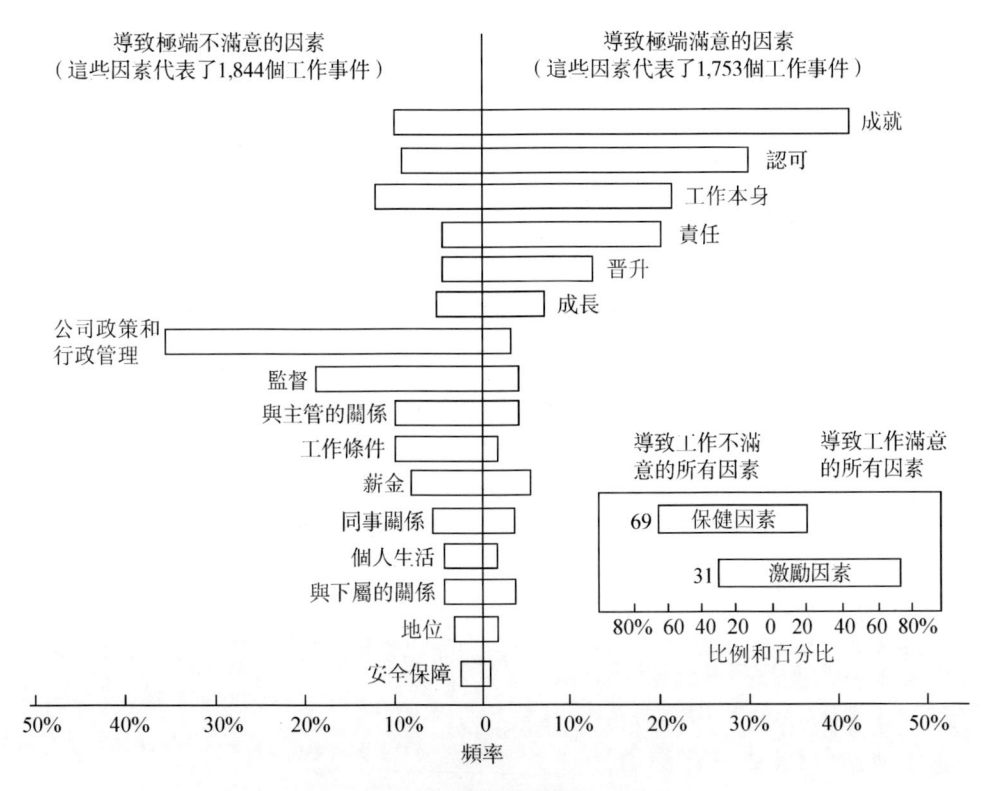

圖 4-3 滿意因素與不滿意因素的比較

其一，雙因素理論在研究方法、方法的調查對象方面存在不足。有些行為學家認為，赫茨伯格的調查結果是其所採用方法本身的產物（見圖 4-4）；也就是說，人們總是把好的結果歸因於自己的努力，而把不好的結果歸因於客觀條件或別人。該調查沒有考慮這種一般的心理狀態。另外，被調查的樣本數量較少，且對象都是工程師、會計師等，這類人群在工資、安全、工作條件等方面都比較好。事實上，不同職業和不同階層的人對激勵因素和保健因素的反應各不相同。所以，調查對象缺乏普遍性。

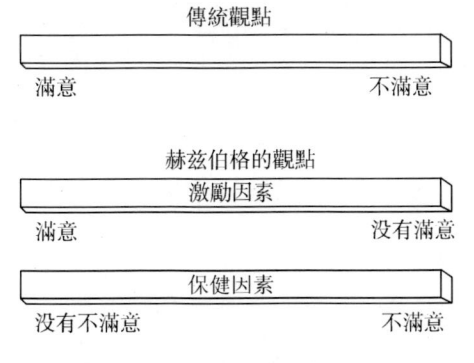

圖 4-4 滿意與不滿意觀的對比

其二，員工滿意度與工作績效無直接相關性。赫茨伯格的理論認為，高滿意度會產生高績效。但實踐證明，高度的工作滿足感不一定會產生高績效；相反，人在不滿意時，也會因其他原因達到高績效。許多行為學家認為，不論是有關工作環境的因素還是工作內容的因素，都可能產生激勵作用，這取決於環境和員工心理的許多方面。

其三，激勵因素與保健因素的劃分過於絕對。實際上，兩者的劃分不是絕對的，它們是相互聯繫、並可以相互轉化的。保健因素也能夠產生滿意，激勵因素也能夠產生不滿意。

（三）阿德弗的 ERG 理論

阿德弗（Alderfer）的 ERG 理論即生存、關係、成長（Existence、Relatedness、Growth）理論。克萊頓·阿德弗（Chyton P. Alderfer）通過大量調查研究，在《生存、關係以及發展：人在組織環境中的需要》（1972）、《關於組織中需要滿足的三項研究》（1973）等著作中提出了一種關於需要和激勵的理論。他把人的需要歸結為生存（Existence）、關係（Relatedness）、成長（Growth）。因為這三種需要的英文的第一個字母分別為 E、R、G，故簡稱為 ERG 理論。

1. 生存

生存是最基本的，指人在飲食、住房、穿衣等方面的基本需要。這種需要一般只有通過金錢才能滿足。只有這項最基本的需要得到滿足後，才能滿足其他需要。它包括了馬斯洛學說中的生理需要和安全需要兩部分。

2. 關係

關係指與他人（同級、上級或下級）和睦相處、建立友誼和有所歸屬的需要。這類需要和馬斯洛的社會需要和尊重需要中的外在部分相對應。

3. 發展

發展指個人在事業、能力等方面有所成就和發展。這與馬斯洛理論中的尊重需要的內在部分和自我實現需要的特徵相一致。

上述各層次的需要之間存在著內在聯繫。其相互關係如圖 4－5 所示。

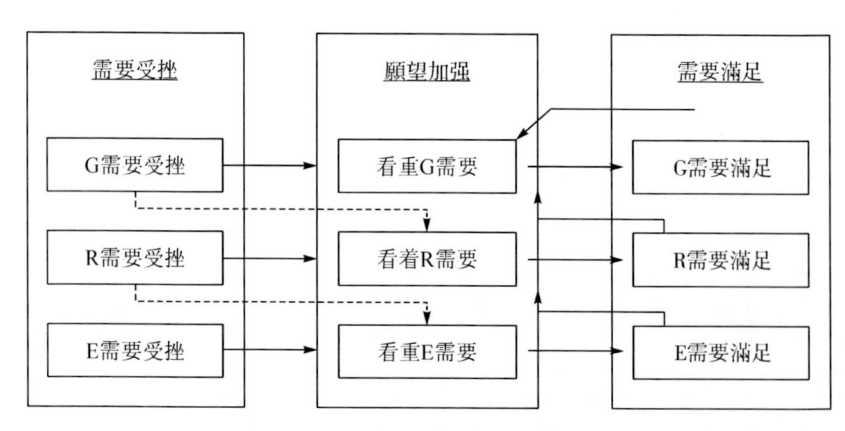

圖 4－5　ERG 論的層次需要關係

「需要滿足」表示，在同一層次的需要中，當某種需要尚未得到充分滿足時，就會要求得到更充分的滿足。例如，工資較低者要求獲得更高的工資。

「願望加強」表示，當較低層次的需要得到充分滿足時，較高層次的需要就會強烈起來。例如，E 需要得到充分滿足，R 需要就會強烈起來；R 需要得到充分滿足，G 需要就會強烈起來。不過，G 需要在相對滿足後，人對其的需要會更強烈。

「需要受挫」表示，當較高層次的需要得不到滿足時，人便會轉而追求低層次需要的滿足。例如，G 需要受到挫折，就會導致其 R 或 E 需要更強烈。

阿德弗認為，這三種需要並不完全都是生來就有的，有的需要（如關係的需要和發展的需要）是通過後天學習才形成的。而且，人的需要並不一定嚴格地按照由低到高的次序發展，可以越級出現。

應用 ERG 理論，主要是要掌握個人需要的「滿足—進展—挫折—退縮—滿足」的發展規律，正確對待員工的個人需要，並積極引導個人目標與組織目標相一致。因此，在制訂組織發展的目標時，要制訂出個人發展目標計劃，並引導和幫助員工實現其個人成長的需要。如忽視、壓抑了個體的合理需要，就會使那些有志之士的成長需要長期得不到滿足，只好退縮到較低的需要層次上去。

4. 成就需要理論

麥克利蘭（David Meclelland）和其他心理學家經過 20 多年的研究得出結論，人的社會性需求不是先天的，而是後天的，它來自環境、經歷和培養教育。在特定行為得到報償後，該種行為模式會被強化，形成需求傾向。麥克利蘭等人使用主題知覺試驗等心理學方法進行定量及定性分析，歸結出了三大類社會性需要：對成就的需要、對（社會）交往的需要和對權力的需要。

（1）對成就的需要

極需成就的人，對成功有一種強烈的渴望，也極為擔心失敗。他們願意接受挑戰、樹立具有一定難度的（但不是不能達到的）目標；對待風險採取一定的現實主義的態度，願意承擔工作的個人責任；對他們正在從事的工作的情況，希望得到明確而又迅速的反饋；一般喜歡表現自己。

（2）對社交的需要

極需社交的人通常從友愛中得到快樂，總是設法避免因被某個團體拒之門外帶來的痛苦。他們往往更關心保持一種融洽的社會關係；會與周圍的人保持親密無間和相互諒解；隨時準備安慰和幫助危難中的夥伴，並喜歡與他保持友善關係。

（3）對權力的需要

麥克利蘭發現，具有較高權力欲的人，對施加影響和控製表現出極大的關心。這樣的人一般會尋求領導者的地位，他們十分健談、好爭辯、直率、頭腦冷靜、善於提出要求、喜歡演講，並且愛教訓人。

麥克里蘭通過對成就需要的研究，發現高成就需要者具有以下特點：

第一，具有高成就需要的人更喜歡具有個人責任、能夠獲得工作反饋和適度的冒險性的環境。如果環境具備了這些特徵，高成就者就會有極高的工作積極性。

第二，高成就需要的人不一定就是一個優秀的管理者，尤其是在一個大組織中。

他們感興趣的是他們個人如何做得更好,而不是如何影響其他人做好。

第三,社交需要和權力需要與管理者的成功有密切關係。最優秀的管理者有高權力需要和低社交需要。有權力的職位可能會成為高權力動機的刺激因素。

第四,已經有成功的辦法可以訓練員工激發自己的成就需要。培訓者指導個人根據成就、勝利和成功來思考問題,然後幫助他們學習如何通過尋求具有個人責任、反饋和適度的冒險性的環境並以高成就者的方式行動。所以,如果工作需要高成就需要者,管理者可以選拔具有高成就需要的人,也可以通過成就培訓方式開發原有的下屬。

麥克利蘭認為,世界上的絕大多數人可以從心理上劃分為兩類:願意尋求機遇和挑戰、願意努力工作的少數人,對此抱無所謂態度的多數人。

二、過程型激勵理論

這類理論著重研究從動機的產生到採取行動的心理過程。過程型激勵理論包括多種,以下扼要介紹三種。

(一)弗洛姆的期望理論

該理論又稱為效價—期望理論,是美國心理學家弗洛姆在1964年出版的《工作與激發》一書中首先提出的。該理論主要研究需要與目標之間的規律。弗洛姆認為,人總是渴求滿足一定的需要和達到一定的目標,此目標又對激發人的動機有影響;這個激發力量的大小取決於目標價值(效價)和期望概率(期望值),用公式表達就是:

$$MF = E \cdot V$$

MF是激發力量強度,即激勵強度;E是期望率,即因採取某種行動可能實現所求目標的概率;V是效價,是人對某一目標或成果的重視程度。

這一公式表明,如果一個人對他所追求的目標的價值越看重,估計能實現這個目標的概率越高,那麼他的動機就越強烈,激勵的水平也越高,其內部潛力也能充分調動起來。

注意,E與V兩項中的任一項為0,則激勵強度MF為0,即毫無意義。另外,當V為負值時,E越大,激勵的副作用越大。

這個公式實際上指出了在進行激勵時要處理好三個方面的關係,也即調動人們工作積極性的三個條件:

第一,努力與績效的關係。人總是希望通過一定的努力達到預期的目標。如果個人主觀上認為通過自己的努力達到預期目標的概率較高,就會很有信心,就可能激發出很強的工作力量。但是如果他認為目標太高,通過努力也不會有很好的績效時,就失去了內在的動力,工作態度會變得消極。這種關係可在公式的期望值這個變量中反應出來。

第二,績效與獎勵的關係。人總是希望取得成績後能得到獎勵。這種獎勵是廣義的,既包括提高工資、多發獎金等物質獎勵,也包括獲得表揚和成就感、得到同事們的信賴、提高個人威望等精神的獎勵,還包括如被提拔到較重要的工作崗位上去等物質與精神兼而有之的獎勵。如果他認為取得績效後能夠獲得合理的獎勵,就有可能產

生工作熱情，否則就可能沒有積極性。

第三，獎勵與滿足個人需要的關係。人總是希望自己所獲得的獎勵能滿足自己某方面的需要。然而，由於人們在年齡、性別、資歷、社會地位和經濟條件等方面都存在著差異，他們在需要實現後得到滿足的程度就不同。因而對於不同的人採用同一種辦法給予獎勵，能激發出來的工作動力也就不同。

(二) 亞當斯的公平理論

該理論是美國心理學家亞當斯（J. S. Adams）於 1962—1965 年在《獎酬不公平時對工作質量的影響》等著作中提出的。該理論認為員工對收入的滿足程度是一個社會比較過程。一個人對自己的工資報酬是否滿意，不僅受收入的絕對值的影響，也受相對值的影響。每個人總會把自己付出的勞動和所得的報酬與他人作比較，也同個人的歷史收入作比較。如果個人比率（報酬/貢獻）與他人的比率相等，他就會認為公平、合理，從而心情舒暢，努力工作。否則，就會感到不公平而降低工作積極性。個人的歷史比較也會產生同樣的效果，如表 4−1 所示。

表 4−1　　　　　　　　　　　公平理論

比率比較	感覺
$O/I_a < O/I_b$	由於報酬過低產生的不公平
$O/I_a = O/I_b$	公平
$O/I_a > O/I_b$	由於報酬過高產生的不公平

表中：O/I_a 代表員工的產出/投入之比，O/I_b 代表其他人的產出/投入之比。

當人們比較後感到不公平時，往往會有如下表現：

在認識上改變對自己具備的條件（包括努力、能力、教育程度、年齡等，即「投入」，Inputs）與取得報酬（即「產出」，Outcomes）的評價。例如改變對自己的能力估計，由「過高」調整到「適當」。

改變對別人的評價。例如，由於對別人的水平估計過低，所以感覺那人收入偏高。現在提高對該人水平的估計；再與自己相比，就不會覺得不公平。

採取行動，改變自己的 O/I_a。如找一個收入更高的工作，或消極怠工、減少貢獻。

另選比較對象，取得主觀上的公平感。

採取行動，改變他人的 O/I_b。如向上級申訴理由，或要求與他人比高低。

其他表現。如發牢騷、泄怨氣、製造人際矛盾等。

公平包括兩個方面的含義：一是分配公平，即個人感到報酬的數量和分配的公平；二是程序公平，即用來確定報酬分配的程序的公平。分配公平指的是人們對個人之間在報酬數量上的分配是否公平的看法。程序公平是人們對用來確定報酬分配的程序是否公平的看法。

不公平感大都源於人們認為自己報酬過低。不公平感容易在人的心理上造成不良影響，挫傷人的積極性。

公平理論對企業管理的啟示非常重要。它告訴管理人員，工作任務以及公司的管

理制度都有可能產生某種關於公平性的影響。而這種作用對僅僅維持組織穩定性的管理人員來說，是不容易覺察到的。員工提出增加工資，說明組織對他至少還有一定的吸引力；但當員工的離職率普遍上升時，說明企業組織已經讓員工產生了強烈的不公平感，這需要管理人員高度重視，因為它意味著組織除了激勵措施不當以外，現行管理制度還有缺陷。

公平理論的不足之處在於員工本身對公平的判斷是極其主觀的，這種行為對管理者施加了比較大的壓力。因為人們總是傾向於過高估計自己的付出，過低估計自己所得的薪酬，而對他人的估計則剛好相反。因此管理者在應用該理論時，應當注意實際工作績效與薪酬之間的合理性，並留心對組織的知識吸收和累積有特別貢獻的個別員工的心理平衡。

(三) 洛克的目標設置理論

20世紀60年代初，愛德溫·洛克（Edwin Locke）提出，為達到目標而工作是工作動機的主要激勵。目標設置理論探討了目標設置的明確性、挑戰性和績效反饋對員工工作績效的作用，目標設置理論的主要觀點是：

第一，明確、具體的目標能提高員工的工作績效。具體的目標本身就是一種內部激勵因素。如果其他條件相同，目標設置的具體明確要比籠統的目標「盡最大的努力」效果更好。具體的目標規定了員工努力的方向和強度。

第二，目標越具挑戰性，績效水平越高。該理論認為如果能力和目標的可接受性這樣的因素不變，目標越困難，績效水平越高；那麼一旦員工接受了一項艱鉅的任務，他就會付出更多的努力，直到獲得一定的結果。

第三，在實現目標的過程中，績效反饋能帶來更高的績效。如果人們在朝向目標的過程中能得到及時的反饋，人們會做得更好。因為反饋能幫助人們瞭解他們已做的和要做的之間的差距，也就是說反饋引導行為。但反饋的效果也不盡相同。自發的反饋比來自外部的反饋更具有激勵作用。

第四，參與設置自己的目標可以提高目標接受性。目標設置理論認為在某些情況下，參與式的目標設置能帶來更高績效。在有些情況下，上級指定目標能帶來更高的績效，也就是說參與目標不一定比指定目標更有效。但是，參與的一個主要優勢在於提高了目標本身作為工作努力方向的可接受性。如果人們參與目標設置，那麼即使目標較難達到，也更容易被員工接受。因此，儘管參與目標不一定比指定目標更有效，但參與使困難的目標更容易被接受。

目標設置理論的總體結論是：行動意向──對於具體而困難目標的清晰闡述──是一種強有力的動機力量。在適當條件下，它會導致更高的工作績效。

三、改造型激勵理論

(一) 強化理論

強化理論是由美國心理學家斯金納（B. F. Skinner）首先提出的。強化理論主張對激勵進行針對性的刺激，只看員工的行為及其結果之間的關係，而不是突出激勵的內

容和過程。該理論認為人的行為是其所受刺激的函數。如果這種刺激對他有利，則這種行為就會重複出現；若對他不利，則這種行為就會減弱直至消失。因此管理要採取各種強化方式，使人們的行為符合組織的目標。斯金納認為，運用強化來改造行為一般有四種方式，這四種方式既可以單獨使用，也可以結合使用。強化可以分為正強化、負強化、自然消減和懲罰。

1. 正強化

正強化也稱為積極強化，就是獎勵那些符合組織目標的行為，以使這些行為得到進一步加強，從而有利於組織目標的實現。正強化的刺激物不僅包含獎金等物質獎勵，還包含表揚、提升、改善工作關係等精神獎勵。為了使強化達到預期的效果，還必須注意實施不同的強化方式。有的正強化是連續的、固定的，比如對每一次符合組織目標的行為都給予強化，或每隔固定的時間給予一定數量的強化。儘管這種強化有及時刺激、立竿見影的效果，但久而久之，人們就會對這種正強化有越來越高的期望，或者認為這種正強化是理所應當的。管理者只能不斷加強這種正強化，否則其作用會減弱甚至不再起作用。另一種正強化的方式是間斷的、時間和數量都不固定。理者根據組織的需要和個人行為在工作中的反應，不定期、不定量地實施強化，使每次強化都能起到較大的效果。實踐證明，後一種正強化更有利於組織目標的實現。

2. 負強化

負強化也稱為消極強化，就是懲罰那些不符合組織目標的行為，以使這些行為削弱甚至消失，從而保證組織目標的實現不受干擾。實際上，不進行正強化也是一種負強化。比如，過去對某種行為進行正強化，而現在組織不再需要這種行為，但基於這種行為並不妨礙組織目標的實現，就可以取消正強化，使行為減少或者不再重複出現。同樣，負強化也包含著減少獎酬或罰款、批評、降級等。實施負強化的方式與正強化有差異，應以連續為主，即對每一次不符合組織的行為都應及時予以負強化，消除人們的僥幸心理，減少直至消除這種行為重複出現的可能性。

3. 自然消減

自然消減就是撤銷對原來可以接受的行為的強化。一段時間後，如果不連續強化，這種行為的反應頻率就會逐漸降低，最後消失。例如，有些企業的新領導上任後停止和取消了前任領導對某些行為的獎勵、支持，會使這些行為消減。

4. 懲罰

懲罰是以某種帶有強制性的、威脅性的結果，例如批評、降職、罰款和開除等，創造一種令人不快乃至痛苦的環境，或取消現有的令人愉快和滿意的條件，以表示對某一不符合要求的行為的否定，從而消除這種行為重複發生的可能性。

(二) 挫折理論

1. 挫折的含義

挫折就是指個體在從事有目的活動中遇到障礙或干擾，致使個人目的不能實現、需要不能滿足時的情緒狀態。

形成挫折的原因是多方面的，但總的來說，不外乎客觀因素和主觀因素兩種。

主觀因素可分為個人生理和心理兩個方面。個人生理因素是指個人具有的智力、能力、容貌、身材以及某些生理上的缺陷所帶來的限制。這種缺陷導致個人不能勝任某種工作、在工作中失敗等。而心理上的原因則更為複雜，如需要的衝突、抱負水平等。

客觀因素是指自然環境和社會環境的影響。自然環境主要是指個人能力無法克服的自然因素，如天災、人禍、衰老、病死等。社會環境因素主要是指個人在社會生活中受到的政治、經濟、道德、宗教、風俗習慣、人際關係等人為因素的限制。

2. 受挫折後的行為表現

人們在遭受挫折之後，都會作出相應的反應。由於挫折的性質及人們對挫折的容忍力不同，受挫折後的行為表現也不同。受挫折後的行為表現主要是攻擊、迴歸、固執和妥協等。

（1）攻擊

在受到挫折後，某些人往往在思想上產生強烈的「委屈感」，在行動上會表現為向引起挫折的人或物進行直接或間接的攻擊。比如，一個人受到同事無端的譴責，他可能會「以牙還牙」，怒目而視，反唇相譏，予以直接的攻擊；他也可能表現為間接攻擊，把憤怒情緒轉嫁給與自己和當事人不相干的其他人和物。因為挫折來源不明，或者覺察到引起挫折的真正對象不能直接攻擊，人便會尋找替罪羊。

（2）固執

固執通常是被迫重複某種無效的動作。儘管反覆進行某種動作並無任何結果，但仍繼續這種動作，而且不容易被改變。固執與習慣不同，習慣在受到懲罰時行為會改變或消失，但固執的行為不僅不會改變，而且會更強烈。它表現為：①冷漠。對事物視而不見，無動於衷、失去喜、怒、哀、樂等正常心理反應。②壓抑。主觀上否認挫折的存在，將挫折的體驗或可能引起挫折的動機排除於意識之外。③放棄。多次受挫折後，便感到茫然、憂慮、對工作和生活失去信心，放棄一些未受挫折的事物，無所作為，甚至放棄生命。④排斥。不接受別人的意見建議，故步自封，明知方法無效也一再重複。

（3）迴歸

迴歸是指人們受到挫折時表現出一種與自己的年齡、身分很不相稱的幼稚行為。例如某些管理人員在受到挫折後不願承擔責任，難以作出簡單的決策，敏感性降低，不能區別合理與不合理的要求，盲目地忠實於某個人或某個組織等。

（4）妥協

個體在受到挫折時會產生心理或情緒的緊張狀態。這種緊張狀態如果長期存在，就會引起各種疾病，因此需要採取妥協性的措施來減輕緊張狀態。

妥協性的措施一般包括以下幾種：

①文飾。人們在受到挫折後會想出各種各樣的理由原諒自己，或者為自己的失敗辯解，以達到自我安慰、解除緊張和不安的目的。

②投射。一個人把自己身上存在的不良品質強加於別人就是投射作用的表現。把自己的不良品質投射到別人身上，會減輕自己的內疚、不安和焦慮；因為如果別人也

有這種品質，這種不良品質似乎就不甚嚴重了。

③表同。表同與投射完全相反——投射是把自己不良的品質強加給別人，而表同是指把別人具有的、自己感到羨慕的品質加到自己身上。

④冷漠。當一個人受到挫折之後，用意志力量壓抑住憤怒、焦慮的情緒反應，表現得無動於衷，這就是冷漠。

⑤逃避。逃避是指個人不敢面對挫折，消極地避開挫折情境，逃避到較安全的地方。在這種情況下，個體可能逃向另一現實、幻想世界或生理疾病。

3. 挫折的管理方法

（1）正確地對待挫折

挫折是人生不可避免的，正如常言所說，「人生逆境十之八九」。挫折可能會帶給人許多負面情緒，但也能磨煉人的意志，使人更加成熟、堅強。因此，要幫助員工作好面對挫折的心理準備。

（2）對受挫折者採取寬容的態度

通過前面的分析可知，受挫折者的行為是千奇百怪的。一般來說，對受挫折者的行為，不應採取針鋒相對的攻擊措施。應該把受挫折者看成一個需要幫助的人，這樣才能形成一種解決問題的氣氛。

（3）情景轉移

改變引起挫折的情景也是應付挫折的有效方法之一。例如，盡量把受挫折者調離造成他不幸的環境，免得他觸景生情。

（4）精神發泄

這是一種心理治療方法。要創造一種情境，使受挫折者可以自由表達他們受壓抑的情感。人們在受挫折後會以緊張的情緒反應代替理智行為，只有使這種緊張的情緒發泄出來，才能恢復理智狀態。

（5）挫折疏導

這是運用一定的心理誘導的策略和方法，使受挫者在他人的引導下調整主觀意識，發揮內在潛力，消除心理障礙，明確前進方向，消除不良情緒和行為反應的過程。

對管理者的啟示

第一，人會有各種各樣的需要，而且這類需要會隨著時代的變遷及個人所處的生命週期的不同階段而發生變化。為此，企業必須隨時注意瞭解和掌握自己的員工的多方面、多層次的需要及其變化情況，並在一定的前提下通過管理實踐、政策等盡量地滿足他們。

第二，人的行為是由他們的需要、動機及由此導致的態度所決定的。而一個人的需要、動機和態度又不一定是對企業有利的，所以滿足員工的需要並不一定能夠實現組織目標，更何況「滿意的員工並不一定就是高生產率的員工」。

人的行為是可以塑造的。有意義的目標確實能夠對員工的行為產生引導和指引作用，從而提高他們的努力程度。因此，企業只有建立起完善的績效管理體系，通過確

定富有挑戰的績效目標，制訂客觀、準確的績效評價系統，提供及時的績效反饋意見，為員工提供績效改善的機會和條件，才能確保員工業績的不斷改善和企業競爭力的不斷提升。

案例分析

美國西南航空公司的故事

服務水平已經成為各行業競爭的焦點。良好的服務能夠增加顧客的滿意度，提高顧客的忠誠水平，使企業的利潤增加、業務增長。但是企業如何能夠提供超越競爭對手的卓越的服務呢？成功的秘訣就在於不斷增加員工滿意度。美國的西南航空公司的案例告訴我們，要提供卓越服務，首先要從激勵員工開始。

美國西南航空公司成立於1967年，最初只在得克薩斯州提供短距離運輸服務。不久，它開始把業務逐漸擴展到美國的其他州。按照美國國內旅客的運輸量，西南航空公司可以說是美國國內第七大航空公司。儘管航空業麻煩不斷，西南航空公司還是取得了連續20年贏利的驕人成績，這創造了美國航空業連續贏利的紀錄。儘管西南航空公司的票價比較低，但員工的高效率和在飛行途中為乘客創造輕鬆愉快環境的服務方式為企業帶來了驚人的業績。事實上，西南航空公司的首席執行官赫伯·克勒赫從公司成立之初就堅持宣傳「快樂和家庭化」的服務理念和戰略。這家公司相信人的力量，並通過招聘、培訓和支持有經驗的員工將這種力量發揮出來。它的業績證明了這種做法的成效。

招聘合適的員工

西南航空公司的策略之一是雇用合適的——熱情的、具有幽默感的、真誠地為顧客服務的員工。西南航空公司在招聘上是很挑剔的。在近幾年中，有85,000人應聘，而該公司只雇用了其中的3%。

西南航空公司的招聘過程沒有什麼條條框框，招聘工作看起來更像好萊塢挑選演員，而不是招聘面試。第一輪是集體面試，每一個求職者都被要求站起來講述自己最尷尬的時刻。這些未來的員工由乘務員、地面站控制員、管理者甚至是顧客組成的面試小組進行評估。西南航空公司讓顧客參與招聘面試基於以下兩個認識：顧客最有能力判別誰將會成為優秀的、顧客想要的乘務員。

集體面試之後，面試小組開會討論。只有很少一部分求職者能夠通過第一輪的選拔。接下來進入深度個人訪談。在這個訪談中，招聘人員試圖發現應聘人員是否具備一些特定的心理素質。這些特定的心理素質是西南航空公司通過研究最成功的和最不成功的乘務人員發現的。

新聘用的員工要經過一年的試用期。在這段時間裡，管理人員和新員工有足夠的時間來判斷他們是否真正適合這個公司。西南航空公司鼓勵監督人員和管理人員充分利用這一年的試用期或評估期將那些不適合在公司工作的人員解雇。但是有趣的是，西南航空公司很少不得不解雇員工——在公司告訴他們之前，他們已經知道了。因為他們不適應公司的工作和環境，與周圍的環境顯得格格不入。

被公司最終聘用的人員，將獲得優厚的報酬，讓他們感到自己是這個組織的一分子，這是西南航空公司的第一個秘密。對員工招聘工作的高度重視使西南航空公司在競爭中獲得優勢。

營造快樂和尊重的氣氛

西南航空公司從創立開始就一直堅持一個基本理念，那就是「愛」。西南航空公司一直都是一家由愛心構築的公司。赫伯·克勒赫是西南航空公司的總裁和首席執行官，他把每個員工視為西南航空公司大家庭的一分子。他鼓勵大家在工作中尋找樂趣，而且自己帶頭這樣做。比如，為推廣一個新航線，他會打扮得像貓王埃爾維斯一樣，在飛機上分發花生；他還會舉辦員工聚會或者在公司的音樂錄像中表演節目。在飛機上、在售票處，他時時刻刻走出來與自己的團隊在一起……他對員工進行管理，也跟員工保持接觸；他走出去，向團隊傳遞信息；他告訴員工，他們是在為誰工作，他們的工作有多重要。西南航空公司的理念是：讓員工感覺自己很重要，讓員工感到公司是以尊重的方式對待他們。

公司鼓勵員工釋放自己，保持愉快的心情，因為好心情是有感染力的。如果乘務員有一個愉快的心情，那麼乘客也更有可能度過一段美好的時光。如果整個工作氛圍都很熱情，那麼當他面對其他人時也能很熱情。他會很有禮貌地對待每個人，也會和人有很好的目光接觸。愛的氛圍使西南航空公司的員工樂於到公司來，而且以工作為樂。公司總裁赫伯·克勒赫說：「也許有其他公司與我們公司的成本相同，也許有其他公司的服務質量與我們公司相同，但有一件事它們是不可能與我們公司一樣的，至少不會很容易，那就是我們的員工對待顧客的精神狀態和態度。」

快樂的工作氣氛不僅使員工的服務態度更加熱情，也使他們的工作效率大大提高。舉個例子，西南航空公司的飛行員每月要飛行70個小時，而其他公司的飛行員只飛55個小時。其地面指揮站通常僅需要競爭對手一半的人手就足以完成全部工作，他們調度飛機的速度通常非常快，競爭對手需要45分鐘，而他們只需要15分鐘。西南航空公司員工的高工作效率是它保持低價的關鍵因素，它的價格比行業平均水平要低25%。

管理層的態度和行動

西南航空公司是建立在一種開放政策的基礎上的。這個開放政策由赫伯·克勒赫自己開始，滲透到公司的各個部門。管理層走近員工，參與一線員工的工作，傾聽員工的心聲，告訴員工改進工作的建議和思想。通過單獨處理員工的問題、尊重員工的思想，公司給予了員工尊嚴。

西南航空公司與其他服務性公司不同的是，它並不認為顧客永遠是對的。公司總裁赫伯·克勒赫說：「實際上，顧客也並不總是對的，他們也經常犯錯。我們經常遇到毒癮者、醉漢或可恥的家伙。我們不說顧客永遠是對的。我們說——我們不想再次見到你，因為你竟然那樣對待我們的員工。我們不允許任何顧客這樣對待我們的員工。你永遠也不要再乘坐西南航空公司的航班了。」西南航空公司的管理層瞭解一線員工的工作，支持一線員工的工作，甚至寧願「得罪」無理的顧客。總之，他們為一線員工服務，並且尊重每位員工。

在西南航空公司，管理層的工作首先是確保所有的員工都能得到很好的關照、尊

重和愛。其次，是處理看起來進展不順利的事情，並推動它的進展，幫助它變得好點或者快點。最後，是維護西南航空公司的戰略。

資料來源：劉彧彧，王長斌，楊杜．組織行為學［M］．北京：旅遊教育出版社，2008．

問題討論
1. 西南航空公司是如何實現對內部員工的激勵的？
2. 西南航空公司激勵內部員工的措施體現了哪些激勵理論？

第三節　工作中的激勵

一、目標管理

（一）目標管理的概念

目標設置理論表明：困難的目標比容易的目標更能帶來高績效，具體的目標比沒有目標或空洞的目標「盡你最大努力」更能帶來高績效，而績效反饋會帶來更高的績效。目標管理為管理者提供了推行目標設置理論的工具。

目標管理（Management by Objectives，MBO）是美國管理專家彼特·德魯克（Peter Drucker）於1954年在《管理實踐》一書中提出來的。德魯克認為，並不是有了工作才有目標，而相反，有了目標才能確定每個人的工作。該理論經由其他一些人的發展，逐步成為企業、醫院、學校和政府機構普遍採用的一種系統地制訂目標並進行管理的有效手段，成為了一種員工參與管理的激勵技術。它的具體形式多種多樣，但實質和基本內容是一樣的。

目標管理的實質是：組織的最高領導層根據組織面臨的形勢和社會需要，制訂出一定時期內組織經營活動所要達到的總目標，然後層層落實，要求下屬各部門主管人員以至每個員工根據上級制訂的目標和保證措施形成一個目標體系，並把目標完成的情況作為各部門或個人考核的依據。簡言之，目標管理就是上下級共同制訂目標、明確責任，並以目標來衡量工作成果的過程，如圖4-6所示。

通過一種專門設計的過程，目標管理具有了可操作性。在具體的管理實踐中，目標管理的過程可能會因組織的情景不同而有所差異。但一般而言，目標管理包括四個基本成分：目標的具體性、參與決策、明確的時間限定、績效反饋。

在實現目標的進程中，管理者要不斷提供績效反饋。理想的做法是給個體提供持續性的反饋，從而使他們能夠控制和調整自己的行為。比較現實的做法是：在檢查工作進度時，管理者給予階段性的定期評價。

（二）目標管理與目標設置理論的異同

目標設置理論認為，困難的目標比容易的目標更能帶來較高的個體績效；與沒有目標或僅有泛泛的「盡力而為」的目標相比，困難而具體的目標能夠帶來更高的績效；對績效給予反饋也會帶來更高的績效。

目標管理明確提倡具體的目標和績效反饋。雖然沒有明確說明，但目標管理隱含的意思是：目標必須被人們認可才能行得通。與目標設置理論一致，目標管理也認為，當目標足夠困難、需要員工付出一定努力才能實現時，目標管理是最有效的。

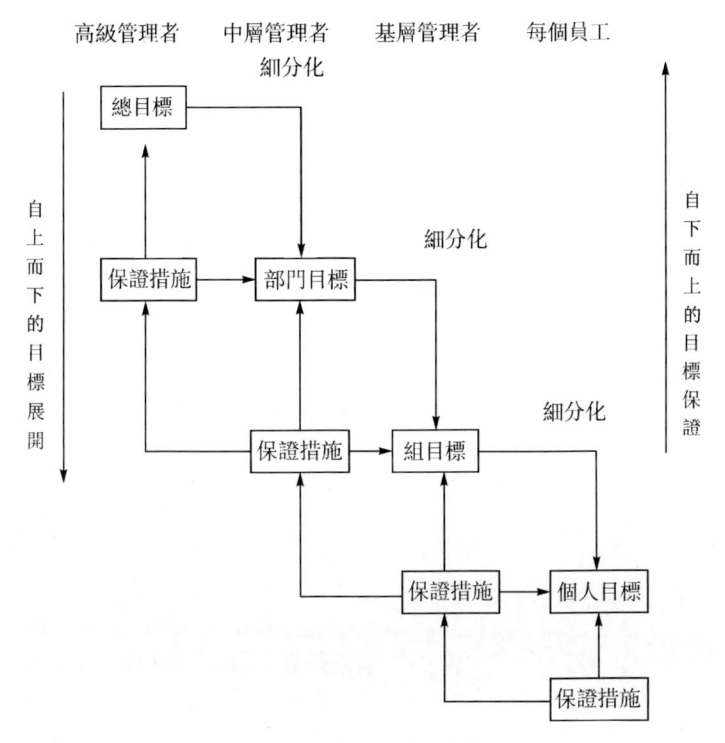

圖 4 - 6　**目標管理示意圖**

目標管理與目標設置理論的區別在於員工參與的問題。目標管理極力主張員工的參與，而目標設置理論卻認為給下屬指定目標往往也能達到同樣的效果。不過，運用參與的主要好處在於它可能會引導員工接受更困難的目標。

(三) 如何實現目標管理

目標管理的原理可以正規或非正規地運用。如果使之規範化，就可以形成各種程序。作為一種程序，目標管理包括以下四個步驟：目標確定、執行計劃、發展過程檢查和自我調節。

1. 目標確定

首先要確立組織總目標和具體的評估系統。目標的確定必須是明確、可行、有挑戰性、具體、可以驗證的。一旦最高目標被明確，就必須將總目標的信息傳達給每一個員工；每一個管理層都會把它的上層管理者的目標轉化為它自己的具體目標，直到形成一個目標體系。

2. 執行計劃

目標確定後，管理者和下屬都應執行這個計劃。大家應討論如何實現這個計劃，

確定完成任務的必要步驟，以及評估和對每一個步驟的責任確定。

3. 發展過程檢查

對工作項目發展情況的監控的目的在於判斷困難的出現是否是偶然的，行動的修正是否有必要。目標管理的檢查評估不是評估行為，而是評估績效。如果目標是具體、可驗證的，那麼評估過程就相對簡單。管理者將與員工討論他們是否完成了目標，並研究為什麼能完成或不能完成。組織將這些檢查評估工作情況記錄下來作為正式的績效評估的依據。

4. 自我調節

如果可能，每一個管理者都應該協調他本身的工作項目，並對自己和下屬的工作行為加以必要的修正。

成功地開展目標管理有兩個關鍵：確立分解目標、並對其加以檢驗。準確、嚴格地確立目標，找出難點並清晰地加以剖析，是成功確定目標的關鍵行動。企業的管理者與員工必須認同目標管理的理念。管理者更是要加強在人際關係和溝通方面的技巧水平。目標管理對管理者的管理能力提出了更高的要求。通過目標管理，企業可以激發全體員工的願望和熱情，使其發現自己對於企業的價值和責任，並在工作中實行「自我控制」，更好地為企業的總目標作出自己的貢獻。

二、員工參與

(一) 員工參與的概念

員工參與是一種可以充分發揮員工能力的參與過程，鼓勵員工為實現組織目標貢獻才智並分擔責任。通過員工參與，可以影響員工的決策，增強員工的自主性和對工作的控制能力，提高員工的工作積極性，增加員工對組織的忠誠度，使他們對工作更滿意。

(二) 員工參與的形式

員工參與有許多形式，實際中採用的主要有參與式管理、合理化建議、代表參與、質量圈和員工持股。

1. 參與式管理

所有在實行的參與式管理都有一個共同的特徵，即員工在很大程度上分享其直接監督者的決策權。這種分享越多，參與程度越高；這種分享越少，參與程度就越低。

為了更有效，參與式管理必須具備以下幾個基本條件：①員工必須有充足的時間參與；②員工必須有能力（智力、技術知識、溝通技巧）和興趣參與；③參與決策的問題必須與其利益有關；④組織文化必須支持員工參與。

2. 合理化建議

合理化建議的目標是鼓勵員工提供建議以改善工作。當員工提供的建議被採納時，組織將按規定給予各種物質和精神上的獎勵。

有人認為這種方法要小心應用，才能收到成效。原因是：第一，建議均見諸文字，缺乏面對面的語言溝通，因而無法激起所有員工提建議的興趣。第二，員工提出的建

議往往只顧自己的利益而忽略了組織利益，從而使其成效大為降低。第三，員工對有關生產程序和工作方法的改變多持沉默態度，不願積極地提供善意的建議。因為對工作有好處的事不一定對自己就有好處。據統計，員工提出的建議與個人有關的占78%，對組織目標有利的僅占22%。第四，一般組織的領導者對提意見的員工常表示不滿，認為員工意見過多，無異於對他工作能力和效率的批評。

3. 代表參與

代表參與指員工不直接參與決策，而是由選舉的代表參與決策。代表參與已被認為是「世界上最廣泛的以立法形式出現的員工參與形式」。代表參與的目的是在組織內重新分配權力，把員工放在和股東的利益更為平等的地位。

4. 質量圈

質量圈起源於美國，於20世紀50年代傳到日本，20世紀80年代在北美和歐洲風行一時。它通常被看做日本公司以低成本生產高質量產品的一種技術。

質量圈是由8～10個員工和管理者組成的共同承擔責任的工作群體。他們定期會面——常常是一週一次，以探討質量問題的成因，提出解決建議和實施糾正措施。他們承擔著解決質量問題的責任，對工作進行反饋並對反饋進行評價，但管理層一般保留建議方案實施與否的最終決定權。當然，員工也並不一定具有分析和解決質量問題的能力，但通過參與質量圈，可獲得評估和分析問題的技術，獲得提高工作質量的策略。

三、員工認可方案

(一) 員工認可方案的內容

現代組織越來越認識到，對員工的認可也可以成為一種強有力的激勵手段。與員工認可方案相一致的行為有對員工個人加以注意、表明對員工感興趣、對員工所做的工作給予讚揚和感謝等多種形式。

根據強化理論，在某行為發生後立即給予表揚可以鼓勵人們重複該行為，表揚還可以採取多種形式。然而，要想發揮表揚的最大激勵效果，最好的方式也許是當眾表揚那些該得到表揚的人並且說明表揚他們的理由。

與強化理論一致，在行為之後緊接著以認可的方式來激勵這一行為，人們可能會受到鼓勵並重複該行為。認可的方式是多種多樣的，包括：對員工出色地完成一項工作表示祝賀；通過寫信或電子郵件來傳達對員工的積極評價；對那些強烈需要社會認可的員工，公開勉勵其成就；通過慶祝團隊的成功來增強凝聚力和實施進一步激勵；開會對成功團隊的成就與貢獻表示肯定。最普遍的認同手段之一就是建立體系。

(二) 員工認可方案的實踐意義及其不足

在當今激烈的全球競爭環境中，大多數組織都處於削減成本的壓力之下，這使得員工認可方案更有意義——它提供了一條成本相對較低、又能提高員工績效的途徑。一項最知名、應用最廣泛的員工認可方案是員工建議體制，即當員工提出改善工作流程或削減成本的建議時，可得到少量的現金激勵的一種體制。

儘管員工認可方案很受歡迎，但仍有反對意見。反對者認為員工認可方案會受到管理層的惡意操縱。當此方案被用來評估影響績效的因素等較客觀的工作時，員工更容易認可其公平性。然而，對大多數工作來說，評估工作績效的條件並不是很充分，這會使管理者操縱評價系統，僅認可他們喜歡的員工的工作。若此方案被濫用，則將降低認可方案的價值，還將使員工士氣下降。

四、浮動工資方案

(一) 浮動工資的內容

期望理論預測，要使激勵水平達到最高，個人應能看到他們的績效和報酬之間的關係；如果報酬完全由非績效因素決定（如資歷、職稱），員工就可能降低績效水平。浮動工資制度是將員工的工資與績效聯繫起來的一種制度。浮動工資將工資分成兩個部分，一部分根據工作的時間、資歷、職稱來決定，另一部分根據個人或組織的績效水平來決定。浮動工資將員工的工資與績效聯繫起來，會讓人感到自己的收入取決於貢獻的多少，而不取決於頭銜的大小。績效低的員工的工資保持不變，績效高的員工的工資隨貢獻的增大而相應增大。浮動工資的具體形式主要有計件工資、獎金、利潤分成和收入分成。

1. 計件工資

計件工資為員工完成的每一個生產單位付給固定報酬。當一個員工沒有基本工資而僅僅根據他的產量付給報酬時，這是一種純粹的計件工資。如果員工的報酬是基本小時工資加上計件工資，則是一種使用更廣泛的工資形式。後一種形式既提供了一個基數，也提供了一種刺激。如一名打字員每月有 400 元的基本工資，每打一頁可提成 5 分錢。

2. 獎金

獎金是對人們取得的工作績效給予的獎勵。在組織內，獎金應和個人、群體、組織的績效結合起來，如某公司的年終獎金的 70% 與個人所在部門的效益相連，而剩下的 30% 取決於個人績效。獎金可以付給高層管理者，也可以付給所有員工。

3. 利潤分成

利潤分成是根據公司利潤制訂某一特定公式來分配報酬。這些報酬可以是直接的現金，也可以是股權，後者尤其適合針對高級管理人員的激勵。如迪斯尼的首席執行官邁克爾·麥斯納的年收入超過 2 億美元，其中絕大多數來自公司的股票收入。如 1999 年 7 月 24 日，21 名國有企業老總領取了 1998 年的年薪。其中中南商業集團的法人代表嚴規方獲 16.72 萬，其中的 7 萬多元以 8000 多股的企業股票兌現。

4. 收入分成

收入分成和利潤分成很相似，但不是一回事。收入分成是根據收入而不是利潤對較少受到外部因素影響的具體行為給予獎勵，甚至在公司不贏利的情況下員工也可以得到獎勵性報酬。群體生產力從一個階段到另一個階段過程中的提高程度決定了員工們可以分配到的工資總量。對於生產率帶來的收入部分，在公司和員工之間則可以按

照多種比例分配。

研究表明，有利潤分成計劃的組織比沒有此計劃的組織的生產率水平要高。績效工資方案的缺陷是它的不可預見性。基本工資可以使員工準確地預計自己未來的收入，據以制訂合理的消費計劃，而績效工資則做不到這一點。

(二) 浮動工資方案與期望理論的關係

浮動工資方案可能與期望理論的預測最為一致。期望理論認為，要提高激勵水平，個人應能看到他們的績效和報酬之間有密切聯繫。如果報酬完全由非績效因素決定（如資歷、職稱），員工就可能會降低努力水平。而浮動工資就是將工資建立在績效評價的基礎之上。

群體和組織範圍內的獎勵能夠強化和鼓勵員工把個人目標昇華為部門或組織的最大利益。對於那些試圖形成較強團隊精神的組織而言，通常的做法是對群體進行績效獎勵。通過把團隊績效和獎勵聯繫起來，員工會為自己團隊的成功作出更多努力。

五、技能工資制度

(一) 技能工資的概念

技能工資是指不根據員工的職稱確定他的工資，而根據員工掌握了多少種技能和能做多少工作來確定。如在某公司，一名技術員的最高收入是每月 800 元。實行技能工資制度後，如果技術員能拓寬技術面，掌握如設備保養、質量檢查這樣的技能，他的收入就可增加 20%。

根據技能工資方案，員工掌握的技能的種類越多，所獲得的報酬也就越多；員工掌握的技能的等級越高，所獲得的報酬也就越高。

(二) 技能工資方案與激勵理論的關係

技能工資方案和幾種激勵理論具有一致性。技能工資方案鼓勵員工學習、擴展其技能水平並不斷成長與發展，這一點與 ERG 理論相吻合。當員工的低層次需要基本得到滿足，獲得成長機會就可能是一個激勵因素。

為高技能水平的員工支付更高的報酬，這與成就需要的研究結論是一致的。高成就需要者具有強烈的把事情做好或者做得更有效率的動機，若學習新技能可以提高已有的技能水平，高成就需要者就會感到自己的工作更富挑戰性。

技能工資方案與強化理論也存在著聯繫。技能工資方案鼓勵員工增強靈活性，不斷學習並接受多方面的培訓，成為全才而不是專才，以便和組織中的其他人合作。所以技能工資可以作為一個強化因子。

此外，技能工資本身還蘊涵著公平理論。當員工進行投入產出比較時，與資歷或教育之類的因素相比較，技能可以提供更為公平的決定工資的標準。如果員工能把技能當做工作績效中的關鍵變量，運用技能工資方案就可以增強員工的公平感，並有助於提高激勵員工的效果。

對技能工資方案的研究結果表明，該方案正在日益普及且能帶來更高的員工績效

和滿意度。

六、靈活福利

(一) 靈活福利的概念

在組織中，給所有員工都提供同一種標準化的福利方案可能很難滿足員工的不同需要，而靈活福利則可以最好地解決這個問題。靈活福利允許員工從眾多福利項目中挑選一組最符合他們自己需要的福利。這樣就使得每個員工可以根據自己的需要和情況選擇福利。

目前最流行的三種福利計劃是模塊計劃、核心加選擇型計劃和彈性費用帳戶。

模塊計劃是預先設計好福利包，然後把每一個模塊組合起來針對具體的員工群。對無子女的單身員工來說，設計的模塊可能只包括核心福利項目。而對單身家長的設計，可能還會包括人壽保險、傷殘險、擴大的醫療保險等。

核心加選擇型計劃包括了一組核心福利以及其他福利的選項菜單。除了核心項目以外，員工可以自行挑選這些選項。通常，每個員工會得到「福利積分」，允許他們購買那些符合他們需要的其他福利。

彈性費用帳戶使得員工可以從這一計劃中得到一筆款項用於特定的服務。例如，這種做法對員工支付醫療費用來說是很方便的。彈性費用帳戶可以增加員工的稅後實際收入，因為支付到這些帳戶裡的費用無需交稅。

(二) 靈活福利的優缺點

靈活性對員工具有吸引力，是因為他們可以根據自身需要定制福利的種類和覆蓋的範圍。靈活福利有三個明顯的好處：第一，它允許員工對個人財務作出重大決策，使員工的福利計劃符合他們的需求。第二，這種計劃幫助組織管理成本，特別是衛生保健成本。員工能夠確定他們在員工福利方面將支付的最高福利收入額，因此可以避免自動承受成本的增加。第三，這種計劃突出了員工眾多福利的經濟價值。多數員工不瞭解福利的成本，因為組織願意為他們支付，即使員工不想要其中的一部分或者喜歡其他的選擇也只能順應。

從員工的角度來看，它的主要缺陷是：個人福利的成本經常上漲，自己能購買的福利總量減少了。

從組織的角度來看，其優點是方式靈活且能夠帶來節約。許多組織通過引入靈活福利方案增加了扣除費用和保險費用。一旦實行，增加的健康保險費用等的負擔方常常主要是員工。但其也有不足之處：這些方案使得管理層更難控制，並且實施起來費用常常很高。

(三) 靈活福利與期望理論的關係

給予員工同樣的福利的做法是假定所有員工有著同樣的需要。當然，我們知道這個假設本身就是錯誤的。所以，靈活福利方案把福利消費轉變為一種激勵因素。與期望理論的主旨相一致，組織的獎勵應該和個人目標相聯繫。靈活福利通過允許員工選

擇最能滿足自己當前需要的獎勵組合而使報酬個性化。可見，靈活福利可以把傳統的單一福利方案轉變為激勵因素。

對管理者的啟示

以下的建議是管理者激勵員工的核心內容：

認清個體差異：員工有不同的需要，不要把他們作為相同的人來對待，並且要花些必要的時間來瞭解對每個員工來說什麼是重要的。這能使你的目標和參與水平個體化，使報酬和個體需要相一致。

運用目標和反饋：員工應具有一定難度的明確目標，應獲得關於他們實現目標的過程是否順利的反饋。

允許員工參與影響他們的決策：員工可參與許多影響他們自身利益的決策——設置工作目標，選擇自己的福利組合，解決生產和質量問題，等等。這可以提高員工的生產水平、對工作目標的承諾、被激勵水平和工作滿意度。

把報酬和績效相聯繫：報酬應依績效而定。重要的是，員工必須看到兩者有清晰的聯繫。不論實際上報酬和績效的聯繫如何密切，如果員工認為兩者的聯繫不密切，那麼就會導致較低的績效水平、工作滿意度降低、流動率和缺勤率上升。

檢查制度的公平性：報酬應被員工認為和他在工作中的投入相當。簡單來說，這意味著經驗、技術、能力、努力程度和其他明顯的投入應能解釋績效差異，進而解釋工資、工作分配和其他報酬。

案例分析

獎金的作用

白泰銘在讀大學時成績不算突出，老師和同學都認為他不是很有自信和抱負的學生，以為他今後不會有多大作為。他的專業是日語，畢業後便被一家中日合資公司招為推銷員。他很滿意這份工作，因為工資高，還是固定，不用擔心未受過專門訓練的自己比不過別人。若拿佣金，比別人少得太多就會丟面子。

剛上班的頭兩年，小白的工作雖然兢兢業業，但銷售成績只屬一般。可是隨著他對業務越來越熟悉，他與客戶們的關係越來越好，他的銷售額也漸漸上升了。到了第三年年底，他已成為全公司幾十名銷售員中的前20名了。下一年，他很有信心當推銷員中的冠軍。不過公司的政策是不公佈每人的銷售額，也不鼓勵互相比較，所以他還不能很有把握地說自己一定會坐上第一把交椅。2003年，小白干得特別出色，儘管定額比前年提高了25%，但到了9月初他就完成了這個銷售額。根據他的觀察，同事中間還沒有人完成定額。

10月中旬，日方銷售經理召他去匯報工作，聽完他用日語作的匯報後，對他格外客氣，祝賀他已取得的成績。在他要走時，那位經理對他說：「咱們公司要再有幾個像你一樣的推銷明星就好了。」小白只微微一笑，沒說什麼。不過他心中思忖：這不就意

味著承認他在銷售員隊伍中出類拔萃、獨占鰲頭嗎？2004年，公司又把他的定額提高了25%，儘管一開始不如去年順利，但他仍是一馬當先，比預計的幹得好。他根據經驗估計，10月中旬前他準能完成自己的定額。可是他覺得自己的心情並不舒暢。最令他煩惱的事莫過於公司不公開大家的業績表現，沒個反應。他聽說本市另兩家也是中外合資的化妝品製造企業都搞銷售競賽和有獎活動。其中一家是總經理親自請最佳推銷員到大酒店吃一頓飯，而且人家還有內部發行的《公司通信》之類的小報，讓人人知道每人的銷售情況，還會表揚每季度和年度最佳銷售員。想到自己公司的這套做法，他就特別惱火。其實一開頭他並不關心排名第幾的問題，如今卻重視起來了。不僅如此，他開始覺得公司對推銷員實行固定工資制是不公平的：一家合資企業怎麼也搞大鍋飯？應該按勞付酬。上星期，他主動去找了那位外國經理，談了他的想法，建議改行佣金制，至少按成績給獎金。不料那位日本上司拒絕了他的建議，說這是既定政策，母公司一貫就是如此，而這也正是本公司的文化特色。令公司領導吃驚的是，小白辭職而去，到另一家公司去了。

資料來源：安世民，安運杰．組織行為學 [M]．北京：北京大學出版社，中國林業大學出版社，2008．

問題討論

小白為何不滿意公司現有的付酬制度？試用有關激勵理論來解釋。

第四節　激勵的基本模式

一、激勵的多樣化

激勵理論描述的是一般性的原則、原理和規律，而實踐中所遇到的問題是千變萬化的，這就需要靈活運用各種激勵理論，採用不同的激勵方法和手段。

（一）貨幣激勵

貨幣激勵指的是直接通過貨幣手段給予員工以物質方面的刺激，使員工的行為得到正強化，從而提高員工的工作熱情，實現良好的績效。貨幣激勵手段主要有工資、獎金、福利等內容。

1. 工資

工資主要有基本工資、崗位工資、資歷工資、技能工資、激勵工資、業績工資、效益工資等多種形式。工資不僅是勞動所得，在一定程度上代表著員工的價值，代表著企業對員工工作的認同，甚至還代表著員工的個人能力、品行和發展前景等。事實上，工資對員工來講不僅僅是物質需求的保障，而且是企業激勵機制中一種複雜的激勵方式，它隱含著成就激勵、地位激勵等。因此，工資激勵能夠從多角度激發員工強烈的工作慾望，是員工全身心投入工作的主要動力。

企業給予員工的首先應該是一份合理的、與績效掛勾的工資。在關注工資總額的同時，還應該關注工資的支付方式。通常，為了實現對員工的有效激勵，企業的工資

體系應該注重長期激勵和短期激勵的平衡、固定保障和浮動激勵的平衡、企業內部薪酬一致性與外部競爭性的平衡以及企業內部收入差異和崗位投入產出的平衡。所以，企業要精心設計和實施能有效激勵員工的工資報酬體系，盡量做到工資效能最大化。

2. 獎金

根據績效評價的結果或者勞動定額、任務的完成情況或者員工對企業的特殊貢獻、員工所付出的額外努力，可以定期或不定期的給予員工以現金獎勵，作為對其短期績效的一種肯定。在獎金發放的過程中應該注意發放的頻率與數量，並且堅持公平原則。

3. 福利

這裡所指的福利不僅包括以貨幣方式支付的各種補助和津貼，如交通補助、住房補貼、物價補貼、伙食補助、通信補助等，也包括用人單位所提供的各種免費服務、廉價服務或有償假期等。

(二) 工作或職業激勵

1. 工作激勵

工作激勵是一種內在激勵。工作激勵可以使員工有更多的學習和成長機會，更好地實現個人價值，從而達到提高工效、增強心理滿足感的良好效果。

充實工作內容，使工作豐富化、趣味化，增加工作的挑戰性，給予員工一定的自由度，加深其對工作意義的理解，加強工作中的交流和溝通等，都可以消除員工厭倦的情緒，滿足員工的心理需求，從而使員工在工作中得到快樂和滿足。

2. 職業生涯規劃激勵

職業生涯規劃激勵是指企業通過幫助員工實現職業理想和目標，以促進企事業發展和進步的方式實現員工激勵。企業如果能夠在分析員工的職業興趣、職業傾向、職業素質、職業能力和職業目標，分析企業今後發展可能給員工帶來的機會的基礎上，幫助和指導員工確定今後的奮鬥目標，並採取措施幫助員工實現職業目標，那麼員工就會用業績和忠誠回報企業。職業生涯規劃是激勵員工和留住員工的有效方式，同時企業也能夠借此獲得需要的人力資源，以促進企業的發展。

3. 權力激勵

權力激勵是指通過給予企業員工一定的權力來滿足其權力慾望，實現激勵。權力激勵主要分為兩種，一種是產權激勵，另一種是管理權激勵。產權激勵可以把員工同企業的利益聯繫起來，提高他們的歸屬感和認同感，主要有股權、股票期權、利潤分享（或勞動分紅）三種方式。管理權激勵主要是指職位的升遷。

4. 晉升激勵

企業員工通過職位的晉升在企業內部享有一定的管理權與控制權，可以支配更多的企業資源，發揮更大的作用。同時，隨著其他承擔的責任的增加，他獲得的報酬與利益也不斷地增加。職位的晉升是對員工個人能力的最好肯定，對於員工有著極強的激勵效果。另外，隨著職位的晉升，員工的工作內容也將得到極大的豐富，充分滿足了他們指揮、影響他人，獲得獎勵，創新與經營的慾望。

（三）關懷與情感激勵

管理人員要經常瞭解員工的所思、所需，因為員工的需要會隨著時間、年齡、地點、情景、收入、家庭狀況等因素而不斷改變。因此，管理人員需要根據員工的需求特點，和員工進行溝通和交流，關心員工的生活和需求。可以說，精神關懷和情感激勵是一種短期效果顯著的「零成本」激勵方式。一句問候、一份關愛、一聲讚美、一次幫助以及一貫的信任和重視，都可以極大地激發員工的工作熱情、調動員工的工作積極性。

（四）行政激勵

行政激勵是指組織為了激勵組織成員的工作積極性、創造性、增強其責任心和榮譽感，提高工作效率和質量，依據有關規章制度，運用行政手段，對表現突出或有突出貢獻者給予的物質或精神獎勵。

在實施行政激勵之前，必須對組織成員進行績效考核，包括工作態度、工作能力、工作成績的考察、審核和評價。績效考核要嚴格、全面、公平、公開。

實施行政激勵的方式主要有：

①行政獎勵。這包括記功、記大功、授予獎品或獎金、升級、升職、通令嘉獎等。這幾種獎勵可以單獨使用，也可以同時並用。

②行政懲罰。這包括警告、記過、記大過、降級、降職、撤職、開除、留用察看、開除等。

（五）典型激勵

先進典型人物反應了企業精神，代表了組織發展的方向。把抽象的道理轉化為具體的典型，使對象仿效，從仿效中得到激勵，可以激發其行為。典型激勵具有可感性、可知性、可見性、可行性的特點，說服力強，號召力大，能夠激勵鬥志、鼓舞士氣，起到潛移默化的作用。

（六）榮譽激勵

榮譽是精神獎勵的基本方式，它屬於人的社會需要，是人為社會作貢獻並獲得社會承認的標誌。榮譽激勵可以調動人們的積極性，形成一種內在的精神力量。榮譽可分為個人榮譽和集體榮譽兩類。個人榮譽激勵法是指通過對作出一定成績和貢獻的個人授予相當的榮譽稱號，並在一定的範圍內加以表彰和獎勵，以表示組織對個人成就的認可和褒獎，鼓勵組織成員為取得相應的榮譽而努力工作，並使個人產生一種成就感和自我實現的心理狀態。集體榮譽激勵法是指通過表揚、獎勵集體來激發人們的集體意識，使集體成員產生強烈的榮譽感、責任感和歸屬感，從而形成維護集體榮譽的向心力量。

二、年薪制

（一）年薪制的概念

年薪制是以年度為單位決定工資薪金的制度。企業經營者年薪制是以年度為單位，

依據企業類別、經營規模等因素，確定並支付經營者基本年薪，並按經營業績分檔付給收益年薪和其他形式的風險收入的讓人力資本參與分配的一種分配方式。其核心是對經營者形成激勵機制、約束機制和風險機制。它是與現代企業制度相適應的企業經營管理人員薪酬制度的重要形式之一，也是國際上比較通用的支付企業經營者薪金的方式。

(二) 國有企業年薪制應遵循的原則

國有企業實行年薪制應堅持按勞分配與按生產要素分配相結合的原則，把經營管理者作為重要人力資本視為企業生產要素參與企業收益分配。在分配原則上，要堅持責任、風險、利益相一致的原則，激勵與約束並舉並重；在考核兌現上，要堅持嚴格審計、全面考核、先考核後兌現的原則，保證制訂的企業經營指標體系實現，並按完成情況核算確定經營者年薪收入；在經營者選擇上，要堅持公開、公正、公平競爭的原則，建立企業經營者人才市場，由企業產權主體通過競爭擇優在企業經理人市場上選配。

(三) 國有企業年薪制的激勵主體和激勵對象

國有企業產權主體不同，實行年薪制的激勵主體也不同。由政府控制的真正完全的國有企業，以國有獨資公司形式存在，其目標並不完全定位於效率，有時要承擔相應的政策目標。它的激勵主體是政府主管部門。以現代企業制度形式存在，建立了規範的法人治理結構的國有控股或參股的非完全國有企業，及含國有股的股權結構多元化的股份制上市公司，其目標定位於效率，不承擔政策目標。它的激勵主體是公司董事會和股東大會。

年薪制激勵的對象是對企業業績影響較大或最大的人，一般指企業的最高管理階層，包括董事長、總經理及副總經理在內的經營班子。但經營層人員的激勵也應拉開檔次，企業主要經營者的激勵強度應遠遠高於其他經營層人員。

三、經營者股票期權

(一) 經營者股票期權的概念

經營者股票期權是給予經營者在未來某特定的時間內以某一約定價格購買本公司一定數量股票的權利，即在簽訂合同時給予高級管理人員在未來某一特定日期以簽訂合同時的價格購買一定數量公司股票的選擇權。擁有這種權利的經營者可以在規定時期內以股票期權的行權價格（即約定購買價）購買本公司的股票。在行使期權以前，股票期權持有人沒有任何的現金收益；在行使期權以後，個人收益為行權日市場價和行權價之間的差價與可購買數量的乘積。

股權激勵就是讓經營者持有股票或股票期權，使之成為企業股東，將經營者的個人利益與企業利益聯繫在一起，以激發經營者通過提升企業長期價值來增加自己的財富的動機，是一種對經營者的長期激勵方式。

經營者股票期權激勵和股權激勵存在密切聯繫。當實施股票期權激勵時，如果行

權人購買了當期相應的股票，則期權激勵就變成了股權激勵。

(二) 股票期權和股權激勵需要的制度環境

股票期權和股權激勵的適用需要各種制度、環境的支持，這些制度、環境可以歸納為市場選擇機制、市場評價機制、控制約束機制、綜合激勵機制和政府提供的政策法律環境。

1. 市場選擇機制

充分的市場選擇機制可以保證經理人的素質，並對經理人的行為產生長期的引導約束作用。職業經理市場能提供很好的市場選擇機制，良好的市場競爭將淘汰不合格的經理人。在這種機制下，經理人的價值是由市場確定的，經理人在經營過程中會考慮自身在經理市場中的價值而盡量避免投機、偷懶、欺騙等行為。在這種環境下，股權激勵才更加有效。

2. 市場評價機制

沒有客觀有效的市場評價，很難對公司的價值和經理人的業績作出合理評價。在股票市場存在操縱、政府干預過多和社會審計體系不能保證客觀、準確、公正的情況下，資本市場是缺乏效率的，很難通過股價來確定公司的長期價值和評價經理人的業績，股票期權激勵作為一種激勵手段當然也就不可能發揮出有效的作用。

3. 控制約束機制

控制約束機制是對經理人行為的限制，包括法律法規政策、公司規定、公司控制管理系統、市場監管制度、公司治理結構等。約束機制的作用是激勵機制無法替代的。良好的控制約束機制能防止經理人的不當行為，保證公司的健康發展。加強法人治理結構的建設將有助於提高約束機制的效率。

4. 綜合激勵機制

綜合激勵機制是通過綜合的手段對經理人的行為進行引導，具體包括工資、獎金、股權、晉升、培訓、福利、良好的工作環境等。不同的激勵方式的導向和效果是不同的，不同的企業、經理人、環境和業務對應的最佳激勵方法也是不同的。公司需要根據不同的情況設計激勵組合，其中股權激勵的形式、大小均取決於關於激勵成本和收益的綜合考慮。

5. 政策法律環境

政府有義務通過法律法規、管理制度等形式為各項機制的形成和強化提供政策支持，創造良好的政策環境。不合適的政策將妨礙各種機制發揮作用。目前國內的股權激勵在操作方面主要面臨股票來源、股票出售途徑等具體的法律適用問題；在市場環境方面，也需要政府通過加強資本市場監管、消除不合理的壟斷保護、政企分開、改革經營者任用方式等手段來創造良好的政策環境。

(三) 中國國有企業經營管理者股票期權制

為了加強對企業經營者的激勵，國內的一些企業開始增加經營者持有本企業股票的份額，以提高管理者利益與企業長期利益的一致性。目前國內已開始進行一些經營者持股的試點，上海市、武漢市和深圳市已制訂了對國有企業經營者實行股票期權制

度的辦法。率先實行股票期權制度的國有企業是上海儀電控股（集團）公司，採取期權形式的上市公司有浙江創業、武漢中商、上海金陵、泰達股份和上實聯合等。根據1998年年報，深科技總裁持有公司股票54.92萬股，市值在1200萬元左右；遠洋漁業董事長持有公司股票60.6萬股，市值接近500萬元。

從目前股票期權試點比較成熟的企業來看，中國高級管理人員的股票期權激勵分配主要有兩種形式：一種形式是在國有獨資企業中借用期權的概念，對經營者獲得年薪以外的特別獎勵實行延期兌現。另一種形式是在國有資產控股的股份有限公司和有限責任公司中，經股東大會或董事會批准，國有企業經營者在一定期限內以優惠價購得或通過獲獎方式取得適當比例的企業股份，並在任期屆滿後逐步兌現。股票期權激勵與單純的年薪制或簡單的現金獎勵相比，能夠把經營者的利益和企業的長遠利益緊密結合在一起，能夠在一定程度上激發經營者的積極性，是一種較為有效的長期激勵手段。

四、員工持股計劃

（一）員工持股計劃的概念

員工持股計劃屬於一種特殊的報酬計劃，是指為了吸引、保留和激勵公司員工，通過讓員工持有股票，使員工享有剩餘索取權的利益分享機制和擁有經營決策權的參與機制。員工持股計劃本質上是一種福利計劃，適用於公司所有雇員，由公司根據工資級別或工作年限等因素分配本公司股票。

（二）員工持股計劃的操作流程

1. 可行性研究

進行實施員工持股計劃的可行性研究，涉及政策的允許程度、對企業預期激勵效果的評價、財務計劃、股東的意願統一等。

2. 進行價值評估

對企業進行全面的價值評估。員工持股計劃涉及所有權的變化，因此合理、公正的價值評估對於計劃的——雙方員工和企業來說都是十分必要的。企業價值高估，顯然員工不會願意購買；而企業價值低估，則損害企業所有者的利益，在中國主要表現為國有資產的流失。

3. 制訂計劃

聘請專業諮詢顧問機構參與計劃的制訂。由於中國企業長期缺乏在完善的市場機制下經營的全面能力，對於這樣一項需要綜合技術、涉及多個部門和複雜關係界定的工程，聘請富有專業經驗和知識人才優勢的諮詢顧問機構是必要的。

4. 確定分配比例

由於國有企業的特殊屬性，員工在為企業工作的過程中所累積的勞動成果未得以實現，要確定員工為企業作貢獻應得的報酬股份。另外，員工持股的比例也要跟計劃的動機一致，既能夠起到激勵員工的目的，又不會損害企業原所有者的利益。

5. 明確管理機構

在中國，各個企業基本上都有較為健全的工會組織，可作為員工持股的管理機構。而對於一些大型的企業來說，借鑑國外的經驗，由外部的信託機構、基金管理機構來管理員工持股信託也是可行的。

6. 進行資金籌集

在國外，實施持股計劃的資金的主要來源是金融機構的貸款。而在中國現在的情況下，資金來源仍然以員工自有資金為主，企業提供部分低息借款。目前，金融機構還沒有介入持股計劃。但是不管從哪個方面講，這樣做都是有可行性的，並且對於解決銀行貸款的出路、啟動投資和消費有一定的促進作用。

7. 制訂實施程序

實施持股計劃的詳細程序主要體現在員工持股的章程上面。章程應對計劃的原則、參加者的資格、管理機構、財務政策、分配辦法、員工責任、股份的回購等作出明確的規定。

8. 進行審批

計劃要得以實施，通常要通過集團公司、體制改革辦公室、國資管理部門等部門的審批。不過在實施操作中也有靈活的做法。

對管理者的啟示

激勵理論描述的是一般原理和規律。對管理者來說，應根據實際情況，選擇不同的技巧和方法來激發出員工的積極性和創造性，從而推動生產力和整個社會的發展。

案例分析

股票期權制的作用

股票期權制是指公司將一定的股份配送或配售給經理，經理以經營企業的方式「炒股」。有的公司還規定經理在離開公司三年內不得拋售股票。

據《中國青年報》1999 年 12 月 6 日的報導，北京凱建建築工程有限公司的經理和他經營的團隊獲配了公司 160 萬股期股。北京市還有另外九家國有企業被確定為首批經營者期股的試點企業，其董事長和經理都將獲配高比例期股。

據北京市制定的《關於對國有企業經營者實施期股激勵試點的指導意見》，期股激勵和約束的主要對象是國有企業的董事長和經理。經過公司出資人或董事會同意，公司高級管理人員以群體形式獲配公司 5%～20% 的股權，而其中董事長、經理的持股比例應占群體的 10% 以上。經營者持股的出資一般不得少於 10 萬元，配售期的股份額將是其出資額的 1～4 倍。如任期屆滿，完成協議指標，再過兩年後，可按屆滿當時的每股淨資產值變現。如未完成規定的指標，公司不僅將取消其擁有的期股股權和收益，還將相應扣除其投入的現金。

凱建公司的馬經理將至少拿出現金 10 萬元，換取 40 萬元的企業股額。如果他完成

三年內每年150萬元收益的合同指標，那麼在任滿兩年後，他至少可得到50萬元。如果未完成指標，公司將從馬經理和經理層所交的本金中扣除指標差額。馬經理的現年收入不過2萬多元，10萬元本金對他不是小數。

有些企業經營者認為，5%～20%的期股配售比例偏低，希望能再提高。也有一些企業經營者認為風險太大，不願參與。據悉，原定將有17家企業參加試點，結果有7家企業退出。

資料來源：陳國海．組織行為學［M］．2版．北京：清華大學出版社，2006.

問題討論

1. 股票期權制與承包制和年薪制相比，在激勵經理方面有什麼優勢？
2. 經營良好的國有企業每年產出巨額利潤，而總經理每月的工資只有幾千元。這位總經理會不會產生不公平的感覺呢？
3. 在國有企業試行股票期權制，會不會使一般低收入員工感到不公平？
4. 為什麼有的經理不願參加期權制試點？試用期望理論加以解釋。

小結

在組織行為學中，激勵的含義主要是激發人的動機，使人有一股內在的動力，朝著所期望的目標前進。也可以說，激勵是調動個體積極性的過程。

激勵作為一種心理活動過程，必須具備以下條件：要有被激勵的人。被激勵的人要有從事某種活動的內在願望和動機。產生這種動機的原因是需要。被激勵人的動機的強弱即積極性的高低是一種內在變量，是內部心理活動，不是固定不變的，也不能直接觀察到，只能從行為和工作績效上衡量和判斷。

激勵具有以下作用：能夠激發和調動員工的工作積極性、對實現組織目標具有重要的作用、可以增強組織的凝聚力、促進組織內部各部門的協調統一。

決定激勵的因素包括人的因素和環境的因素。

激勵原則包括物質激勵與精神激勵相結合原則、正激勵與負激勵相結合原則、外激勵與內激勵相結合原則、按需激勵原則、組織目標與個人目標相結合原則。

本章還介紹了內容型激勵理論、過程型激勵理論、改造型激勵理論三大激勵理論。

內容型激勵理論包括馬斯洛的需要層次論、赫茨伯格的雙因素理論、阿德弗的ERG理論和成就需要理論。最有力的理論可能是最後一個，尤其是考慮到成就和生產率的關係。如果說其他三種理論有一定價值，那麼它們的價值在於解釋和預測工作滿意度。

過程型激勵理論包括弗洛姆的期望理論、亞當斯的公平理論和洛克的目標設置理論。期望理論關注績效變量。有證據表明它為員工的生產率、缺勤和流動提供了相對有力的解釋。但是期望理論假設員工的決策自主性極少受到限制。它還設定了許多其他假設，這些假設與個人決策最優化模型的假設十分相像，這就限制了它的應用範圍。公平理論涉及了所有四個變量。不過它在預測缺勤和流動行為時最為有效，而在預測員工生產率的差異上效力差一些。極少有人認為「明確的和有難度的目標能帶來較高

的生產率水平」的觀點不正確。這個事實使我們得出這樣的結論：目標設置理論為這個因變量提供了比較有力的解釋。但是，這個理論卻沒有涉及缺勤、流動或滿意度。

改造型激勵理論包括強化理論、挫折理論。強化理論在預測工作的數量和質量、努力的持久性、缺勤、遲到和事故的發生率等方面一向是有效的，但沒有提供很多關於員工滿意度或離職決策方面的見解。

人的行為都是有目的的。在激勵理論的基礎上分析了激勵員工的實踐，如目標管理、技能工資方案、浮動工資方案、靈活福利等。鼓勵員工參與影響他們的決策，制訂具體的目標，選擇自己的福利組合，可以解決生產和質量方面的問題，提高員工的生產率。

認清個體差異：員工有不同的需要，不要把他們作為相同的人來對待，並且要花些必要的時間來瞭解對每個員工來說什麼是重要的。這能使你的目標和參與水平個體化，使報酬和個體需要相一致。

運用目標和反饋：員工應有具有一定難度的明確目標，應獲得關於他們實現目標的過程是否順利的反饋。

允許員工參與影響他們的決策：員工可參與許多影響他們自身利益的決策——設置工作目標，選擇自己的福利組合，解決生產和質量問題，等等。這可以提高員工的生產水平、對工作目標的承諾、被激勵水平和工作滿意度。

把報酬和績效相聯繫：報酬應依績效而定。重要的是，員工必須看到兩者有清晰的聯繫，不論實際上報酬和績效的聯繫如何密切，如果員工認為兩者的聯繫不密切，那麼就會導致較低的績效水平、工作滿意度降低、流動率和缺勤率上升。

檢查制度的公平性：報酬應被員工認為和他在工作中的投入相當。簡單來說，這意味著經驗、技術、能力、努力程度和其他明顯的投入應能解釋績效差異，進而解釋工資、工作分配和其他報酬。

激勵理論描述的是一般原理和規律，對管理者來說，應根據實際情況，選擇不同的技巧和方法。本章還系統分析了激勵的具體方法，年薪制的概念，年薪制的激勵主體和激勵對象，中國的股票期權制，員工持股計劃的概念和工作流程。

激勵的具體方法包括貨幣激勵、工作或職業激勵、關懷與情感激勵、行政激勵、典型激勵、榮譽激勵。

年薪制是以年度為單位決定工資薪金的制度。企業經營者年薪制是以年度為單位，依據企業類別、經營規模等因素，確定並支付經營者基本年薪，並按經營業績分檔付給收益年薪和其他形式的風險收入的人力資本參與分配的一種分配方式。

經營者股票期權是給予經營者在未來某特定的時間內以某一約定價格購買本公司一定數量股票的權利，即在簽訂合同時給予高級管理人員在未來某一特定日期以簽訂合同時的價格購買一定數量公司股票的選擇權。

股權激勵就是讓經營者持有股票或股票期權，成為企業股東，使經營者的個人利益與企業利益聯繫在一起，以激勵經營者通過提升企業長期價值來增加自己的財富，是一種對經營者的長期激勵方式。

員工持股計劃屬於一種特殊的報酬計劃，是指為了吸引、保留和激勵公司員工，

通過讓員工持有股票，使員工享有剩餘索取權的利益分享機制和擁有經營決策權的參與機制。員工持股計劃本質上是一種福利計劃，適用於公司所有雇員。公司根據工資級別或工作年限等因素分配本公司股票。

思考題

1. 什麼是激勵？請解釋激勵的過程模式。
2. 激勵的原則有哪些？
3. 激勵的機制是怎樣的？
4. 比較馬斯洛的需要層次論、赫茨伯格的雙因素理論、阿德弗的 ERG 理論的相似性和差異性。
5. 描述麥克利蘭的三種需要，並分析它們與員工行為之間的關係。
6. 談談對雙因素理論的理解。
7. 解釋期望理論中的變量。
8. 如何理解公平理論中的報酬與投入比率？
9. 有效目標的特徵有哪些？沒有目標是否真的比有目標但沒有實現的狀況好？
10. 目標管理與目標理論的聯繫是什麼？實現目標管理的步驟是什麼？
11. 試述技能工資方案與強化理論、公平理論的關係。
12. 解釋管理者採用員工參與方案的意義。
13. 對比技能工資方案和浮動工資方案，它們具體有哪些形式？
14. 在質量圈中員工和管理者的角色各是什麼？
15. 談談你對靈活福利的看法。
16. 如果你是一名管理者，你願意採取什麼措施來提高員工的努力水平？
17. 簡述激勵的具體方法。
18. 年薪制的概念及意義是什麼？
19. 什麼是股票期權？股票期權在實施中存在哪些問題？
20. 簡述員工持股計劃的概念及意義。
21. 年薪制有哪些具體模式？

第五章　群體過程

第一節　群體基本知識

一、群體及其特徵

（一）群體的概念

　　群體是指為了實現特定目標，由兩個或兩個以上相互聯繫、相互作用、相互依賴的個體所組成的個體的集合體。群體是一種社會現象。人們總是通過歸屬於一定的群體而意識到自己是歸屬於社會的，而且通過群體活動參與整個社會的活動。群體不是個體的簡單集合，而是一個整體；群體建立在其成員相互依存和相互作用的基礎上，有明確的群體目標。從群體的定義中我們可以看出，任何一個群體都包含了以下幾個方面的內容：

　　1. 有一定的目標

　　群體是組織實現目標的實體。為了實現組織的目標，組織賦予了群體相應的工作任務，群體的行為必須以完成組織的工作任務為導向，所以群體成員都要具有與工作任務相關的意識，在工作行為和社會關係上彼此之間要有互動。

　　2. 有一定數量的社會成員

　　群體成員有一定的組織結構和一定的分工協作，每個群體成員都具有一定的成員資格和角色地位，並在群體領導的統一指揮下完成自己所承擔的工作任務。

　　3. 有一定的行為規範

　　群體雖然由個體組成，但他們必須遵從群體共同的規範。群體規範能保證群體有秩序地、協調地開展活動。群體成員具有一致的集體意識，並在工作上相互聯繫、相互作用、相互依賴，共同完成群體的目標任務。

　　4. 有一定的歸屬感

　　群體成員之間有思想、感情和情緒上的交流，並在交流中產生歸屬感。這種歸屬感使群體成員能一致對外，感到同屬某一群體，從而從行為上達到群體的期望。

（二）正式群體和非正式群體

　　根據構成群體的原則和方式，可以把群體分為正式群體和非正式群體。

　　1. 正式群體

　　正式群體是指有明文規定的，群體成員有固定的編製、規定的權利和義務、明確

的職責分工，經一定社會組織認可的，有一定的規章制度、紀律、規模標準和組織結構的群體。正式群體分為命令型群體和任務型群體。

2. 非正式群體

非正式群體是指由於某種原因自發形成的、不為組織正式承認、沒有正式結構、組織中沒有正式規定的群體。非正式群體雖然不是由組織建立的，但它對組織卻有著極為重要的影響。非正式群體分為利益型群體和友誼型群體。

(三) 群體的特徵

群體是組織完成工作任務和實現目標的基本單位，群體具有以下幾個方面的特徵：

群體成員有共同的行動目標，群體成員所做的一切工作都緊緊圍繞群體目標展開。

群體成員擁有共同的價值觀和行為規範。群體在其共同價值觀的基礎上建立了活動、認識的準則。該準則使成員在接受或拒絕某種有社會意義的現象時一致起來。群體在實現其目標任務的過程中，會逐步形成一定的行為規範，並通過行為規範使群體的每個成員的行為都能符合群體的共同願望，從而確保群體目標的實現。

群體成員相互依靠、相互作用和相互制約，達到群體行為的統一性和整體性。

群體具有穩定的結構。群體成員在群體內佔有一定的地位、扮演一定的角色、處於一定的關係之中，為完成共同的目標而分工協作、具有組織性。領導者在群體中居於最高的位置，是群體的核心，掌握著群體的權力，並指揮群體的活動。

(四) 群體發展的五階段

群體不是靜止的，而是有一個形成發展的過程。從20世紀60年代中期開始，人們都認為群體發展要經過五個階段：形成階段、震盪階段、規範化階段、執行任務階段、中止階段，如圖5-1所示。

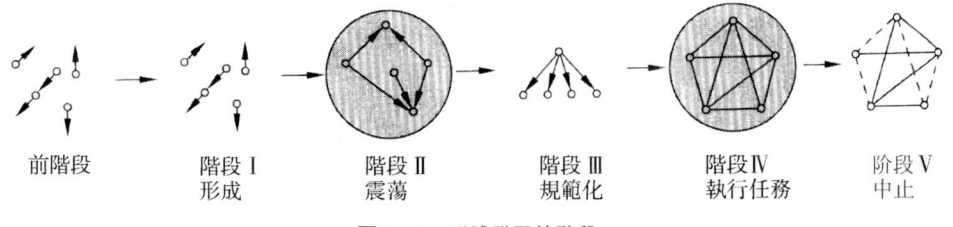

前階段　　階段Ⅰ　　階段Ⅱ　　階段Ⅲ　　階段Ⅳ　　階段Ⅴ
　　　　　形成　　　震盪　　　規範化　　執行任務　　中止

圖5-1　群體發展的階段

第一階段：形成階段。群體的目的、結構、領導都不確定，群體成員各自摸索群體可以接受的行為規範。

第二階段：震盪階段。此階段以群體內部的衝突為特點。群體成員感受到了群體的存在，但對群體加給他們的約束仍然予以抵制，對於誰可以控制這個群體還存在爭議。

第三階段：規範化階段。此時，群體成員之間開始產生親密的關係，群體表現出了一定的凝聚力。群體成員相互交換信息、分享感受。群體結構相對穩定。

第四階段：執行任務階段。群體結構開始發揮作用，並已被群體成員完全接受。

群體成員彼此相互依賴，相互合作，彼此能進行順利的溝通。群體成員瞭解自己對群體應盡的職責和所起的作用。

第五階段：中止階段。在這一階段，高績效不再是壓倒一切的首要任務，群體準備解散，成員的注意力放到了群體的收尾工作上。群體成員的反應差異很大。

在這五個階段中，每個階段都可能產生高績效。在某些情況下，高水平的衝突可能導致較高的群體績效。比如，第二階段的績效有可能超過第三、第四階段。上述五個階段並非總是依次進行，有些階段可能同時進行，比如，「震盪」和「執行任務」就可能同時發生。群體也並非總是從一個階段向前發展到另一個階段，而是有可能退回到前一階段。

二、非正式群體的管理

任何組織中都存在著非正式群體。非正式群體雖然不是由組織建立的，但是它對組織的影響是非常大的。它既能給組織帶來積極的作用，又能給組織帶來消極的作用。因此，要對其積極作用加以利用，對其消極作用要加以防範和遏止。

（一）非正式群體的特徵

1. 自發性

非正式群體是以感情為紐帶、在自願的基礎上形成的。員工到非正式群體中尋找歸屬、認同、理解並表現自己、完善自己，因此，非正式群體帶有較強的自發性。

2. 情感密切

由於非正式群體是在個人的需要、興趣、友誼和彼此的幫助、溝通等基礎上形成的，因此，非正式群體的成員一般都具有共同的利益、興趣、愛好、價值觀和相同的社會背景及生活習慣；他們在感情上比較融洽、關係上很密切。

3. 信息溝通靈活迅速

由於非正式群體的成員之間感情密切、利益一致，所以他們之間的交往比較頻繁，彼此之間的信任感很強，成員間可以做到推心置腹，群體內可以形成暢通的信息溝通渠道，能靈活而迅速地溝通信息，並在對信息的反應上具有很大的相似性。

4. 較強的凝聚力

由於非正式群體是各成員為滿足心理需要而自然形成的，他們在行為和心理感受上具有一致性，因此他們彼此之間都具有較高的心理認同感、較強的團體意識和歸屬感，可以從相互交往中獲得快樂和自信。

5. 自然形成的領袖人物

在非正式群體的形成和發展過程中，會自然形成領袖人物。與正式群體不同，這些領袖人物不是由組織任命或由群體推舉產生的，而是自然形成的。他們往往比正式群體的領導更具有權威性，對非正式群體有極強的影響力。

6. 不穩定性

非正式群體是各成員為滿足心理需要和共同利益而自發形成的，情感和利益是維繫群體成員的紐帶，所以群體在一段時間裡的內聚力是比較強的。然而，由於非正式

群體沒有固定的規章制度和正式規範的約束，當群體成員的看法、意見發生矛盾和分歧時，一旦調解無效，群體的內聚力就會減弱，將導致群體的分化、解體以至重新組合，產生新的非正式群體。

7. 成員的交叉性

非正式群體的成員由於愛好、興趣比較廣泛，體驗、感受比較豐富，因此，可以參加一個或幾個非正式群體。這樣，一個人有可能僅歸屬於一個非正式群體，也有可能同時歸屬於幾個非正式群體。

(二) 非正式群體形成的原因

非正式群體的形成比較複雜，歸納起來主要受到以下幾個方面的影響：

1. 共同的興趣愛好

組織成員由於興趣愛好相同，具有共同語言，在參與共同活動的過程中很容易獲得了精神上的滿足。在日常生活中，很多非正式群體就是因為其成員在閒暇時都醉心於某種興趣、習慣、志向而形成的。

2. 利益和價值觀的一致性

組織內的某些成員由於在某種利益或價值觀上具有一致性，因此他們對人、對事、對物往往具有共同的看法和追求，並且他們之間又能夠互相幫助、互相滿足，於是就形成了非正式群體。在價值觀比較一致的基礎上形成的非正式群體一般來說比較穩固，不易因偶然因素而解體。

3. 類似的經歷和社會文化背景

組織中的某些成員由於地位、經歷、遭遇相同，或知識經驗和文化水平接近，或具有類似的社會背景或經歷，容易互相理解，產生親近感，進而產生心理相容，從而形成非正式群體。

4. 相似的性格、氣質

性格、氣質相同的人往往願意在一起交往，因而容易形成非正式群體；而且性格、氣質不同的人也會因心理上的「互補作用」而聚在一起，形成非正式群體。

5. 工作、生活方式與交往的頻率

有些人由於工作空間或生活方式比較接近，如在同一部門、科室工作的同事，同一班級的同學，同一大樓內的居民，交往機會比較多，所以相互比較瞭解、比較信任，容易產生心理上的共鳴，易於形成非正式群體。

6. 親緣或朋友關係

組織內的某些成員因具有親戚、老鄉或是朋友關係而感情相通、來往密切，能在工作和生活上相互支持、相互幫助，因此容易形成非正式群體。

(三) 非正式群體的作用

非正式群體作為一種客觀存在，不僅會對個體的行為產生影響，也會對群體和組織的行為產生一定的影響。它既有積極的作用，也有消極的作用。

1. 非正式群體的積極作用

非正式群體的積極作用具體表現在以下幾個方面：

(1) 滿足群體成員多方面的需要

人都有自我表現、歸屬、安全、愛與被愛等多方面的需要。由於正式群體以完成生產、工作任務為目的，因此它不能充分滿足成員的這種需要。而在非正式群體中，成員間通過頻繁的交往，獲得了情感上的交流和心理上的溝通，為其成員提供了這方面的滿足，從而彌補了正式群體在這方面的不足。這對穩定員工的工作情緒和提高工作效率有著非常重要的作用。

(2) 使員工的感情更融洽

非正式群體是人們充分表露個人情感與思想的場所。人們的喜、怒、哀、樂等情感往往很難在正式群體中表露，而在非正式群體中則往往不加掩飾。所以，非正式群體內成員通過親密接觸，加深瞭解，交流情感與思想，可以使彼此間的關係更加和諧與融洽，將有利於促進組織活動協調進行，增強組織的凝聚力。

(3) 促進群體的信息溝通

非正式群體由於其成員交往頻繁，形式自由、靈活，因此信息溝通非常及時。正式群體的指示、命令、決定可通過非正式群體的渠道迅速傳遞；還可以從非正式群體中獲得正式渠道得不到的信息，有利於企業領導者瞭解下情。

(4) 協助正式群體實現組織目標

組織目標的實現，要依靠成員的統一力量，而非正式群體的成員由於交往的頻繁和心理上的認同，溝通非常容易，所以行動往往具有一致性。如果利用得好，他們會成為可貴的突擊力量，為完成組織目標作出巨大的貢獻。因此，正確地發揮非正式群體的積極力量，可使其為實現組織目標服務。

2. 非正式群體的消極作用

非正式群體的消極作用主要表現在以下幾方面：

(1) 容易產生抵觸情緒

當非正式群體的某些成員因某些心理需要得不到滿足或與正式群體目標相衝突而導致個人目標無法實現時，會產生不滿情緒。而這種不滿情緒很容易影響其他成員，從而引起非正式群體對管理者的抵觸情緒。

(2) 容易滋生自由主義

由於非正式群體是表達個人思想和情感的場所，因此容易滋生自由主義傾向，干擾和阻礙正式群體目標的實施。同時，非正式群體的成員由於業餘時間的交往和活動很頻繁，耗費了很多精力，在工作中常常會精力不足或精力不集中，因而影響工作的質量和效率。

(3) 容易傳播謠言和小道消息

由於非正式群體不受任何正式結構和正式規範的約束，因此其成員聚在一起，不僅容易洩露正式群體的秘密，而且容易傳播小道消息，甚至製造和散布流言蜚語。如果不能對非正式群體進行正確引導和有效控制，就會影響正式群體的凝聚力和積極性，甚至干擾組織的正常運行，對組織的管理不利。

(四) 非正式群體的管理

對非正式群體進行有效的管理主要有以下途徑：

1. 管理者自覺增強與非正式群體的聯繫

管理者應深入到員工中去，瞭解他們的思想、工作和生活情況，摸清本企業中非正式群體的數量及各非正式群體的規模、形成原因、維繫的基礎、成員構成、情感傾向，瞭解各非正式群體領導的個性、能力、態度，做到心中有數。管理者應與非正式群體領導積極溝通，必要時理解、參與和支持非正式群體的有益活動。

2. 運用輿論導向引導

利用輿論導向引導是指運用企業的輿論工具、媒體、事件等對非正式組織群體成員的共同意見進行有計劃、有目的的引導，循序漸進地使非正式組織成員的意見與企業的組織目標相一致。此外，利用輿論導向引導為與非正式組織群體成員溝通意見提供機會，如各種舞會、電影招待會、聯歡會、懇談會、旅遊、聚餐等，可以潛移默化地改變他們的觀點，逐漸使其接近或接受企業的觀點。

3. 區別對待不同類型的非正式群體

按對企業的態度和作用的差別，非正式群體可以分為四種不同類型：積極型、中性型、消極型和破壞型。要堅持「鼓勵積極型、轉化中性型、限制消極型、瓦解破壞型」的總的管理原則，對不同類型的非正式群體，採取不同的態度和對策。

4. 做好非正式群體核心人物的工作

非正式群體的核心人物具有能力強、威信高、影響力大等特點，對其他成員的心理和行為有一種自然的影響力。因此，做好非正式群體核心人物的工作是做好非正式群體工作的關鍵。企業領導者應主動加強與核心人物的溝通，聽取他們對工作的意見和建議，以爭取核心人物的理解和支持，從而通過他們去影響其他成員。

三、群體壓力與群體凝聚力

(一) 群體壓力

1. 群體壓力的含義

群體壓力是指已經形成的群體規範對其成員的行為具有的一種無形的壓力。這是一種動態情境。此時，個體面對的是與其願望有關的機會、限制和要求，而他們認識到結果十分重要卻又不確定，這使得每個群體成員不得不順從群體的行為。群體壓力不是一種物質上的壓力，而是一種心理壓力，是個體在群體內與群體規範或其他成員意見有分歧時產生的緊張與焦慮心理。

群體壓力具有以下兩個特點：一是內在性。群體壓力來自並存在於群體內部，在正式群體與非正式群體中都會產生，但不同的群體會形成性質不同和強弱程度不同的群體壓力。二是公議性。群體壓力不是權威式的命令，也不是強制性的規定，而是多數人一致性的意見，但這卻使個體在心理上很難違抗，因而可以使其成員違背自己的想法而產生完全相反的行為。

2. 群體壓力的作用

群體規範對其成員的影響其實就是通過群體規範所形成的群體壓力來實現的。群體壓力使其成員採取共同的行動，至少體現了以下兩方面的意義：

第一，群體一致的行為有助於組織目標的達成和群體的存在與發展。成員的統一行為可促使其相互間的作用更為順利，彼此更能夠相互理解、努力協作，以保證群體活動的良好秩序和工作效率；倘若群體內部意見不同，便無法得出結論、達成一致協議，不利於群體的存在與發展。

第二，群體一致的行為可以增加個人的安全感。個人安全感是通過驗證自身對情境的判斷正確無誤獲得的。不過，許多時候人並沒有可供核對的事實來驗證，通常只能參照別人的意見和行為來確定自己的意見和行為，當看到別人讚成自己的意見和想法，內心才會有安全感。而且，大多數人只有在屬於某個團體、有明確的地位與安全感的情況下，才能自由地表現自己的個性。

3. 群體壓力與從眾行為

從眾是指個人在群體中調整自己的行為以適應群體規範，是個體受群體壓力的影響，在認識或行動上表現出來的與群體大多數人一致的現象。例如，當周圍的人都穿藍工作服時，一個人即使喜歡穿花衣服或西裝，也不敢穿，唯恐別人說長道短，另眼看待。從眾與服從的區別在於是否出於內心自願。從眾行為往往是由於心理變化而產生的一種自願行為，服從行為則可以是自願的，也可以是非自願的。

產生從眾行為的原因有群體的也有個體的。

（1）群體原因

①群體的規模。一般認為，群體越大，越容易導致從眾行為。但實驗證明：在4~8人的群體內壓力最大，最容易產生從眾行為。

②群體的凝聚力。群體的凝聚力越強，群體成員之間的依戀性、意見的一致性以及對群體規範的從眾傾向越強烈，越容易產生從眾行為。

③群體的領導者。如果群體的領導者鼓勵大家從眾，則較容易引起從眾行為。

④群體的人際關係。在人際關係比較好的群體，尤其是群體行為趨於一致時，較容易使個體產生從眾行為。

⑤群體中他人的反從眾。在群體中，只要有個別人反對從眾，就會迅速減輕群體的壓力，從而降低從眾行為的發生率。

（2）個體原因

①性別因素。一般認為，女性較易從眾。但實驗證明，男女在從眾方面沒有明顯的差異，只是在不同領域中會出現差異。一般人在自己熟悉的領域裡不易從眾，在自己陌生的領域內則較易從眾。

②性格因素。重視他人評價者、內向者較易從眾，不重視他人評價者、外向者不易從眾。

③年齡因素。年齡較大者不易從眾，年齡較小者較易從眾。

④自信心。自信心強的人不易從眾。自信心越缺乏，遵從他人的可能性就越大。

⑤智力因素。智力優秀的人具有較強的獨立判斷能力，不會輕易從眾；智力水平越低，從眾行為越易發生。

⑥地位因素。地位高的個體不易從眾，地位低的個體較易從眾。

（二）群體凝聚力

1. 群體凝聚力的概念

群體凝聚力又稱群體凝聚性或內聚力，指的是群體成員之間的相互吸引力及對群體本身的認同程度。它既包括群體對其成員的吸引力，又包括成員對群體的向心力，還包括成員與成員之間的相互好感。群體成員間的相互吸引力越強，群體成員對其群體就越忠誠，堅守群體規範的可能性就越大，群體的工作效率就越高，成員們就會為群體目標作出更大的努力，個體目標與群體目標就更易趨於一致，群體凝聚力自然就越大。

心理學家多伊奇（Deutsch）曾提出一個計算群體凝聚力的公式：

$$群體凝聚力 = \frac{成員之間相互選擇的數目}{群體中可能相互選擇的總數}$$

2. 影響群體凝聚力的因素

群體凝聚力主要受下列因素影響：

（1）群體成員的交往

人們在一起的時間比較多，就會自然而然地相互交談、相互影響。而這些相互作用通常又會使他們發現共同的興趣，增強相互之間的吸引力。群體成員在一起的機會取決於他們之間的物理距離。例如，住宅距離較近的群體成員之間的關係比住宅距離較遠的群體成員之間的關係更加密切。住在同一街區，同在一個停車場停車，共用一個辦公室的人更容易形成凝聚力較高的群體，因為他們之間的空間距離最小。

（2）加入群體的難度

加入一個群體越困難，這個群體的凝聚力就可能越強。進入這個群體的成員在進入過程中都經歷了激烈的競爭，有一些共同的經歷：申請、考試、面試、等待最後的結果。正是這些共同經歷增強了他們之間的凝聚力。

（3）群體規模

群體規模越大，群體凝聚力就越小。因為隨著群體規模的增大，群體成員之間的互動會變得更加困難，群體人際關係會變得更加複雜，難以處理；群體成員之間容易產生意見分歧，這樣群體保持共同目標的能力也就相應減弱了。

（4）群體成員的性別構成

學者們通過研究發現，女性的凝聚力高於男性。

（5）外部威脅

大多數研究顯示，如果群體受到外部攻擊，面對外部壓力，群體內部通常會加強合作，一致對外，此時群體的凝聚力就會增強。

（6）以往的成功經驗

如果群體一直有成功的表現，就容易建立起群體合作精神來吸引和團結全體成員。一般來說，成功的企業與不成功的企業相比，更容易吸引和招聘到新員工；成功的研究小組、知名大學和常勝的運動團隊也同樣如此。

（7）有效情緒認同

如果群體成員對群體內受挫者抱有強烈的同情，就會自然而然地採取必要的行動

來與受挫者共渡難關。

(8) 群體報酬制度

研究表明，個人與群體相結合的報酬制度有利於增強群體凝聚力。

(9) 群體的領導方式

不同的領導方式對群體的凝聚力有不同影響。民主型的領導方式較之專制、放任型的領導方式，能夠使成員更友愛、思想活躍、情感更積極、群體凝聚力更強。

3. 群體凝聚力與生產效率的關係

由於群體凝聚力的高低影響了群體成員的士氣、滿意度和群體的一致性，因此會對生產效率的提高產生重要影響。但必須指出的是，凝聚力的高低不是影響生產效率的唯一條件；在實際生產中，兩者的關係極為複雜。大量的研究發現，群體凝聚力與生產效率的關係既取決於管理者的誘導方向，又取決於群體的態度及其與組織目標的一致性程度。從群體與組織目標的一致程度而言，凝聚力與生產效率的關係存在著四種不同的情況，如圖5-2所示。

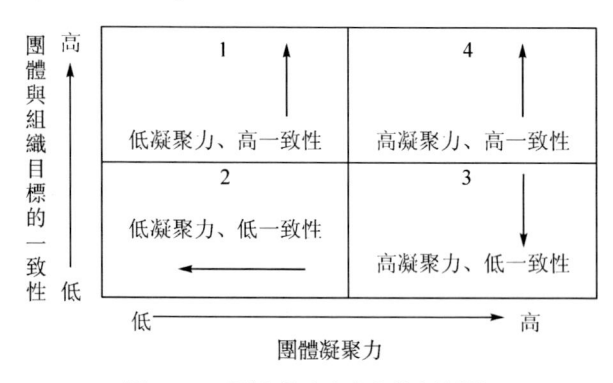

	低 團體凝聚力 高	
團體與組織目標的一致性 高	1 低凝聚力、高一致性	4 高凝聚力、高一致性
團體與組織目標的一致性 低	2 低凝聚力、低一致性	3 高凝聚力、低一致性

圖5-2 群體凝聚力與生產效率的關係

①低凝聚力、低一致性，即群體的態度與組織目標不一致，群體的凝聚力低，凝聚力與生產效率沒有什麼關係。

②低凝聚力、高一致性，即群體的態度支持組織目標。此時就算是凝聚力很低，生產效率依然能夠提高。

③高凝聚力、低一致性，即群體的態度不支持組織目標。生產效率的高低與凝聚力成反比——凝聚力越高，生產效率越低。

④高凝聚力、高一致性，即群體的態度與組織目標保持高度一致性。生產效率與凝聚力成正比——凝聚力越高，生產效率也越高。

可見，在一個凝聚力高的群體，個體服從群體的傾向較強，內部成員較遵循群體的規範和標準，群體行為總是表現出高度的一致性。在這樣的群體內，管理者如果善於因勢利導，將組織目標與群體目標很好地結合，讓成員能夠看到或感到自己努力的結果可以給個人及群體帶來利益，群體就會傾向於努力工作，生產效率就能大大提高。反過來，倘若管理者沒有把組織目標與群體目標結合起來，二者處於一種背離的狀態；那麼這時的凝聚力是與生產效率成反比的，凝聚力越強，反而越易滋生群體的本位主

義和小團體思想，會限制生產，導致生產效率的降低。所以，處理好這一關係的最好辦法，便是使成員看到個人利益、群體利益與企業利益之間存在的一致性。

對管理者的啟示

本節涉及了多個領域。在管理過程中，我們要特別重視非正式群體的作用，同時還要對群體績效和員工滿意度方面進行研究。

要預測群體績效，必須認識到，任何一個工作群體都是更大的組織的一部分，組織戰略、權力結構、招聘程序、獎酬體系等因素都會對群體運作提供一種有利或不利的氛圍。例如，如果在一個組織中管理人員和普通員工之間互不信任，組織中的群體很可能會形成一些限制員工努力和產出的規範。因此，管理人員不應孤立地看待一個群體，而應該看到群體的外部環境給群體以多少支持和鼓勵。顯然，一個處於成長型組織之中、外部資源豐富、受到高層管理人員支持的群體，容易提高生產率。同樣，如果一個群體的成員具備完成群體任務所需要的技能和有助於合作共事的個性特點，這個群體就容易提高生產率。

最後，我們發現，群體凝聚力對群體生產率有重要影響。這種影響取決於群體的績效規範。

案例分析

我的新夥伴

長江三角洲的一家家具廠實行計件工資制。其中的一個生產班組是一個凝聚力很強的群體，能從生產的每一件產品中獲得可觀的報酬。但曾經有人告訴他們，如果他們賣力地生產，每小時生產太多的產品，管理部門有可能會降低每件產品的報酬。他們並不清楚其中的原因，也不知道管理者最多究竟需要多少產品，所以很害怕自己的產量會超過管理者的需要，而使自己無法因為生產了更多產品而得到更多的報酬。

在這樣的情況下，會發生什麼呢？

下面是一位工人自己講述的故事：

在我剛來工廠的第三天、在清理木屑時，發現在木屑裡、木材堆後面或者機床下面有一些家具木料。最初幾次，我總是非常不高興地告訴機床的操作工：「嘿，看我發現了什麼！」然而，操作者並不在乎我的發現。我覺得有些奇怪，認為其中一定有什麼問題。徐明是這個機床的操作工，四十多歲，平時很內向，似乎從沒有提高嗓音說過話。可是這次，當我把從他的機床後面清理出來的家具木料放到他面前時，他卻大喊：「是哪個笨蛋叫你當偵探的？以後不許你到我的機床後面，我會告訴你該清理什麼的⋯⋯」

我感到很迷惑，又非常委屈，眼淚忍不住地就流了出來，手足無措，不知道自己做錯了什麼，以後怎樣做。下班後，我跑到一個角落點了一支菸使勁抽著，既鬱悶又憤怒。一會兒，徐明過來找我了，他說：「聽著，孩子，不要生氣。我是想讓你和我

們保持一致。你剛來這兒,有些事情可能不明白,讓我告訴你吧!我們周圍開機床的幾個工人經過協商,規定了一個產量標準以及應該交給老板的產量,既不多生產也不少生產。有的人有時生產的產量可能會不夠,我們會互相幫助一下。你知道我們班組的團結和講義氣是有名的,所以我們總是保留一些加工完的木料藏起來以備互相補用。」聽他說著,我倒覺得很內疚了,為他們的這種團結所感動,我向他表示了我的歉意,但他只是繼續說著:「你看,孩子,老板總是想要更多的產品,而一旦我們拼死為他生產了更多的產品,他也不會在乎,只認為我們是因為做得熟練了,理所當然應該多生產。所以我們商定了一個上交給老板的產量標準——既不多也不少,你明白嗎?孩子,如果你連續在這兒太快地運送木料,老板會知道我們的效率實際可以達到多少,他會認為我們平時是在偷懶的。」徐明把胳膊放在我肩上,說:「所以,你應該算出你運送多少木料才不超過我們生產的產量。怎麼樣?能做到嗎?我們相信你能做到的。」我說:「當然,我明白你的意思。」

我吸取了這個經多次反覆實踐得到的教訓:除非絕對需要,否則不要做更多的工作。

資料來源:孫健敏,李原. 組織行為學[M]. 上海:復旦大學出版社,2005.

問題討論

1. 本故事的工人在新的工廠遇到了什麼問題?
2. 在這個團結的班組中的成員共同約定一個產量,這是一種什麼現象?如何解釋這種現象?
3. 既然這是一個凝聚力很強的群體,為什麼還不能帶來最好的績效?
4. 你覺得這個工人以後會怎樣做?如何解釋他的這種轉變呢?

第二節 工作團隊

一、團隊

(一) 團隊及其特點

團隊是由一群有不同背景、不同技能、不同知識的人組成的一種特殊類型的群體,以成員高度的互補性、知識技能的跨度和信息的差異性為特徵。首先,團隊成員之間有高度的相互依賴性,往往處於複雜的互動之中。其次,一個團隊內要有執行不同職能的成員,從而使這個團隊成為跨職能的群體。最後,由於在背景、訓練、能力、所接近的資源方面的差異,一個團隊的成員在技能、知識、專長及信息的擁有上是不平均的。

團隊與傳統的部門結構或其他形式的穩定性群體相比,具有以下優點:①它可以使不同的職能並行進行,而不是按順序進行,從而大大地節省完成組織任務的時間。②它可以迅速地組合、重組和解散。③它可以由團隊成員自我調節、相互約束,促進員工參與決策的過程,增強組織的民主氣氛,並且削減組織中某些中層管理職能。

(二) 團隊的類型

　　1. 問題解決型團隊

　　問題解決型團隊是團隊剛盛行時的形式。這種團隊是由來自同一部門的 5～12 名員工組成的團隊。他們定期聚會，共同討論對質量、效率和工作環境的改進等。團隊成員互相交流看法或提出建議，但團隊幾乎沒有權力根據這些建議單方面採取行動。其中應用最廣的一種問題解決型團隊是質量圈。這種團隊由職責範圍部分重疊的員工及主管人員組成，定期相聚，討論面臨的質量問題，調查問題的原因，提出解決問題的建議，並採取有效的行動。

　　2. 自我管理型團隊

　　自我管理型團隊是為了彌補問題解決型團隊的某些不足而出現的。這種團隊一般由 10～15 名員工組成，承擔了過去主管的責任。這是真正獨立自主的團隊——不僅提出解決問題的方案，而且執行解決問題的方案，並對工作結果承擔全部責任。一般來說，這種團隊的責任範圍包括控制工作節奏、決定工作任務分配、安排工作時間、檢查工作程序等。完全的自我管理型團隊甚至可以挑選自己的成員，並讓成員相互進行績效評估。自我管理型團隊是一種團隊合作和參與的方式，作為組織正式運作的一種方式，可以獲得來自組織的強有力的支持。但研究表明，實行這種團隊形式並不一定能帶來積極的效果。如與傳統的工作組織形式相比，自我管理型團隊成員的缺勤率和流動率偏高。

　　3. 多功能型團隊

　　多功能型團隊是由等級結構水平相同但工作領域不同的員工組成的團隊，以共同合作完成任務。多功能型團隊能促使組織內不同領域的員工之間交換信息，激發新的觀點，解決面臨的新問題，協調複雜的項目。同時，多功能型團隊的形成又不能一蹴而就。在其形成的早期階段，往往需要消耗大量的時間，團隊成員需要學會處理複雜多樣的工作任務。在成員之間，尤其在不同背景、經歷和觀點的成員之間，容易產生衝突，需要不斷溝通。

　　4. 虛擬型團隊

　　前幾種團隊都屬於實體形式，虛擬型團隊則是通過計算機技術把身處異地的人們聯繫起來協同工作以實現共同的目標。它既可以聯合組織內部所有成員，又可以聯合不同組織間的成員，還可以完成信息共享、決策制訂、執行任務等其他工作團隊能做到的全部工作。

　　虛擬團隊與面對面團隊活動的團隊相比主要有三個特點：第一，缺少副言語和非言語線索；第二，社會背景有限；第三，有克服時間和空間限制的能力。

二、創建高績效團隊

(一) 高績效團隊的特徵

　　團隊的形式並不能自動地提高生產力，它也可能使管理者失望。最新的研究提出了高績效團隊的一些主要特徵：

1. 清晰的目標

高績效的團隊對所要達到的目標有清楚的瞭解，並堅信這一目標包含著重大意義和價值。而且，這種目標的重要性還激勵著團隊成員把個人目標昇華為群體目標。在高績效的團隊中，成員清楚地知道自己該做什麼工作，以及怎樣共同工作以完成任務。

2. 相關的技能

高績效的團隊是由一群有能力的成員組成的。他們具備實現理想目標必需的技術和能力，而且相互之間有能夠良好合作的個性品質，從而能出色地完成任務。能夠實現良好合作的個性品質常被人們忽略，但卻尤其重要。有精湛技術的人並不一定就有合作技巧，高績效團隊的成員往往兩者兼而有之。

3. 相互信任的氛圍

通過團隊學習而形成的組織文化和管理層行為，對形成相互信任的群體內氛圍很有影響。如果組織崇尚開放、誠實、協作的辦事原則，同時鼓勵員工的參與和自主性，就比較容易形成信任的氛圍，從而幫助管理者建立和維持信任。

4. 良好的溝通

高績效團隊成員通過暢通的渠道交流信息，其管理層和團隊成員之間有健康的信息反饋機制，並經常進行以獲取超出個人水平的見解為目的的「深度會談」。它鼓勵成員將他們認為最困難、最複雜、最具衝突性的問題放到團隊中來討論，自由地表達各自的觀點並加以驗證，彼此真誠相對，以真實的想法進行交流溝通。

5. 不斷的探索和調整

在以個體為基礎進行工作設計時，員工的角色由工作說明、工作程序、工作紀律及其他一些正式文件明確規定。但對於高績效的團隊來說，其成員的角色具有靈活多變性，總在不斷地進行調整。這要求成員有充分的準備，來持續面對和應付團隊中時常變換的問題和關係。

6. 恰當的領導

有能力的領導能夠讓團隊成員跟隨自己共同度過最艱難的時期，因為他能為團隊指明前途所在。他為成員闡明變革的可能性，鼓舞成員的自信心，幫助他們更充分地理解自己的潛力。高績效團隊的領導者往往擔任教練和後盾的角色，為團隊提供指導和支持，但並不試圖去控制它。

7. 內部支持和外部支持

從內部條件來看，高績效的團隊應該擁有一個合理的基礎結構，包括適當的培訓、公平合理的評估員工績效的測量系統，以及一個起支持作用的人力資源系統；從外部條件來看，管理層應該提供完成工作必需的各種資源。

(二) 創建高績效團隊

高績效團隊是指一種能自動變革、高效率地朝著目標前進的團隊。由於高績效團隊的優秀表現，越來越多的企業希望把企業內部的群體與團隊都變成高績效團隊。

1. 工作設計

高績效團隊需要一起工作、承擔共同的責任，以完成重要的任務。它必須比一個

「團隊稱號」做得更多。其工作設計包括自由度和自主權、使用不同技能和才干的機會、完成整體任務或產品的能力，以及完成對他人具有重要影響的任務或項目。實踐證明，這些特點提高了其成員的動機水平，並增加了團隊的有效性。因為它們增加了成員的責任感和對工作的擁有權，並使得工作的完成過程更為有趣。

2. 團隊構成

這一類別中包括了團隊應該如何組織成員方面的變量。

(1) 隊員的能力

要想進行有效的運作，一個團隊需要有三種不同技能類型的人。第一，需要具有技術專長的成員。第二，需要具有解決問題和決策的能力的人。他們能夠發現問題、提出解決問題的建議，並權衡這些建議，最後作出有效選擇。第三，需要具有善於聆聽、提供反饋、解決衝突及其他人際關係技能的成員。如果一個團隊不具備以上三類成員，就不可能充分發揮它的績效潛能。

(2) 人格特點

人格特點對員工的個體行為有著顯著影響。這一結論也可以進一步包括團隊的行為。具體來說，團隊在外傾性、隨和性、責任心和情緒穩定性上得分較高，管理層對團隊的績效評分也會更高。

(3) 角色配置以及多樣化

團隊有著不同的需求。因而團隊在挑選隊員時，應該確保其多樣化，並能滿足各種不同的需要。

我們已經瞭解，成功的工作團隊需要隊員扮演九種潛在的團隊角色，如表 5-1 所示。

表 5-1　　　　　　　　　　團隊內的九種角色

匯報者—建議者	發布和收集信息
創新者—革新者	發起創造性的想法
探測者—促進者	探測可能性，尋找機會
評估者—開發者	分析決策選項
信任者—組織者	提供信任，推動結果實現
結論者—生產者	以系統的方式產生工作成果
控制者—監督者	檢查工作的各個細節
支持者—維護者	支持團隊的標準和價值觀，維護團隊的表現
聯絡者	協調與組織

管理者需要瞭解個體的優勢（也就是每個人可以為團隊帶來什麼），並根據其內在優勢選擇員工，並恰當分配工作任務，使其符合成員的偏好。通過使個人偏好與團隊的角色要求相匹配，管理者可以提高團隊成員共同工作的可能性。

(4) 團隊規模

通常說來，最有效的團隊規模是不超過 10 人。而且專家建議，在能夠完成任務的

前提下，應該使用最少的人數。但對管理者來說，一種普遍性的錯誤傾向是群體規模過大。因此，在設計高效團隊時，管理者應該盡量使人數不超過 10 人。如果自然的工作單元中人數過多，而且你希望採取團隊的形式，就應該考慮把一個群體拆分為幾個小的團隊。

（5）隊員靈活性

如果團隊由靈活性強的個體構成，其隊員之間可以相互替代完成任務，則顯然會增強團隊的適應性，並使團隊對任何單一個體的依賴性降低了。因此，應該招聘那些自身很重視靈活性的員工，然後對他們進行交叉培訓以使其能夠完成其他人的工作。隨著時間的推移，團隊的績效會提高。

（6）隊員偏好

並非每一個員工都是團隊隊員。如果讓他們自己挑選，不少員工會選擇不加入團隊，因為很多員工並不喜歡在團隊內工作。對於那些更喜歡獨自工作的人，在要求他們組成團隊時，會對團隊士氣和隊員的滿意感產生直接的威脅。因此在選擇團隊隊員時，除了要考慮能力、人格特點和技能之外，也應考慮個人偏好。

3. 外界條件

與團隊績效有著最顯著的聯繫的有四種外界條件：充分的資源、有效的領導、信任的氛圍、反應團隊貢獻的績效評估與獎勵體系。

（1）充分的資源

工作群體是更大組織系統中的一部分。同樣，所有的工作團隊也依賴群體之外的資源來維持，資源的缺乏會直接降低團隊有效完成工作的能力。研究表明，有效的工作群體的最重要的特點可能是從組織那裡得到的支持。這種支持包括及時的信息，先進的技術，充分的人員，鼓勵和行政支持。團隊要想成功實現其目標，必須從管理層和更大的組織那裡得到必要的支持。

（2）有效的領導

團隊隊員在「誰做什麼」上必須達成一致意見，以確保所有隊員公平承擔工作負荷。另外，團隊還需要對如何安排工作日程，需要開發什麼技能，如何解決衝突，如何作出適應和調整等問題進行決策。在決定各成員的具體任務內容並使工作任務適合隊員個體的技能水平方面，都需要團隊領導和團隊結構發揮作用。這些事情可以由管理層直接來做，也可由團隊成員通過扮演倡導者、組織者、生產者、維護者和聯絡者等角色自己來做。

（3）信任的氛圍

團隊隊員必須彼此信任，而且他們也應表現出對領導者的信任。團隊成員的相互信任促進了合作，降低了行為監督的需要。例如，當團隊隊員認為自己可以相信團隊中的其他人時，他們可能會更主動地承擔風險，而無需掩飾自己的弱點。

（4）績效評估與獎勵體系

如何使團隊隊員在集體和個體兩個層次上都具有責任心呢？應該對傳統的、以個人導向為基礎的評估與獎勵系統有所調整，以反應團隊的工作績效。

針對個人的績效評估和激勵方式、固定的小時工資等與高效的團隊是不相適應的。

因此，除了根據個人貢獻進行評估和獎勵之外，管理層還應考慮以群體為基礎進行績效評估、利潤分享、小組激勵以及其他方面的變革，來強化團隊努力和團隊承諾。

4. 過程

與群體有效性有關的最後一類要素是過程變量，它包括隊員對一個共同目的的承諾、具體團隊目標的建立、團隊功效、衝突水平、最低水平和社會惰化。

(1) 共同目的

成功團隊中的隊員通常會用大量的時間和精力來討論、塑造和完善一個在集體水平和個體水平上都被大家接受的目的。這種共同目的一旦被團隊接受，那麼在任何情況下，它都能夠為團隊提供方向和指南。

(2) 具體目標

成功的團隊會把它的共同目的分解成為具體的、可以測量的、現實可行的績效目標。目標可以提高個體績效水平，目標也能使群體充滿活力。具體的目標可以促進明確的溝通，還有助於團隊把精力放在如何獲得結果上。

(3) 團隊功效

高效團隊的成員很自信，他們相信自己能夠成功。我們把這種特點稱為團隊功效。獲得了成功的團隊會增加其成員未來成功的信念，又能激勵他們更加努力工作。

管理層怎樣才能提高團隊功效呢？幫助團隊獲得較小的成功和進行技能訓練是幫助團隊提高功效的兩種可能選擇。不斷取得小的成功可以樹立團隊的信心。另外，管理者應考慮通過一些培訓來提高員工的技術和人際技能。團隊隊員的能力水平越高，團隊越能樹立信心。

(4) 衝突水平

團隊中的衝突未必就是壞事。完全沒有衝突的團隊很可能是缺乏生氣的和停滯落後的。實質上，衝突可以改善團隊的有效性。當然，並不是所有類型的衝突都可以做到這一點。不過，對於從事非常規活動的團隊，成員之間在任務內容方面的意見不一致（即任務衝突）並不是破壞性的。事實上，它常常是有益的，因為它降低了群體思維的可能性。任務衝突激發了成員之間的討論，促進了對問題和備選方案的關鍵評估，還能夠帶來更佳的團隊決策。

(5) 社會惰化

我們知道，個體可能會「隱藏」在群體中，他們可以順勢搭上群體努力的大車，而此時個人的貢獻就無法直接衡量。高效團隊可以通過考核隊員在集體和個體上承擔的責任，消除這種傾向。

成功的團隊能夠使每個隊員以及隊員總體為團隊的目的、目標和行動方式承擔責任。團隊成員很清楚哪些是個人的責任，哪些是大家共同的責任。

對管理者的啟示

團隊工作方式正被越來越多的企業所採用。對企業而言，組建和塑造優秀團隊已成為企業參與競爭的有力武器。幾乎沒有什麼趨勢像大規模地把團隊引入工作這種運

動一樣對員工的工作產生如此大的影響。從個人獨自工作轉變為加入團隊工作，要求員工善於與別人合作，與別人共享信息，坦然面對人與人之間的差異，還要使個人利益與團隊利益相一致。

為了塑造團隊成員，管理人員應該努力選拔那些人際關係技能較強、有可能成為有效團隊選手的個人，還應該對員工進行培訓，開發他們的團隊工作技能，並對個人的合作努力給予獎勵。

團隊成熟並能有效地運作之後，管理人員的工作並未結束，因為成熟的團隊也可能會陷入停滯、驕傲自滿中。為了使團隊得以繼續發展，管理人員應以建議、指導、培訓等形式支持它們。

案例分析

高績效團隊的困惑

最近生產管理部經理A先生越來越感到本部門的創新氛圍大不如前。現在部門成員對本職工作都非常熟悉，工作完成情況較好，但就是都有一種不思進取的態度。另外，部門成員對待其他部門的態度、看法也與以前不同，在平時言談中總是流露出不滿的情緒，如認為某部門的人員如何沒有理念、沒有思路等，自滿的態度在部門成員平時的交談中表露無遺。A經理感到現在到了好好想想本部門問題的時候了。

A先生所在的企業是一家合資的生產日用消費品的製造業企業。這幾年公司業務發展迅速，平均每年都有10%以上的業務增長。雖然近兩年國內市場競爭越來越激烈，但是由於公司在前幾年就形成了良好的企業文化，打下了紮實的管理基礎，公司仍能夠繼續保持平穩發展。公司這幾年一直採用目標管理（MBO）這一管理工具，強調參與式的目標設置，並且強調所有目標都必須是明確的、可檢驗的和可衡量的。公司在四年前成功運行了一套企業資源計劃系統（ERP）。這套管理系統不僅使公司的物流、財流、信息流達到最優化，而且使公司的組織結構扁平化、目標設定具體化，並對目標的績效反饋有很大幫助。目標管理與ERP系統相輔相成，使公司具備了良好的管理基礎，並形成了目前良好的企業文化。

A先生於五年前進入此公司並在生產管理部門擔任部門負責人。生產管理部共有四位員工，他們是進入公司一年的B先生與C小姐，進入公司三年的D先生與E小姐。在進入此部門兩星期後，A先生瞭解到B先生做事有條理，交給他做的事總能有計劃地完成，但是B先生在工作中主動性不夠；C小姐活潑開朗，經常在工作中會提出一些新鮮點子，但是做事缺乏條理性；D先生經驗豐富，而且工作積極主動；E小姐與D先生同為公司資深員工，工作經驗豐富，且人緣很好，在公司各個部門都有好朋友。

在公司ERP系統成功上線後，經過業務流程重組，A先生負責的生產管理部門主要包括以下這些工作職責：①制訂生產計劃。根據公司市場部門提供的銷售預測及財務部門的庫存目標，結合工廠產能計劃，制訂年度、季度、月度的生產計劃。②制訂產能計劃。與工程部門、技術部門、生產部門一起核定生產產能計劃，每年定期核查，平時如有變化就需及時更改。③安排日常生產流程。將客戶訂單及生產計劃變成生產

指令下達給生產部門組織生產。④制訂採購計劃。管理系統依據生產計劃及動態客戶訂單數量產生基礎 MRP 計劃，再經過人為整合下達採購指令給採購部門採購原料。⑤制訂分銷資源計劃。由於公司在全國各地有五個倉庫向各地發貨，所以需要給各倉庫分配產品，安排運輸，同時還要與各地經營部聯絡以滿足各地的訂單需求、控制各地庫存水平等。

A 先生利用業務流程重組的機會，將手下四位員工的工作職責進行了重新劃分：經驗豐富的 D 先生負責制訂生產計劃與產能計劃，同樣經驗豐富的 E 小姐負責制訂分銷資源計劃，B 先生負責安排日常生產流程，C 小姐負責制訂採購計劃。由於部門內所有人在公司實施 ERP 項目時都經過了系統的、完整的培訓，同時又都有一定的工作經驗，因此大家很快熟悉並勝任了各自的工作。

由於公司採用了目標管理工具，每個員工都要參與制訂每個人各自的工作目標，所以大家都清楚個人及上級的工作目標。生產管理部門 A 先生的目標是使生產計劃完成 90% 以上，原輔料、半成品、成品的庫存控制在 4000 萬元人民幣以下，客戶訂單的交貨期為五個工作日以內。此目標被分解到部門其他四位員工，如 C 小姐負責採購計劃，她的目標是原料庫存控制在 2500 萬元人民幣以下，缺料率在 2% 以下，主要原料缺料率為 0。同樣，B 先生負責生產流程，他的目標是客戶訂單交貨期為五個工作日以內，半成品庫存為 200 萬元人民幣以下等。由於所有人的目標明確，都可衡量，且 ERP 系統保證了所有的數據都可隨時提供，績效反饋非常有效，公司的激勵制度得到了有效實施，各成員的工作都具有一定的挑戰性，A 先生這個部門的工作滿意度較高。

由於本部門的工作要與其他部門溝通、配合才能完成。如要完成生產計劃不僅要與本部門的生產流程、採購計劃、分銷計劃充分溝通，還需要與市場部、財務部、研發部、技術部、工程部等部門進行有效的溝通。同樣，製作分銷計劃，不僅要與本部門的生產流程進行溝通，還要與工廠倉庫、運輸公司、各經營部客戶服務人員、市場部人員、各地倉庫等進行溝通。因此，A 先生在部門內一直強調溝通的重要性，並積極提倡協同配合，使大家都明確了每個人的工作都需要部門內其他人員的幫助才能完成。而要做到這點，大家都知道互相信任、互相幫助、開誠布公的重要性。

由於生產管理部門內各成員的工作都相輔相成、互相依賴，大家都有瞭解別人工作的願望，A 先生要求各成員將各自的具體工作寫成流程，並包括各類細節，供部門內所有人員參考，還鼓勵大家互相學習彼此的工作，而且規定每年必須輪換工作。由於大家的工作業績都互相依賴，大家都努力學習他人的工作、他人的長處，努力幫助他人克服缺點，部門內所有人都具備單獨完成各項工作的能力。

A 先生在部門中一直提倡創新觀念，他本人就一直提出各種各樣新的觀點和想法來幫助大家更好地完成工作。同樣，D 先生會幫助 A 先生將他的觀念落實，如制訂操作程序等；B 先生和 C 小姐也經常會對這些觀念提些建議；而 E 小姐小心謹慎，會考慮新觀點對各方面的影響。由於 A 先生的倡導，部門內逐步提出了許多好的觀念。如「鼓勵提出不同意見」「不能提出改進意見就不要反對別人的觀點」「不提出改進意見，就完全按別人意見做」等。

經過這幾年的成長，生產管理部已成為一個工作績效高、學習能力強、工作滿意

度高、內部凝聚力強的團隊，部門內的成員都以在這個團隊中工作為榮。然而，當前這個團隊出現了諸如開頭提及的一些不和諧的現象。A 先生通過幾天的考慮，決定採取行動。

資料來源：葉龍，史振磊. 組織行為學，北京：清華大學出版社，北京交通大學出版社，2006.

問題討論

1. 請分析 A 先生是如何成功塑造高績效的工作團隊的。
2. 請描述這個高績效團隊的價值。
3. 目前 A 先生所領導的團隊為什麼會出現問題，應該如何克服？

第三節　人際溝通

一、溝通的概念

（一）溝通的概念

溝通就是人與人之間傳遞思想和交流情報、信息的過程。溝通的目的是讓對方清楚你的思想、取得共識，或發現問題、解決問題，從而達到相互瞭解、相互認識、相互影響的過程，如圖 5-3 所示。

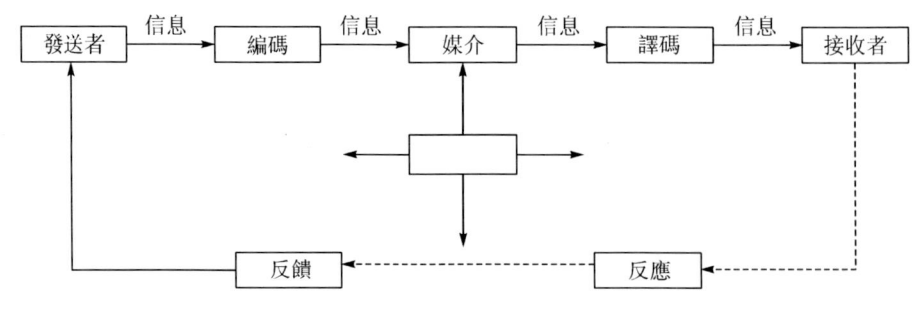

圖 5-3　溝通過程模型

無論何種溝通，都服從信息傳遞的一般規律。溝通的基本要素有：

（1）信息發出者。信息發出者是溝通聯絡的主體，是有目的的信息傳遞者。

（2）編碼。編碼是溝通聯絡的內容，表達溝通主體的觀念、需要、意願和消息等。這些內容只有經過溝通聯絡主體的編碼加工，才能成為信息，才能被傳遞出去。

（3）媒介。媒介即信息傳遞的通道，這些通道又兼有信息載體的作用。聲、光、電、動物、人、報刊、書籍、電影、電視、文件、電報等都是信息傳遞的通道，也被稱為媒介體。

（4）接受者。接受者是指信息最終要傳遞到的接受對象，即信息的使用者，又稱為溝通對象。

（5）解碼。信息接收者收到經過編碼後的信息後，只有通過翻譯編碼才能真正理解所傳遞的信息。因此，譯碼就是信息接收者根據過去的經驗對信息進行解釋。

(6) 反饋。反饋是信息接受者對信息的反應結果又回到信息的發出者的過程。它是溝通持續發生的保證，也是對溝通效果的評價。

(7) 環境。環境指溝通發生的背景和地點，它是能夠對溝通效果產生重大影響的因素。環境不僅僅指溝通的地點，還包括溝通的心理狀態、社會角色、問題的性質、文化氛圍等。

(8) 噪聲。噪聲指對信息傳遞過程中產生干擾或破壞的一切因素。噪聲存在於溝通的各個環節，會造成溝通障礙或影響溝通的準確性和溝通效率。

(二) 溝通的功能

在群體或組織中，溝通有四種主要功能：控制、激勵、情緒表達和信息傳遞。

1. 控制功能

組織可以通過職權層級和正式指引等多種溝通方式來控制員工行為。比如，員工要首先與直接上級交流對工作的不滿，要按照職務說明書開展工作，要遵守公司的政策法規等，而溝通可以實現這種控制功能。

2. 激勵功能

良好的組織溝通，尤其是順暢的縱向溝通可以起到振奮員工士氣、提高工作效率的功能。除了高額獎金、高福利等物質激勵以外，管理者還應關注員工更高層次的需要，即讓員工積極參與企業的創造性實踐活動，滿足其自我實現的需要。管理者通過具體目標的設置、實現目標過程中的持續反饋及必要的正強化，來激發員工的工作積極性和創造性。

3. 情緒表達功能

對於組織中的員工來說，工作群體是主要的社交場所。員工常常會通過組織內的群體溝通來表達自己的失落感或滿足感。因此，溝通提供了一種釋放情感的情緒表達機制，滿足了員工的社交需要。

4. 信息傳遞功能

工藝技術信息、財務信息等都需要準確、有效地傳達給相關部門和決策者，使決策者能夠評估各種備選方案並確定最佳方案。而企業的決策也必須借助口頭或書面、正式或非正式的溝通方式傳達給確定的對象。此外，組織還需要通過信息溝通瞭解顧客、供應商、競爭對手及股東的要求等其他外部環境信息。只有通過信息溝通，組織才能成為一個與外部環境相互作用的開放系統。

二、組織的正式溝通與非正式溝通

在一個正式組織內，成員間進行的溝通可因其途徑的不同分為正式溝通與非正式溝通兩種。正式溝通通過組織正式結構或層次系統進行，非正式溝通則是通過系統以外的途徑進行的。

(一) 正式溝通

正式的溝通一般指在組織系統內，依據組織明文規定的原則進行的信息傳遞與交流，如組織與組織之間的公函來往、組織內部的文件傳達、召開會議、上下級之間的

定期情報交換等。正式溝通有渠道比較穩定、內容不易失真、有組織和制度的保障等優點。重要的信息和文件的傳達、組織決策的發布等，一般都採取這種方式。但正式溝通由於溝通渠道過於單一，不利於大規模的信息溝通；而由於溝通場合的特殊性，人們有可能隱藏自己的情感，使溝通失效。

1. 正式溝通的途徑

（1）上行溝通

上行溝通是指組織中的信息從較低層次流向較高層次的一種溝通，主要是下屬依照規定向上級提出的正式書面或口頭報告。除此以外，許多機構還採取某些措施鼓勵上行溝通，例如意見箱、建議制度、由組織舉辦的徵求意見座談會或態度調查等。通過上行溝通，管理者可以知道下級員工的需求和願望、下行溝通的效果和各種指示的結果，以及許多有利於決策的建議、意見和觀點等。

（2）下行溝通

下行溝通是指組織中的信息從較高層次流向較低層次的一種溝通。這是在傳統組織內最主要的溝通流向，一般以命令的方式傳達上級組織或再上級決定的政策、計劃、規定之類的信息，或頒發某些資料供下屬使用等。但是，這種溝通往往要經過組織的多個層次，其傳遞或路線長、時間長，往往容易在傳遞過程中使信息產生遺漏和錯誤。

（3）平行溝通

平行溝通是指同層次、不同業務部門之間進行的信息溝通。在企業中，部門之間經常發生矛盾衝突。除其他因素外，部門之間互不通氣是重要原因之一。保證平行組織之間溝通渠道的暢通，是減少各部門之間衝突的一項重要措施。這種溝通一般具有業務協調性質，有加強相互間的瞭解、增強團結、強化協調、減少矛盾衝突、改善人際關係的特點。

2. 正式溝通的網絡

在正式溝通中，信息的流動總是要經過某些人和機構傳遞的，這就形成了一個由各種通道構成的網絡。美國心理學家萊維特以五個人為一個群體，通過實驗提出了五種不同的網絡，如圖5-4所示。而表5-2描繪了五種溝通形式的網絡的特點。

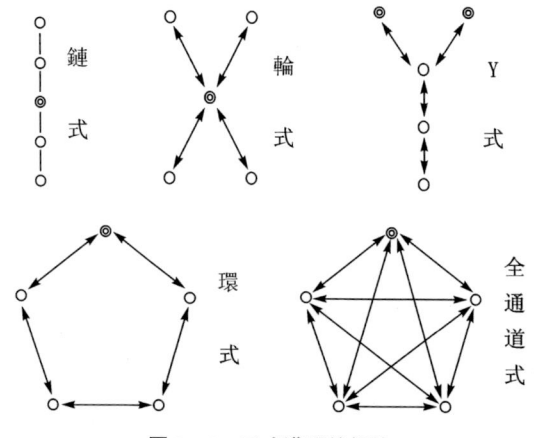

圖5-4　正式溝通的網絡

表 5-2　　　　　　　　　　　五種溝通形式的比較

溝通形態 評價標準	鏈式	輪式	Y 式	環式	全通道式
集中性	適中	高	較高	低	很低
速度	適中	1. 快（簡單任務） 2. 慢（複雜任務）	快	慢	快
正確性	高	1. 高（簡單任務） 2. 低（複雜任務）	較高	低	適中
領導能力	適中	很高	高	低	很低
全體成員滿足	適中	低	較低	高	很高
示例	命令鏈鎖	主管管理四個部屬	領導任務繁重	工作任務小組	非正式溝通 (秘密消息)

（二）非正式溝通

1. 非正式溝通的含義

非正式溝通是指在正式溝通渠道以外進行的信息傳遞和交流。非正式溝通和正式溝通不同，因為它的溝通對象、時間及內容等各方面都是未經計劃和難以辨別的，其溝通途徑是組織內的各種社會關係。任何組織都或多或少地存在著這種非正式溝通途徑。非正式溝通的優點主要是溝通形式靈活，直接明瞭，速度很快，比較容易表露思想、情緒和動機，能夠及時瞭解正式溝通難以提供的內幕信息。非正式溝通也常常會帶來不良影響，主要表現在：

第一，信息常被歪曲，與事實不符。

第二，由於事先將一些信息「洩密」，正式溝通成為了「馬後炮」。

第三，「洩密」導致了正常溝通的環境惡劣化。

對非正式溝通，我們與其「圍而堵之」，不如「疏而導之」，因為它的出現說明正式渠道不暢。我們應利用它的特點，補充溝通的不足。

2. 非正式溝通的渠道

非正式溝通的渠道有下列四種方式，如圖 5-5 所示。

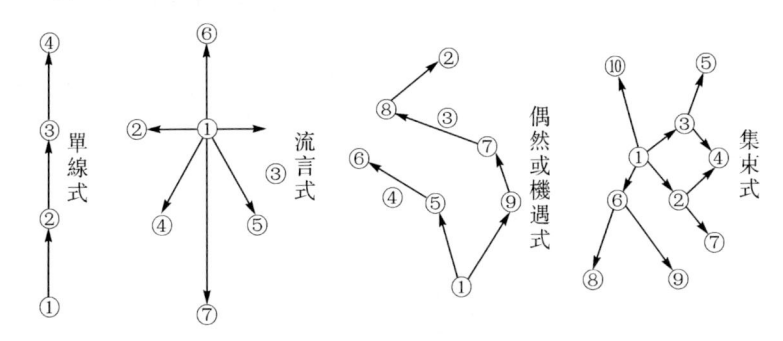

圖 5-5　非正式溝通示意圖

(1) 單線式

單線式即消息由一連串的人傳到最終的接受者。

(2) 流言式

流言式也叫閒談傳播式，即消息由一個人主動傳播給其他一些人，如在中小型會議上的傳播。

(3) 偶然或機遇式

偶然或機遇式消息由一個偶然機會傳遞給他人，他人又隨機傳播給其他人，無一定路線。

(4) 集束式

集束式即消息被有選擇地傳播給朋友或有關的人，他人接受後也如法炮製。這種方式最為普遍。

對管理者的啟示

仔細考察本節內容，會發現在溝通與員工的工作滿意度之間有一個共同的特點：信息的不確定性越低，工作滿意度就越高。而信息的失真、模棱兩可、前後不一致等情況都增加了其不確定性，因而對工作滿意度有著不利影響。在溝通中信息失真的程度越低，員工從管理層那裡獲得的有關目標和其他信息就越接近原意。這就需要減少信息的模糊性，明確群體的任務。大量使用垂直、水平和非正式溝通通道可以促進信息的流動，降低不確定性，提高群體的工作績效和工作滿意度。

案例分析

回款拖欠問題的解決

西北某國有企業一直從事輕化工品（醫藥包裝材料、食品添加劑）的生產。為了向下游拓展業務，尋求新的利潤增長點，公司決定進軍醫藥領域，於 2001 年出資 2500 萬元，收購了四川某民營藥廠。

該藥廠成立於 1998 年，總投資為人民幣 1800 萬元，主要生產治療乙肝的四類中藥。產品於 1999 年投放市場，主要採取代理銷售的模式，當年銷售收入僅為 700 餘萬元，虧損為 200 餘萬元。原民企老板經過深刻總結，認識到藥品銷售的重點在於擁有一支強有力的銷售隊伍，於是以年薪人民幣 20 萬元重金聘請了某國有大型藥廠的銷售副總張某，組建了公司的營銷隊伍，並任命張某全面負責銷售工作。2000 年，該藥廠在華南、華東、華北三個地區新開了 6 個片區，擁有了 70 餘人的銷售隊伍，當年完成銷售額 1800 餘萬元，實現利潤 300 萬元。但由於原民企老板轉型從事房地產行業，於是將該廠作價 2500 萬元賣給了該國有企業。

該企業收購該藥廠後，委派了陳某出任該藥廠的總經理，李女士出任該藥廠的財務部經理。張某仍為銷售部經理，其個人收入也遵從國有企業的薪金分配制度，原有的 20 萬年薪沒有得到確認。

2001 年 9 月底，剛上任 3 個月的陳總接到財務部李經理匯報，上半年公司在市場上鋪的貨已達到 2000 萬元。按照 3 個月回款規定和以前的回款狀況，這些貨款本月都應該回收完畢，而到目前僅回來了 210 萬元，尚餘 90% 未收回，不知道問題出在哪裡。這種回款狀況已影響到了原料和包裝品的正常採購。

陳總找到銷售部張經理。張經理解釋說：「這件事情我最近也在調查。據各片區反應，這些客戶大多與我們原老板很熟，老板在的時候，他們基本上都能按照 3 個月的時間打款，因為這樣做，原老板也給他們兌現返利。但現在你們國有企業收購了這個藥廠。這個返利措施未明確，人家打款當然不積極了，所以就以資金緊張為由拖欠我們的貨款。而且原來的老板也給我們銷售部每年銷售收入 5% 的提成，而現在這個政策也沒明確，銷售隊伍目前不太穩定，我也沒什麼辦法，還是公司來解決吧。」

陳總通過私下瞭解得知，原來的老板給張經理的 20 萬元年薪及銷售部 5% 的提成均為口頭小範圍承諾（僅是在藥廠贏利後一次吃飯時給張經理及幾個片區負責人的口頭承諾），但這個問題的後遺症在收購後凸顯出來，目前已影響到銷售。面臨困境，陳總陷入了長久的沉思中……

資料來源：葉龍，呂海軍. 管理溝通：理念與技能［M］. 北京：清華大學出版社，北京交通大學出版社，2006.

問題討論
1. 在溝通過程及構成要素方面，陳總應該如何策劃這次溝通？
2. 陳總應該採取什麼樣的領導模式及溝通策略來進行溝通？

第四節　衝突與談判

一、衝突的概念

(一) 衝突的內涵

衝突是組織中不可避免的一種現象。衝突是行為主體之間的目標、認知或情感互不相容或相互排斥而產生的結果或由於目的、手段分歧而導致的行為對立狀態。理解衝突的含義，需要理解其中包含的四個關鍵要素：衝突雙方存在利益上的對立，衝突雙方已經意識到了這種對立，衝突雙方認為對方將要或已經損害了自己的利益，衝突雙方認為對方將要採取損害自己利益的實際行動或已經採取了這樣的行動。

1. 衝突的類型
在組織中，衝突主要分為三類：
(1) 任務衝突
任務衝突是與工作內容和目標有關的衝突，如製造企業中的生產部門和質量檢驗部門的衝突。
(2) 關係衝突
關係衝突是人際關係的衝突，主要受感情因素的影響。

（3）過程衝突

過程衝突是與如何完成工作有關的衝突，如工作方法、工作程序等的衝突。

2. 衝突的特性

（1）衝突的客觀存在性

衝突的客觀存在性是指衝突是一種不以人們的意志為轉移的社會心理現象。任何組織、群體或個人都會遇到形形色色的衝突，它是群體或組織管理的本質內容之一，是任何社會主體無法逃避的客觀現實。

（2）衝突的主觀知覺性

衝突是否存在是一個知覺問題，衝突必須是雙方感知到的。如果人們沒有意識到矛盾的存在或感知到由矛盾所帶來的心理壓力，則衝突往往被認為不存在。客觀存在的形形色色的衝突必須經過人們自身去感知、去體驗。當客觀存在的分歧、爭論、競爭、對抗等現實狀況反應為人們大腦或心中的內在矛盾鬥爭，導致人們進入緊張狀態時，人們才能意識到衝突，知覺到衝突。

（3）衝突作用的兩重性

衝突作用的兩重性是根據衝突的相互作用觀念，從衝突作用的影響的角度對其一般特性的概括。抽象而言，衝突對於組織、群體或個人既具有建設性，有著產生積極影響的可能性，又具有破壞性，有著產生消極影響的可能性。以前者特性為主的衝突，人們稱之為「建設性衝突」或「功能正常的衝突」；而以後者特性占上風的衝突，人們稱之為「破壞性衝突」或「功能失調的衝突」。

二、衝突的過程

衝突是一個動態的過程。實際的衝突一般是從衝突相關主體的潛在矛盾映射為彼此的衝突意識，到醞釀成衝突的行為意向，然後表現出現實的衝突行為，最終造成衝突的結果與影響，是一個逐步產生、發展和變化的互動過程。如圖5-6所示。

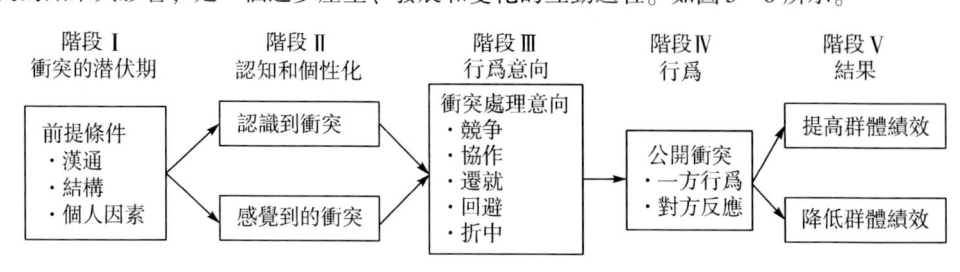

圖5-6　衝突過程

第一階段：衝突的潛伏期

衝突過程的第一步是存在可能產生衝突的條件。這些條件並不必定導致衝突，但它們是衝突的根源，是衝突產生的前提條件；一旦它們累積到一定程度，衝突就會出現。一般認為，產生衝突的可能條件主要為三類：溝通、結構和個人因素。

①溝通。溝通不良可能成為衝突的潛在原因。研究表明，語義理解的困難、信息交流的不夠充分及溝通通道中的「噪聲」都構成了溝通障礙，並成為衝突的潛在條件。

②結構。這裡的「結構」概念包括群體規模、群體成員分配的任務的具體化程度、管轄範圍的清晰度、員工與目標之間的匹配性、領導風格、獎勵系統、群體間相互依賴的程度。研究表明，群體規模和任務的具體化程度可以成為激發衝突的動力。群體規模越大，任務越專門化，則越可能出現衝突。群體之間的目標差異是產生衝突的主要原因之一。當組織中不同群體追求的目標不同時，一些部門本身存在矛盾和不協調，會增加衝突出現的可能性。

③個人因素。個人因素也可能成為潛在的衝突源。人格類型的不同、價值觀的差異都可能引起衝突。

第二階段：認知和個性化

在衝突的這一階段，衝突主體將意識到客觀存在的雙方的對立或不一致，從而產生相應的知覺，開始推測、辨別是否會有衝突，是什麼類型的衝突，是什麼性質的衝突等。衝突的主體也已體驗到緊張或焦慮，衝突問題與矛盾變得明朗化了，潛在衝突向顯在衝突轉化。在衝突過程中，衝突的主體會在感知潛在衝突的基礎上去認識和界定衝突，形成個性化的衝突認知和定性，而且不同主體對沖突的定義的方式將極大地影響到後續的衝突的行為意向和衝突可能的解決辦法。

第三階段：行為意向

在此階段，衝突主體主要是在自身的主觀認知、情感與外顯的行為之間作出究竟應採取何種行為的決策或特定行為意圖取向的選擇。也就是說，衝突主體在知覺衝突的基礎上，依據自己對沖突的認識、定義和判別，開始醞釀和確定自己在衝突中的行為策略以及各種可能的處理方式。當然，這一切多是站在特定立場、謀求有利於自身的衝突發展結局而展開的。顯然，衝突主體的行為意向與衝突的實際行為並不是一回事，兩者雖然關係密切，但由於主觀、客觀多種因素的變化作用和影響，兩者之間不存在必然的因果關係，在一些情況下會不盡一致。但是衝突主體的行為意向選擇往往會導致其產生衝突行為，從而造成不同性質和作用的衝突結果。

日常生活中，很多衝突升級或惡化的基本原因之一，就在於衝突主體把彼此之間的問題進行了錯誤歸因或錯誤地選擇了對待對方的行為意向。可見，只有判斷出一個人的行為意向之後，才可能知道他會作出怎樣的行為選擇。

處理衝突意向有兩個維度：一個是合作性，指一方願意滿足另一方的行為意向；另一個是自我肯定性，指一方願意滿足自己願望的程度。根據這兩個維度，可以確定五種衝突處理的行為意向。

①競爭。競爭指自我肯定但互不合作的處理衝突的行為意向。一個人在衝突中尋求自我利益的滿足，而不考慮衝突對另一方的影響。如以犧牲他人的目標為代價來實現自己的目標。

②協作。協作指自我肯定並相互合作的處理衝突的行為意向。衝突雙方都希望滿足各自的利益，並尋求相互受益的結果。在協作中，雙方坦率地澄清差異與分歧，找到解決問題的辦法，而不是遷就不同的觀點。如試圖找到雙贏的解決辦法，使雙方目標得以實現。

③折中。折中是競爭與合作的綜合。當衝突雙方都尋求放棄某些東西，從而共同

分享利益時，則會帶來折中的結果。在這種做法中，沒有明顯的贏家和輸家，雙方願共同討論衝突問題，並接受一種雙方都達不到徹底滿足的解決辦法。

④迴避。迴避指自我不肯定且不相互合作的處理衝突的行為意向。當意識到衝突時，採取逃避或抑制的行為，與他人保持距離、劃清界限、固守領域。如迴避不同的意見、試圖忽略衝突等。

⑤遷就。遷就指自我不肯定但相互合作的處理衝突的行為意向。為了維護相互關係，一方願意作出自我犧牲，把對方的利益放在自己的利益之上，滿足對方的利益與要求。

行為意向界定了各方的目標，為各方提供了總體指導原則。但人們的行為意向並不是固定不變的。在衝突過程中，由於人們的重新認識或由於另一方對行為的情緒反應，行為意向可能發生變化。不過，在上述五種處理衝突的行為意向中，人們總有一種基本的傾向。在選擇處理衝突方式時，人都有自己的偏好，而且個人的偏好總是相對穩定而一致的。結合個人的智力特點和個性特點，可以很有效地預測人們的行為意向。

第四階段：行為

進入此階段後，不同的衝突主體在自己衝突行為意向的導引或影響下，正式採取一定的行為來貫徹自己的意志，以阻止或影響對方實現目標，實現自己的願望。也就是說，在此階段，衝突的主體自覺地採取了公開的衝突處理行為，從而使潛在的衝突演變成為明顯可見的公開衝突。此時的衝突行為往往帶有刺激性、對立性和互動性，包括了不同衝突主體的說明、辯解、活動和態度等。往往一方有所行為，對方就會作出反應，雙方處於一種公開可見的相互作用與施加影響的動態過程中，從而形成了人們通常最容易認識、感受和強調的衝突狀態。當然，相互作用各方的不同類型和強度的行為表現會導致不同強度和類型的衝突。

第五階段：結果

在此階段中，衝突主體之間的行為導致了衝突的最後結果，衝突的最後結果又會間接或者直接地影響到衝突主體，並形成新衝突的前提條件，釀造新一輪的「潛在衝突」。在此階段，衝突的最後結果一般表現為作用性質不同的兩種衝突結局：一是功能正常的建設性衝突；二是功能失調的破壞性衝突。功能正常的建設性衝突會提高群體的工作績效。大量事實表明，中低水平的衝突可以提高群體的有效性，能夠提高決策質量、激發革新與創造力、調動群體成員的興趣與好奇心，並提供一種渠道使問題公開化、解除緊張，促使人們對群體目標和活動進行重新評估，提高了群體對變革的反應能力。功能失調的破壞性衝突會降低群體的工作績效。比較明顯的不良結果有溝通推遲或停滯、群體凝聚力降低、群體成員之間的明爭暗鬥成為首位而群體的目標降到次位。在極端情況下，衝突會導致群體功能停頓，並可能威脅到群體的生存。

三、談判

(一) 談判的含義與類型

1. 談判的含義

談判是指雙方或多方互換商品或服務，並試圖對他們之間的交換比率達成協議的

過程。談判是雙方自願的活動，任何一方都可以拒絕進行談判或在任何時間退出談判。談判始於雙方（或一方）希望改變現狀，並認為必須達成某種雙方滿意的協議。只有當結果是各有所得時，談判才算成功。導致談判的原因主要是衝突，或者是由於缺乏規則或程序，希望避免爭奪或實現聯合。

2. 談判的類型

根據談判雙方的輸贏導向不同，談判通常分為分配型談判和綜合型談判兩種類型：

（1）分配型談判

分配型談判是指雙方就一份固定大小的利益應如何分配進行協商。比如，勞資雙方的工資談判。一般情況下，工人代表總是想從資方得到盡可能多的錢，而工人工資的提高又會增加資方的費用，因此雙方在談判中是競爭對手，都會表現出攻擊性，都想在談判中擊敗對手，削弱對手的談判信心。因此，分配型談判的本質是就一份固定利益誰應分得多少來進行協商。在分配型談判中，每一方都有自己希望實現的目標點，也都有自己最低可接受的水平即抵制點。目標點與抵制點之間的區域為願望範圍。如果雙方在願望範圍內有一定的重疊，那麼就存在一個使雙方的願望都能夠實現的解決範圍。在進行分配型談判時，雙方的戰術都是試圖說服對方同意、接受自己的具體目標點或盡可能接近它。

（2）綜合型談判

綜合型談判是指雙方尋求一種或多種解決方案以達到雙贏的目標。這種談判將談判雙方團結在一起，並使每一方在離開談判桌時都感到自己獲得了勝利。因此，綜合型談判的目的是建立長期的關係及推進將來的共同合作。在這種談判中，談判雙方儘管有各種各樣的矛盾和衝突，但雙方還是把對方視為合作夥伴，努力合作與交流，為著一個共同的目標探討相應的解決方案。但這種談判需要一些條件：信息的公開與雙方的坦誠、一方對另一方需求的敏感性、信任別人的能力、雙方維持靈活性的願望。

（二）談判的過程

談判的過程一般包括準備和計劃、界定基本規則、闡述和辯論、討價還價和解決問題、結束和實施五個階段。

1. 準備和計劃

談判開始前，需要做一些準備工作，主要包括確定談判目標、搜集談判信息、選擇談判人員、確定 BATNA（談判協議的最佳方案）等。一般來講，談判的準備工作做得越充分，談判的效果就越好。

（1）確定談判目標

確定談判目標的中心在於兩個方面：一是明確談判的目的；二是根據談判的目的，確定談判的目標。談判的目標範圍包括頂線目標、底線目標和現實目標。頂線目標是指談判能取得的最好結果，通常也是對方能容忍的最高限度。底線目標是指談判的最低要求。現實目標則是談判可以爭取或讓步的範圍。

（2）搜集談判信息

談判信息就是與談判有關的各種數據與資料，包括衝突的性質與原因、對方參與

談判的人員、對方對談判的理解、對方的目標與要求、對方對自己目標的態度與反應、對方堅守自己立場的程度、對對方來說最重要的利益等。如果是組織間的商務談判，還需要瞭解市場、技術、金融、政治、法律等相關信息。

(3) 選擇談判人員

談判的過程是雙方談判人員溝通、互動的過程。談判的成敗與談判人員的素質和談判技能密切相關，因此篩選談判人員是一項非常重要的工作。優秀的談判人員應具備以下素質：良好的職業道德；良好的心理素質，如勇於決斷、充滿信心、善於冒險、沉著應戰；較強的溝通能力；豐富的與談判有關的專業知識。除了個人素質以外，配備談判班子和明確談判分工也是保證談判效果的必要條件。

(4) 確定 BATNA

BATNA 是指個體對於談判協議可接受的最低價值標準。它決定了在談判協議中你可接受的最低價值水平。只要在談判中你所得到的任何提議高於你的 BATNA，談判就不會陷入僵局；反之，如果你的提議不能讓對方感到高出他的 BATNA，也就很難獲得談判的成功。因此，如果在談判之前對雙方的 BATNA 有比較清楚的瞭解，即使你不能滿足他們的要求，你也可能會使對方作些改變。

2. 界定基本規則

(1) 確定談判策略

談判策略有不同的分類，如阿庫夫認為談判策略有十種：對談判進行計劃；採取雙贏方法；保持高期望；使用簡單易懂的語言；多提問，對答案要眼觀耳聽；建立牢固的關係；保持人品的正直；保留讓步；保持耐心；具備文化上的知識，在談判中能適應東道國的環境。貝澤曼與尼爾將談判策略分為尋求平衡的策略、利用差異達成一致的策略和其他促成一致協議的策略。尋求平衡的策略又包括建立信任和分享信息、詢問多種問題、提供某些信息、提出多種選擇方案、尋找眼前協議之外的協議等。

(2) 選擇談判風格

談判者可以根據五種衝突處理意向選擇自己的談判風格，其中包括競爭、協作、折中、迴避和遷就。

(3) 確定談判時間和地點

要確定談判的具體時間與持續時間。如果談判要分階段進行，還要確定每個階段時間的長短。應根據談判的準備情況、談判議題的多少和重要性、談判對手的情況等確定時間。一般選擇自己的領地作為談判的地點比較有利，但對於重要的談判，最好選擇一個中立的地方。

3. 闡述和辯論

談判進入到闡述和辯論階段標誌著談判從幕後走到了前臺，談判雙方開始正式接觸。

(1) 開局

要在開局創造一個真誠、合作、輕鬆的談判氣氛。它的目標主要是對談判程序和相關問題達成共識。在這一環節應注意：雙方都要以友好的態度出現在對方面前，服裝禮儀要符合身分，說話要輕鬆自然，要留心自己的非言語動作等。一個良好的開局

將為談判成功奠定良好基礎。

（2）闡述

闡述即談判雙方表明各自對相關問題和利益的看法，包括：對問題的理解，即談判應涉及哪些問題；雙方的利益，即希望通過談判取得哪些利益；雙方的首要利益；雙方對談判的態度等。進入這一階段標誌著談判開始觸及實質性的內容，但這時談判還不是對抗性的。

（3）辯論

雙方對對方的立場、觀點、條件等展開分析、論證與辯論。這一階段不一定是對抗性的，實際上是雙方對有關問題進一步交流信息與交換意見的過程，如問題的本質是什麼，問題為什麼對雙方都很重要，雙方最關心什麼，如何能夠達到雙方的要求等。

4. 討價還價和解決問題

談判的過程實際上是一個為了達成協議而相互讓步的過程，這一過程主要包括讓步與打破僵局。

（1）讓步

讓步是討價還價過程中的重要行為，是雙方達成一致的重要條件。第一，應堅持正確的讓步原則：讓步幅度不宜過大，不要作無謂的讓步，應步步為營；要恰到好處，用較小的讓步給對方較大的滿足；要多在次要問題上讓步，以求對方在重要問題上讓步；不要與對方同等幅度讓步，若對方大幅度讓步，我方則以小幅度讓步回應。第二，要選擇恰當的讓步方式。

（2）打破僵局

談判常常會陷入僵局。談判僵局是指由於某些原因而出現的雙方各不相讓而使談判陷入的進退兩難的境地。出現僵局的原因主要有雙方的目標差異太大，一方固執己見，一方態度不誠懇而故意拖延時間等。打破僵局的方法主要有以下幾種：撤開爭執不下的問題，討論下一個問題；重新搜集信息，加強溝通，提出新方案；改變談判氣氛，如雙方一同參加遊覽、文藝活動；更換談判人員；請第三方作調解或仲裁等。

5. 結束和實施

結束和實施階段主要是將已談成的協議規範化，並為實施和監控執行制訂出所有必要的程序，包括制訂協議、落實協議、談判總結等。

（1）制訂協議

在制訂協議前，要逐一核實協議的所有條款；要確保雙方都充分理解達成的協議，而對談判結果逐一進行記錄是最佳的方式；要努力使協議內容明確，避免使用模棱兩可的語句。

（2）落實協議

談判協議應包括一項落實協議的條款，該條款要明確規定做什麼、何時做、誰來做等。

（3）談判總結

在談判結束後，應很好地作總結，包括：對談判結果是否滿意；談判人員中誰是有效的談判者；哪些策略與行動是有效的；哪些策略與行動阻礙了談判的進程；在談

判中時間利用得如何；是否瞭解對方最關心的問題；是否達到了對方的目的；談判前的準備工作是否充分；此次談判的哪些方面值得以後學習，哪些方面需要吸取教訓，等等。

(三) 談判策略

1. 分配型談判的策略

分配型談判的主要目的是達到自己的要求，實現自己的既定目標。其常用的策略有：

(1) 心理戰術

以使對方不舒服或感動的方法促使對方讓步。如以感情拉攏的方式動搖對方的意志；以眼淚等軟方法博得對方的同情與憐憫；以發怒、震驚等感情爆發行為使對方手足無措；為對手製造負罪感使對手產生贖罪心理；恭維虛榮心比較強的對手，使其頭昏腦漲而失去正常判斷力與控制力；激怒對方以打亂對方正常的思維等。如果對手採用心理戰術，應注意：保持清醒的頭腦，當情緒不穩、思緒不寧、急躁冒進等情況出現時，應設法終止會談，或提出休息以平靜自己的情緒；時刻提醒自己不要感情用事，應理智地處理問題；時刻提醒自己談判要解決的主要問題，不要因為其他因素而忽略了最重要的核心問題。

(2) 聲東擊西

為了達到自己的真正目的，故意將議題引向對自己來說並不重要的問題，以分散對方的注意力。這種策略可以一舉多得：表明我方對討論的問題很重視；在談判時作出一定的讓步，讓對方感到高興；轉移對方的視線；通過目前問題的談判摸清對方的虛實，為正式談判鋪平道路；將主要問題暫時擱置起來，以便有更多的時間作充分的準備；麻痺對方，延緩對方在主要問題上要採取的行動。

(3) 拉鋸戰

故意拖延時間，通過許多回合的拉鋸戰使對手疲勞，產生急躁情緒，等對方精疲力竭時再展開反攻。這種策略對急功近利、盛氣凌人的對手比較有效，可以挫其銳氣。

(4) 白臉、紅臉

談判小組的成員分別扮演白臉與紅臉等不同的角色。白臉向對方提出苛刻的條件並且在談判中寸步不讓；當雙方爭得不可開交時，紅臉談判者出面緩解氣氛，促成相互諒解以達成協議。

(5) 最後期限

提出簽約的最後期限會給對手施加壓力，尤其是對方有簽約使命時。這樣有利於促使對方加快談判的速度，從而忽略一些細節，對我方有利。但如果我方有簽約使命，則使用該策略一定要慎重。

(6) 出其不意、攻其不備

為打亂對方的計劃，採取對手意想不到的措施，如提出對方毫無準備的問題、突然改變談判的時間和地點、突然亮出我方所掌握的於對方不利的信息等。

(7) 以林遮木

故意給對手介紹一些毫不相關的情況或提供一大堆瑣碎的資料，以分散對方的注

意力，實現自己的真實目的。但如果對方使用此策略，我方就應該注意保持清醒的頭腦，談判之前盡可能多地瞭解問題的本質，以保證對信息有較強的分辨力。

（8）以退為進

為了以後更有力地進攻或實現更大的目標，暫時退讓或妥協。通常的做法是，先提出溫和的要求或接受對方的一些條件，然後以此為砝碼，提出更苛刻的條件，發動更猛烈的進攻。

（9）得寸進尺

在對方作出一定讓步的基礎上繼續進攻，提出更多的要求，以逐漸接近我方的談判目的。

2. 綜合型談判的策略

綜合型談判的最終目的是實現雙贏甚至多贏。其常用的策略有：

（1）開誠布公

在談判過程中，談判人員以誠懇、坦率的態度向對方袒露自己的真實思想和觀點，實事求是地介紹自己的情況，客觀地提出己方的要求，促使對方通力合作，以便在誠懇、坦率的氣氛中達成協議。這種策略成功的前提是雙方都開誠布公，都以合作的態度對待談判。

（2）休會

在談判進行中遇到某種障礙或談判進行到某一階段時，雙方中斷談判，休息片刻，以恢復體力、調整策略或搜集相關的信息。

（3）感情聯絡

在談判過程中，雙方互贈小禮品以表示對對方的尊重、合作的誠意以及友好的感情，以使雙方在友好的氛圍中進行談判。

（4）非正式接觸

在談判之餘，雙方一起用餐、娛樂、舉行非正式的活動，以加深瞭解，融洽關係，利於合作。

（5）留有餘地

即使在談判中對方提出的要求合情合理，也不要立即答應，否則會使對方認為己方很容易讓步而提出更多的要求。

（6）權力有限

當對方提出的要求超出己方的要求時，可以以超出範圍為由加以拒絕。

對管理者的啟示

很多人想當然地認為衝突與群體或組織不良的工作績效有關。本節內容表明這種想法常常是不正確的。衝突對群體或組織單元的作用可以是建設性的，也可以是破壞性的。衝突的水平可能會過高或過低，任何一種極端情況都會阻礙工作績效。當衝突達到最佳水平時，它可以阻止遲滯、解除緊張、激發創造力、培養變革的萌芽。但衝突過高則會導致群體分裂、合作受阻。

過高或過低的衝突水平都會阻礙群體或組織的有效性，使群體成員的滿意水平降低，流動率和缺勤率提高，並最終導致生產率下降。但是，當衝突達到最佳水平時，則會使組織中的自滿和冷漠減少到最低程度。通過營造富有挑戰性、充滿生機的問題情境，使員工感到工作更有趣味，並進而提高動機水平。而且，組織也需要一定的流動率來擺脫不合適者和不稱職者。

談判是一種一直存在於群體和組織中的活動。分配談判能夠解決爭端，但它常常對談判的一方或多方的滿意度產生消極影響，因為它看重的是即時效果，而且其過程是對抗性的。相反，綜合談判傾向於提供滿足談判各方的結果，並建構持久的關係。

案例分析

中國電信開放的談判

12 月 5 日，美國最大的電信企業 AT&T 公司與上海電信公司、上海信息投資股份有限公司簽署合同，共同投資組建上海信天通信有限公司。這是電信領域第一家中外合資企業。它的成立表明中國電信領域開始進入了一個新的里程碑，同時也表明中國開始履行 WTO 多邊談判協議的承諾。

由於合資領域引人注目，這次中外談判成了中國尖端服務領域國際談判的範例。談判伊始，中美雙方都以強大的律師陣容參加。中方律師團由留美法學博士、上海市錦天城律師事務所黃××律師領銜，由顧××、毛××、周××等知名律師組成。談判過程中雙方鬥智鬥勇：美方律師依仗的是豐富的跨國投資法律服務經驗，中方律師則憑藉對中美兩國法律的熟悉，以及過硬的專業知識和認真的工作態度。

以往，大型國際合作項目談判通常是由外方提供文本草案，但在這次談判中，中方律師率先起草了第一版合同草案。整個談判以中方文本草案為依據，這樣就為中方爭得了主動。

隨著談判的深入，AT&T 公司談及了具體投資方案，即 AT&T 公司將對為這一項目特意在美國特拉華州設立的全資子公司進行投資。中方對這一國際通行的做法表示理解，但提出由於電信服務是長期性的，其投資商必須有確切的資金來源、較強的實力以及從事這一行業的資質和能力，中方的真正合作方應該是 AT&T。因而黃××律師提出，該 AT&T 子公司資金勢力較為有限，將來在合同履行及違約責任承擔上可能會有問題，進而建議，AT&T 公司出具書面文件對子公司的履約作出相應承諾，中方僅在一個平等的限額內承擔責任。AT&T 公司經慎重考慮，同意黃律師的建議，出具了一份書面承擔擔保義務的文件。事後，美方談判人員說，在此之前，AT&T 公司從未出具過類似的文件，這是一次破例……

資料來源：葉龍，呂海軍. 管理溝通：理念與技能 [M]. 北京：清華大學出版社，北京交通大學出版社，2006.

問題討論

1. 中方在談判中使用了什麼策略？
2. 你認為，要使談判取得更大的成功，還可以採取什麼策略？

3. 如果你是公司的談判代表，當談判局面對己方不利時，你會採用什麼策略來扭轉形勢？

4. 此案例給我們的啟示有哪些？

第五節　群體決策

一、群體決策及其特點

(一) 群體決策的含義

1. 群體決策的概念

群體決策是由群體中的多數人共同進行的決策，一般是由群體中的個人先提出方案，而後從若干方案中進行優選。參與群體決策的成員可能包括組織的領導者、有關專家和員工代表。

群體決策包括以下三個維度：第一，群體成員參與決策的程度。從很少參與決策到充分參與決策，不同的參與程度對於決策結果的可接受性很有影響。第二，群體決策的內容，包括管理、日常人事、工作本身和工作條件四個方面。第三，群眾決策的範圍，分為大範圍和小範圍。群體決策是實現群體目標的有效手段，恰當地運用這一手段，將大大提高群體的效率。

群體決策的過程大致可以分為以下三個階段：

第一階段：診斷問題。認清群體在這個階段面臨的問題的性質和產生問題的原因，提出解決這些問題的原則。

第二階段：找出可供選擇的解決辦法。群體成員提出各種可能的解決辦法。

第三階段：分析可選擇的辦法。通過群體討論，比較並權衡各種辦法的利弊，作出有可能獲得最佳結果的決策。

2. 群體決策的利與弊

(1) 群體決策的優點

①通過群體的集思廣益，能夠提供更加豐富的知識來幫助決策。

②群體決策增加了觀點的多樣性，因而為解決問題提供了更多的處理意見和可供選擇的決策方案。也正因為如此，群體能夠制訂出較高水平的決策方案。

③群體決策能夠增加群體成員對決策的認可程度。群體成員在參與決策的過程中，伴隨著滿意度的增加會表現出對決策的支持，從而使其在實踐中便於執行。

④群體決策增加了合法性。群體決策過程與民主理想是一致的，因此被認為比個人決策更合乎法律要求。如果個人決策者在進行決策之前沒有徵求其他人的意見，決策者可能會被認為是獨斷專行。

(2) 群體決策的缺點

①群體決策因為要召開會議並花費大量時間來討論各種方案，所以決策週期長。群體決策比個人決策所用的時間要多，從而限制了管理人員在必要時作出快速反應的

能力。

②在很多人參與群體決策的情況下，個人意見會受到各種因素的影響或壓制，獨到的見解或創新的意見而因不能表達出來。

③群體決策不可避免地會出現相互指責、批評、評價或競爭的情況，從而造成不必要的內耗甚至人為的決策障礙，影響決策質量。

④群體決策實際上是把權力在整個群體內分散了。由於最後的決策可能是大家妥協的結果，只反應了各成員的部分意見，沒有任何成員對決策負完全責任，產生了權力和責任的分離，由此可能導致群體決策較個人決策具有更大的冒險性。

(二) 群體決策中的問題

1. 群體思維

群體思維的概念是社會心理學家歐文·賈尼斯提出的，他將其定義為「由於群體壓力所致的思考能力、事實檢測和首先判斷的退化」。群體思維特別容易發生在高凝聚力的群體中。為什麼群體思維是群體決策中的一個問題呢？因為群體思維實際上是源於個體成員從眾以及達成一致性的壓力。簡單地說，就是人們認為應該服從大多數人的想法，達成一致意見，因此就沒有人提出更多的想法供大家討論，少數人的觀點也會受到壓制。

群體思維現象的表現有：

第一，不管事實與群體成員的基本假設的衝突多麼強烈，成員的行為都是繼續強化這種假設。

第二，對於那些對群體的共同觀點或論據有懷疑的人，群體成員會對他們施加直接壓力。

第三，那些持有懷疑或不同看法的人往往會通過保持沉默甚至降低自己看法的重要性來盡力避免與群體觀點不一致。

第四，存在一種無異議錯覺，即如果某個人保持沉默，大家往往認為他表示讚成。換句話說，缺席者就被看做讚成者。

2. 群體偏移

群體偏移是指在群體決策和群體成員的個體決策之間決策風險性發生的變化，或者更為保守，或者更為冒險。在某些情況下，會形成保守偏移；在多數情況下，則會形成冒險偏移。

群體討論往往會使群體成員的觀點朝著更極端的方向偏移，這個方向是討論前某些人已經傾向的方向。因此，保守的會更保守，激進的會更冒險，群體討論會進一步誇張群體的最初觀點。

事實上，群體偏移可以被看做群體思維的一種特殊形式。群體的決策結果反應了在群體討論過程中形成的占主導地位的決策規範。群體決策的結果是變得更加保守還是更加激進，取決於在群體討論之前占主導地位的討論規範。群體偏移要求我們慎重地對待群體決策的結論，注意消除其中因群體討論而帶來的保守或冒險的成分。

對於群體偏移有多種解釋：

第一，在群體討論中，由於群體成員相互之間融洽相處，會變得更加勇敢和大膽。

第二，如果社會崇尚保守或冒險，群體討論會激勵成員向別人表明自己至少與同伴一樣堅持保守或願意冒險。

第三，群體決策分散了責任。群體決策使得任何人都不必最終獨自承擔後果。由於沒有人承擔全部責任，所以他們願意冒險。

二、群體決策技術

(一) 群體決策方法

由於群體決策可能出現前面提到的這些問題，我們可以採用一些改進的群體決策技術來避免這些問題。頭腦風暴法、名義群體法、德爾斐法以及電子會議技術都是一些有效的工具。

1. 頭腦風暴法

頭腦風暴法簡單說就是群體成員坐在一起，就需要決策的問題暢所欲言，並不允許大家對這些想法加以評論。互動群體中產生的從眾壓力會導致成員傾向於讚成大多數人的意見，這會妨礙創造性方案的形成。頭腦風暴法就是為了克服群體討論中的這個問題而產生的。

在典型的頭腦風暴法討論中，6～12人圍坐在一張桌子旁，群體的領導先把問題說明白，確保每位成員都清楚地瞭解。然後，在給定的時間內大家可以自由發言，盡可能多地提出問題的解決方案。在討論的過程中，即使某些觀點是異想天開或者稀奇古怪的，其他人都不能加以評價。所有提到的方案都被記錄下來，最後再拿出來由大家一起討論分析。頭腦風暴法是創造新觀點、新方案的一種方法。群體決策中有的環節需要創新或是需要全面思考，這時使用頭腦風暴法效果很好。

頭腦風暴法的優點是可以直接交換信息，可以充分發揮創造性思維，可在短時間內得到富有成效的創造性成果。這種方法最大限度地發揮了群體決策的長處，可以打消專家的各種顧慮，讓他們敞開思路，暢所欲言，提出盡可能多的創新性建議和方案；但其缺點是鑑別與評價各種建議和方案的工作量較大。

2. 名義群體法

名義群體簡單地說就是一個「紙張群體」。該方法在決策過程中需減少成員相互之間的影響，限制群體成員的討論和人際溝通。社會學家曾經作過研究，把完全互動的群體和名義群體相比較，發現名義群體在思想的數量、想法的創新性、想法的質量等方面有一定的優勢。與召開傳統會議一樣，群體成員都出席會議，但群體成員首先要進行個體決策。具體來說，在領導者提出問題之後，可以採取以下幾個步驟進行：

第一，主持人把問題介紹清楚，並確保每位成員都明白。

第二，每個群體成員分別寫下自己對於解決這個問題的看法或觀點。

第三，每位成員向其他人說明自己的一種觀點，一個人接一個人地進行，每次表達一種觀點。在這個過程中，所有的觀點都被記錄下來。在所有觀點全部被記錄下來之前，不允許人們進行討論。

第四，群體開始討論每個人的觀點，允許人對自己的觀點進行解釋和補充，大家對每個觀點進行討論評價。

第五，由每位成員獨自對這些觀點進行排序。最終的決策結果是排序最靠前、選擇最集中的那個觀點。

名義群體法的主要優點是，既有不受相互影響、獨自創造的過程，又有一起討論的互動，結合了個人決策和群體決策的優點。

3. 德爾斐法

德爾斐法最早是在1953年由美國RAND公司的研究人員發展出來的，設計的目的是為了調查某一特殊領域內專家的共識意見。該方法最初應用於軍事部門的預測，後來普遍地運用於對科學和技術領域的長期規劃。

德爾斐法中沒有群體成員面對面聚在一起討論的環節，群體成員是不需要見面的；先讓群體成員各自獨立工作，然後以系統的、獨立的方式綜合他們的判斷決策。此法提供了某一領域內專家意見的綜合評析，而不僅是片面地截取少數幾個聲音。因此，它常常用來評價某專業領域的當前情況。

它的具體操作步驟是：

第一，在問題明確以後，主持人把精心設計的問卷發給群體成員，成員通過填寫問卷提出解決問題的可能方案。

第二，每位群體成員匿名、獨立地填寫第一份問卷。

第三，主持人把第一次問卷調查的結果整理出來。

第四，把第一次問卷調查的結果給每個人發一份。

第五，在群體成員看完整理結果以後，要求他們再次提出解決問題的方案。其結果通常是啓發出新的解決辦法，或使原有方案得到改善；

第六，如果有必要，重複步驟4和5，直到找到大家意見一致的解決方案為止。

德爾斐法的一個優點與名義群體法相同，即可以避免成員間的相互影響，特別是那些不利於提出創造性意見的影響。還有一個優點是地點的靈活性，因為德爾斐法不需要群體成員見面，所以在不同地方的成員都可以參與到同一個決策中。它的缺點一個是耗費時間，由於步驟較多，那些需要馬上得到結果的決策就不適用了；另一個是由於沒有成員面對面的相互作用，一般不會像群體討論那樣得到那麼多豐富的答案和方法。

4. 電子會議技術

最近的一種群體決策方法是命名小組法與複雜的計算機技術的混合，我們稱之為電子會議技術。只要技術條件具備，這個做法就很簡單了。50人左右圍坐在馬蹄形的桌子旁，面前除了一臺計算機終端之外，一無所有。問題通過大屏幕呈現給參與者，要求他們把自己的意見輸入計算機終端屏幕。個人的意見和投票都顯示在會議室中的投影屏幕上。

電子會議技術的主要優勢是匿名、可靠、迅速。與會者可以採取匿名形式把自己想要表達的任何想法表達出來。參與者一旦把自己的想法輸入鍵盤，所有的人都可以在屏幕上看到。與會者可以老老實實地表現自己的真實態度，而不用擔心受到懲罰。

而且這種方法決策迅速，因為沒有閒聊，討論不會跑題，大家在同一時間可以互不妨礙地相互「交談」，而不會打斷別人。雖然這種方法現在正處於幼年階段，但未來的群體決策很可能會廣泛地採用電子會議技術。

(二) 群體決策的改善

改善群體決策的主要目的在於提高群體決策的效率、決策的質量和決策的有效性。

1. 決策的效率

決策效率低通常表現在如下兩個方面：

第一，信息交流的不暢通。在整個決策群體中，信息交流的通暢性是決策效率的重要保證。然而，在中國的決策群體中，信息溝通是一種自上而下、單向傳遞的鏈式結構，除非正式溝通外，幾乎沒有什麼信息反饋。這樣在客觀上造成了處於低層次的決策主體獲取充足信息較為困難；而且由於他們也知道自己在決策制訂中的作用很小，也就沒有主觀上去積極關心與努力的能動性。這種信息的不對等和缺少反饋，延緩了決策的制訂和執行。

第二，決策的「難產現象」。在決策任務比較複雜、決策者處在大體相同的地位時，大家很難在目標選擇、後果預測、方案評價以及方案選擇上達成一致的看法，並且都不能說服其他人。雖然群體可以反覆去「議」，但由於缺乏分析和歸納的習慣，彼此之間仍然只是就事論事地圍繞問題本身爭論不休，會出現「議而不決」「議而難決」的現象。

2. 決策的質量

決策質量是指決策本身是否有科學依據，是否符合科學的程序，與客觀實際差距有多大等方面的情況。中國人的情感決策傾向會影響決策的質量。對人的假設分為理性和情感兩種對立的模式：「理性決策模型認為一個群體無論何時面對決策問題，總是以效用作為評判和優選所有備選方案的準則；而情感決策模型認為，群體在進行決策活動時都是受其情感支配的，而許多情感都是無意識的反應。」有學者認為，中國人的群體決策行為更多地傾向於情感決策模型。面對一項決策，中國人首先考慮的是自己採取了某項行動後，別人（如上司、關係網中的其他人）會有什麼反應。這種做法極大地限制了決策的科學性和創新性。

此外，由於中國傳統思維中「重先知，輕分析」的影響，人們總是希望從閱歷和經驗中找出對未來問題的解答，而不願進行更深入的分析。同時，「唯上」的心理使得領導者個人的經驗顯得具有決定性的作用。這樣，總是以過去的經驗指導未來的行動，難免出現失誤。現實中，許多決策分析人員和研究者所做的預分析或可行性研究往往流於形式。究其原因，一方面是這些分析本身不完備，另一方面則是決策者主觀上的經驗主義導向，這些分析只不過是其整個決策過程的點綴而已。

可見，要提高群體決策的質量，需要多方面改進決策工作：

第一，重視可行性研究。可行性分析是研究人們在追求某種目標的過程中出現的各種變化因素。從這一角度出發，應用現代科學方法，進行分析研究，尋求達到目標的各種可行方案，為決策論證提供基礎條件。群體決策時，要求先對問題進行可行性

研究和分析，並以此為根據展開討論和決策。

第二，消除個人的控制支配。在群體決策時，由於群體領導者的個體在組織中的顯赫地位或者特殊身分，他會有意無意地對決策進行控制支配。在討論問題時，其他成員會按照他的意見、觀點去發表看法、進行議論，而把自己的真實意圖掩蓋著，即所謂的「話到舌尖留半句」、見機行事，從而妨礙對問題的分析和討論，影響群體決策的正確性和科學性。

第三，克服小團體意識。小團體意識是指高凝聚力的群體為了保持一致性而犧牲決策質量以避免衝突。群體凝聚力是群體對其成員的內在吸引力。凝聚力可以增進群體的績效，使成員產生歸屬感、安全感，使成員之間較好地協作。但是，當群體凝聚力很強時，群體壓力也大，從眾傾向也更明顯。有時，這會使群體成員有對一致性的強烈要求，而對準確性、正確性考慮得少。在決策過程中，這種傾向可以表現為由於片面地過分追求一致而忽視決策質量。

3. 決策的有效性

決策的有效性是指決策產生的效果。如果一項決策能夠被群體成員正確執行，並且產生的結果接近或達到預定目標，那麼該項決策就被認為具有高有效性，反之則被認為具有低有效性。

事實上，任何決策都必須考慮兩方面的問題：一是決策質量，二是決策水平。有些決策對質量要求高，而對認可水平要求不太嚴格；有些決策對認可水平要求高，而對決策質量要求不太嚴格；有些決策則對決策質量和認可水平都有較高的要求。因此，必須針對不同情況，採用不同的決策方法，才能提高決策的有效性。

行為學家把決策的有效性、決策質量和決策的認可水平三者的關係用下述公式表示：

$$ED = Q \times A$$

其中，ED 代表決策的有效性，Q 代表決策質量，A 代表執行決策的認可水平。

美國行為學家邁爾設計了「決策四分圖」，進一步描述了 ED、Q、A 三者的關係，A/Q、Q/A、Q/AQ、AQ/Q 各代表四種典型的決策問題。針對四種決策問題，需要採用不同的決策方法，才能兼顧決策質量和認可水平這兩個方面，從而提高決策的有效性。

第一類，A/Q 型。這類決策是與下級的個人利益密切相關但對組織的利益無重大影響的決策。如某組織新建了一批宿舍，用來解決員工住房困難的問題。但由於房少人多，不能全部滿足員工的要求，這就需要對「哪些人先搬進新居」進行決策。這類問題對認可水平要求高，而對決策質量要求不高。因此，最好用下級民主討論、協商解決的辦法，提高下級的認可水平。

第二類，Q/A 型。這類問題與組織利益關係密切，而與下級的利益無直接聯繫。如企業對投產新產品、搞基本建設、進行技術改造等問題的決策。決策質量的高低對企業的損益、未來的發展有重大影響，但與員工的生活、工作直接關係較少，員工對這類問題興趣不大。因此，這類問題對決策質量要求高，而認可水平要求較低，應主要由領導者和有關專家進行決策，以確保決策的質量。

第三類，Q/AQ 型。這類問題與下級利益和組織利益都關係不大，因此對決策質量和下級認可水平要求都不高。如工會組織部分員工到風景區旅遊，需要就人選問題作決策。如果搞得過於嚴肅反而會把問題複雜化。所以，既不用領導者決策，也不用下級民主協商、討論，最好是用抽簽的辦法決定誰去。

第四類，AQ/Q 型。這類問題既與組織利益密切相關，又與下級的利益密切相關，因此具有高質量、高認可的決策要求。如工廠對每月的生產定額、獎勵制度、人員調整等問題進行決策，既關係到工廠的發展，又關係到員工的切身利益。對這類問題作決策，一般採用兩種方法：一是先由領導或專家進行決策，以保證決策質量；然後把決策的意義對下級進行宣傳，提高下級的認可水平。二是實行參與決策，即由領導者或專家組織下級進行民主討論，讓下級積極發表意見和提出建議，然後由領導者根據有關資料、信息，考慮下級的意見和建議，最後作出決定。這樣，既可保證決策質量，又能提高下級的認可度。

對管理者的啟示

群體決策與個體決策相比各有利弊，在選擇決策方式時要考慮多種因素。在制訂決策時，如果決策的問題需要許多意見和建議，需要準確地收集信息，需要估計某些模棱兩可的不確定的局勢，成員之間必須互相合作，那麼群體決策優於個體決策。就準確性而言，群體決策更準確；就創造性而言，群體決策更能集中智慧，創造性地解決問題；就最終方案的可接受性而言，群體決策更容易被理解和接受。因此，在決定是否採用群體決策時，應權衡群體決策在決策效果上的優勢能否超過它在效率上的損失。

案例分析

對時代華納公司群體決策的分析

2000 年春季，時代華納最終完成了它與美國在線的合併。就在批評者們紛紛指責這場購並活動會帶來難以駕馭的市場壟斷時，你一定以為時代華納的管理層會很在意自己在公眾面前的形象。但是，它在 4 月 30 日作出的決策使它的形象黯然無光。

當時，時代華納正在與沃爾特·迪士尼公司重新談判，以確定華納公司使用迪士尼有線電視的三個頻道需要支付多少費用，以及迪士尼公司是否會更新時代華納轉播 ABC 新聞網的權利（ABC 隸屬於迪士尼公司）。談判在五個月前就開始了，但卻一直沒有結果，最後期限被延長了七次。時代華納公司與迪士尼公司的談判者之間的仇恨越來越深。到 4 月底，他們終止了面對面的對話，相互之間的溝通僅僅通過傳真方式來進行。

4 月 26 日，離最後一次談判的截止日期僅差五天，也是時代華納在 ABC 擁有轉播權的到期日，ABC 向時代華納公司發了一份傳真，通報說，截止日期之後，迪士尼公司希望時代華納在 1 個月的掃描時段裡繼續轉播 ABC 節目直到 5 月 24 日，在這段時間

測查觀眾的意見以決定要選擇的廣告公司的類型。而時代華納公司過去一直堅持的是8個月的延長期。這封傳真的口氣使時代華納公司的一些高層經營者火冒三丈。他們感到 ABC 公司是以一種命令的口吻在進行談判。

在時代華納內部，高層經營者們開始考慮在他們提供有線電視服務的 350 萬用戶中終止轉播 ABC 節目。但一些人認為終止節目相當冒險。由於有線電視公司並不十分普及，而且常被視為實行價格壟斷，因此，一些時代華納的高層人士擔心，受到指責的會是他們自己而不是迪士尼公司。其他人則認為，迪士尼公司是問題的導火索。如果時代華納公司能有效地傳達這一信息的話，迪士尼應該會受到更多指責，至少也會受到同樣程度的指責。同時，他們懷疑 ABC 公司會因此而失去每天 300 美元的廣告收入。他們盤算著，對 ABC 信號的封鎖，可能會最終使迪士尼公司同意時代華納的條款。

4月30日，雙方依然沒有達成協議。兩家公司之間越來越多的是簡短傳真，且沒有一方改變自己的要求。當日上午 8:30，迪士尼的高層人士察覺到，時代華納採用終止轉播 ABC 節目對他們進行威脅將會成為現實，儘管他們感到難以置信。同時，時代華納的高層人士也相信迪士尼注意到了這一點。「顯然他們並不認為我們會妥協，我們也不認為他們會讓我們妥協。」時代華納公司的副總裁、談判小組的領導人弗雷斯·德斯勒（Fred Dessler）說。

最後，由於沒有收到迪士尼方面的妥協協議，時代華納的高層人士認為自己沒有退路了。時代華納有線電視公司的總裁打電話給公司 CEO 杰拉爾德·萊文（Gerald Levin），告訴他說他們要讓工程師終止 ABC 信號。萊文支持了這項決策。5月1日中午 12:01，轉播 ABC 節目的電視屏幕出現了靜止狀態，而且出現了一行黃色亮字：「迪士尼公司將 ABC 訊號移走。」

24 小時之內，紐約市長對時代華納公司這種擠垮競爭對手的壟斷行為進行了押擊。迪士尼公司急派公司律師至聯邦通信委員會（FCC）華盛頓辦公室，要求委員會出面強制時代華納公司轉接信號。事件的情況很快明瞭，在辯論過程中，FCC 站在迪士尼一邊。第二天，紐約《時代周刊》發表了一篇文章，指出 AOL 與時代華納的合併對迪士尼公司的威脅是真實存在的。現在，時代華納的高層管理者越來越清晰地發現，在這場戰爭中，他們正在失去公眾的關係和支持。

周二下午，在 ABC 信號終止了 39 個小時之後，時代華納公司召開了一個新聞會議，並通報說它給迪士尼公司提供了 6 個月的延長談判期。第二天，FCC 指出，時代華納在掃描時段終止 ABC 信號是違反法律的。

時代華納公司的高層人士事後承認他們犯了錯誤。他們說他們對法律的理解存在歧義，並且錯誤地假定這項活動應由迪士尼公司負責。「為什麼我們現在決定要表明態度呢？」德斯勒說，「我們以為這是一個恰當時機，但它使我們一發而不可收拾。」

資料來源：斯蒂芬·P. 羅賓斯. 組織行為學 [M]. 10 版. 孫健敏，李原，譯. 北京：中國人民大學出版社，2005.

問題討論

1. 情緒在這一案例的決策中具有什麼樣的作用？
2. 「群體的力量」如何影響到決策？

3. 在這一過程中，時代華納公司的高層管理者能夠做什麼使其結果更為有效？如果有的話，請具體說明是什麼。

小結

群體是指為了實現特定目標，由兩個或兩個以上相互聯繫、相互作用、相互依賴的個體組成的個體的集合體。根據構成群體的原則和方式，可以把群體分為正式群體和非正式群體。

正式群體是指有明文規定的，群體成員有固定的編製、有規定的權利和義務、有明確的職責分工，由一定社會組織認可的有一定的規章制度、紀律、規模標準和組織結構的群體。非正式群體是指由於某種原因自發形成的，不為組織正式承認，沒有正式結構，組織中沒有正式規定的群體。組織應加強對非正式群體的管理。群體壓力是指已經形成的群體規範對其成員的行為具有的一種無形的壓力。

群體凝聚力指的是群體成員之間的相互吸引力及對群體本身的認同程度。影響群體凝聚力的因素有群體成員的交往、加入群體的難度、群體規模、群體成員的性別構成、外部威脅、以往的成功經驗、有效情緒認同、群體報酬制度、群體的領導方式。群體凝聚力與生產效率的關係既取決於管理者的誘導方向，又取決於群體的態度及其與組織目標的一致性程度。

團隊工作方式正被越來越多的企業所採用。對企業而言，組建和塑造優秀團隊已成為企業參與競爭的有力武器。團隊是由一群有不同背景、不同技能、不同知識的人組成的一種特殊類型的群體，它以成員高度的互補性、知識技能的跨度和信息的差異性為特徵。團隊可分為問題解決型、自我管理型、多功能型、虛擬型四種。

高績效團隊有一些共同特點：它們一般都比較小；其成員一般有技術的、解決問題的和決策的、人際關係的三種不同類型的技能；它們能夠使人與角色和諧一致；這些團隊獻身於一個共同的目的，有具體的目標；它們通過建立起完善的評估系統和獎酬體系，使團隊成員在個人與團隊層次上都保持高度負責的精神；高績效團隊的成員相互之間高度信任。

溝通就是人與人之間傳遞思想和交流情報、信息的過程。溝通有四種主要功能：控制、激勵、情緒表達和傳遞信息。溝通的基本要素包括信息發出者、編碼、媒介、接受者、解碼、反饋、環境、噪聲。

人際溝通可因其途徑的不同分為正式溝通與非正式溝通兩種系統。正式溝通的途徑包括上行溝通、下行溝通、平行溝通。正式溝通的網絡有鏈式、環式、Y式、輪式、全通道式，非正式溝通的渠道有單線式、流言式、偶然或機遇式、集束式。

衝突是行為主體之間目標、認知或情感互不相容或相互排斥而產生的結果或由於目的、手段分歧而導致的行為對立狀態。衝突主要分為三類：任務衝突、關係衝突、過程衝突。衝突的特性包括衝突的客觀存在性、衝突的主觀知覺性、衝突作用的兩重性。

衝突是一個動態的過程。它包括衝突的潛伏期、認知和個性、行為意向、行為、

結果五個階段。

談判是指雙方或多方互換商品或服務,並試圖對他們之間的交換比率達成協議的過程。談判通常分為分配型談判和綜合型談判兩種類型。談判的過程一般包括準備和計劃、界定基本規則、闡述和辯論、討價還價和解決問題、結束和實施五個階段。

分配型談判的策略包括心理戰術、聲東擊西、拉鋸戰、白臉紅臉、最後期限、出其不意、攻其不備、以林遮木、以退為進、得寸進尺;綜合型談判的策略包括開誠布公、休會、感情聯絡、非正式接觸、留有餘地、權力有限。

群體決策是由群體中的多數人共同進行的決策,它一般是由群體中的個人先提出方案,而後從若干方案中進行優選。參與群體決策的成員可能包括組織的領導者、有關專家和員工代表。

群體思維和群體偏移是群體決策的兩個副產品。這兩種現象可能會影響到群體對各種方案的客觀評估能力,以及作出高質量決策的能力,因而受到組織行為學研究者們的高度重視。

群體思維與群體規範有關,指的是這樣一種情境:由於群體中從眾壓力的影響,嚴重抑制了那些不同尋常的、由少數派提出的或不受歡迎的觀點。群體思維是一種損害了許多群體的疾病,它會嚴重影響到群體績效。群體偏移指的是這樣一種情境:在討論備選方案、進行決策的過程中,群體成員傾向於放大自己最初的立場或觀點。在某些情況下,謹慎態度占了上風,形成了保守偏移。但是,更多時候群體容易向冒險偏移。

群體決策的常用方法有頭腦風暴法、名義群體法、德爾斐法以及電子會議技術。

改善群體決策的主要目的是提高群體決策的速度、決策的質量和決策的有效性。

思考題

1. 什麼是群體?群體有哪些類型?它的主要特徵是什麼?
2. 試說明群體發展的五個階段。
3. 說明非正式群體的特徵和形成的原因。如何對非正式群體進行管理?
4. 什麼是群體壓力?它是怎麼形成的?
5. 你有過從眾行為嗎?你認為是什麼原因導致了從眾行為?
6. 什麼是群體凝聚力?影響群體凝聚力的因素有哪些?
7. 什麼是團隊?團隊有哪些類型?團隊與群體有什麼區別?
8. 為什麼要進行團隊建設?
9. 如何創建高績效團隊?
10. 什麼是溝通?溝通的基本要素都包括哪些內容?
11. 溝通的方式有哪些?
12. 正式溝通和非正式溝通的渠道有哪些?
13. 什麼是衝突?衝突有什麼作用?
14. 描述衝突的過程。

15. 什麼是談判？談判分哪幾類？各有什麼特點？
16. 兩種談判策略有什麼區別？
17. 什麼是群體決策？群體決策的優缺點有哪些？
18. 什麼是群體思維和群體偏移？它們對群體決策的質量有什麼影響？
19. 群體決策的方法有哪些？

第六章　領導過程

第一節　領導的基本知識

一位西方學者曾經這樣認為：領導是影響和支持他人為了達到目標而富有熱情地工作的過程。在幫助個體或群體確認目標以及激勵和協助他們達到一定目標的過程中，領導是一個重要的因素。如果沒有領導，一個組織中就只會有混亂的人群和機器，就如同交響樂沒有指揮而只有音樂家和樂器一樣。樂隊和其他所有的組織都要求最大限度地發展它們的寶貴資產。在企業和組織中，領導者居於特殊的地位，有著獨特的作用，他們往往成為影響企業成敗的重要因素。因此，如何培養有領導能力的人才，如何提高領導工作的效率，成為了一個非常重要的問題，成為了組織行為學的一個重要研究課題。

一、領導的內涵

（一）領導的定義

什麼是領導？對於這一眾所周知的名詞，各國研究者有著不同的提法：

斯托格迪爾（Stogdill）認為，領導是對組織內群體或個人施行影響的活動過程。

孔茨（Koontz）認為，領導是一門促使其部屬充滿信心、滿腔熱情地完成他們任務的藝術。

泰瑞（Terry）認為，領導是影響人們自動為達成群體目標而努力的一種行為。

羅伯特（Robert）等認為，領導是在某種條件下，經由意見交流的過程實行的一種為了達成某種目標的影響力。

戴維斯（Davis）認為，領導是一種說服他人熱心於一定目標的能力。

西方學術界至少是從以下四個不同的角度去界定領導這一概念的：

1. 領導者中心說

該觀點認為領導就是領導者依靠由權力和人格構成的影響力，去指導下屬實現符合領導者意圖和追求的目標。這一視角關注的是領導者的能力。

2. 互動說

該觀點認為任何領導活動都是在領導者和被領導者的互動過程中共同實現符合他們雙方追求的目標。所以舒馬洪提出，領導是人際相互影響中的一個特例，在這種特例中，個人或群體會仿照領導者的指示去行動。

3. 結構說

該觀點認為領導是在一定組織結構中展開的一種特殊活動。領導者是這一結構中的一種特殊角色，通過角色權力的運作實施對組織活動進行控制。有時候結構會成為領導的替代品。

4. 目標說

該觀點認為領導活動的焦點在於實現一個符合群體需要的公共目標。在這種界定中，領導在道德上是中立的。霍根認為，領導實際上是勸服其他人在一定時期內放棄個人目標，而去追求對群體責任和利益至關重要的組織目標。大橋武夫認為領導是發揮集團內成員的全部力量，通過代表全體成員的集體意志，完成集團所規定的目標。因此，領導的實質是為實現目標而令其成員努力進步的動力。

(二) 領導活動的特性

領導活動不同於其他類型的社會共同活動，有其自身的特殊性。在大多數人看來，領導就是與「總統」「總裁」「總經理」「處長」「科長」等職位聯繫在一起的。它帶給人們這樣一種判斷：領導者總是處於一定的職位上，並且領導者與被領導者的差異首先體現為職位的高低，居於高職位的人總是要領導居於低職位的人。實際上，職位角色的等級性差異並不能掩蓋領導活動的一致性和相通性。領導活動的特性主要表現在以下幾個方面：

1. 權威性

從領導活動的成敗及其效果來說，權威性是領導活動的首要特性。在現代社會，領導活動的權威性既來自合法性的確認，又來自其人格等凝聚性要素的同化力。合法性確定了領導必須建立在相應的地位等級、權力容量的基礎之上。對於現代社會的領導活動而言，其權威性是構築在理性基礎之上的。

2. 綜合性

從領導活動的內容來看，綜合性是其重要特性。按照領導科學的一般原理，領導作為「軟專家」進行的指揮、協調活動首先表現為極強的綜合性。這是領導活動不同於從事純技術活動的「硬專家」的一個重要特徵。

領導的綜合性是由社會的勞動分工決定的。勞動分工程度越高，擔負主導和統領功能的領導活動的綜合程度也就越高。首先，現代社會是一個勞動高度分工、高度專業化的社會，因此領導活動所涉及的領域也就愈加廣泛。其次，現代社會也是一個利益多元化的社會。各種群體的利益表達會給領導帶來較大的壓力，這就導致了領導活動既存在著各方利益一致的一面，也存在著衝突和矛盾的一面。領導活動的一個重要內容，就是將不同的勞動分工和不同的利益進行綜合，將綜合的結果輸出給社會和員工。對於現代領導的這兩個方面的綜合性活動，前者涉及的是技術性層面，它要求領導者在進行這一活動時採用多樣化的技術方法和手段；後者涉及的是政治層面，它要求領導者從社會發展的高度，從大多數人的利益需求這一視角來思考問題。

3. 超脫性與全局性

從領導活動在組織體系中的地位來說，超脫性與全局性是其重要特性。領導活動

的超脫性要求領導者必須超越於各種利益群體之上，在綜合掃描的基礎上進行整體性的統領和協調。領導者只有超脫於各種利益群體之上，才能從根本上、宏觀上把握領導活動的整個過程。因此，超脫性是全局性的基礎，即在保持自身超脫性的基礎上，在戰略層面上規定組織的方向、任務和目標。它要求領導者必須在整體發展、全局利益等領導理念的驅使下、在組織與環境的互動中，處理各種關係，實現領導要素的有機組合以及各種資源的有效配置。領導活動的超脫性和全局性是領導者在各種紛繁複雜的矛盾中保持頭腦清醒、強化領導權威、謀求整體發展和提高領導效能的前提條件。

4. 間接性

領導活動與組織目標之間的間接性是所有領導活動共有的特性，也是領導原理和領導藝術具有相通性的決定性力量之一。正是因為這一特性，任何層次、任何群體中的領導活動必然是一種依靠動員和激勵下屬來實現組織目標的活動。事必躬親的領導者從嚴格意義上來說並不是最優秀的領導者，甚至還是失敗的領導者。

二、領導與管理

領導和管理都有著豐富的歷史內容。自從有了人與人之間的相互關係和人群的協作勞動，就出現了對人的統領和對人所從事的工作的管轄。由於領導和管理具有控制、組織、引導等共同的含義，至今人們仍在交叉使用這兩個概念。隨著社會活動的不斷發展，現代社會的領導和管理已經在實踐中各有側重，且有了一定的區別。

(一) 領導與管理之間的聯繫

領導是從管理中分化出來的。領導和管理無論是在社會活動的實踐方面，還是在社會科學的理論方面，都具有較強的相容性和交叉性。領導具有管理的計劃、組織、控制的一般屬性。

(二) 領導與管理之間的區別

1. 定義不同

領導是指領導者在一定的環境下，為確定和實現既定目標對被領導者進行統御和指引的行為過程；管理是管理者自覺地控制人和組織的行為，以人為中心，有效地運用集合起來的各種資源，去實現組織預期目標的協調活動。

2. 職能不同

領導的職能歸結起來主要是處理以下三方面的關係：①處理與人的關係。領導工作首先是做人的工作。在工商企業的所有資源中，處於第一位的是人力資源，管理是以人為本的管理。領導的對象是人，要通過一系列的措施，瞭解、掌握人的需要，從而有目的地引導、指揮和協調人的行為，要千方百計地通過提高員工的滿意度來調動人的積極性。由此可見領導與激勵有著非常密切的關係。在處理與人的關係中，領導的一項非常重要的工作是識人和用人，即發現人的長處，用好人的長處。世間沒有完人，人既有長處，也有短處；識人、用人的關鍵在於發現人的長處，並且敢於、善於用人的長處。②處理與事的關係。一個組織或群體，均有一定的存在目的，為實現目的要進行大量工作。領導的一個職能就是處理這些事務，特別是制訂各種決策，進行

現場指揮，使各項工作有條不紊地進行。③處理與時間的關係。一方面，領導需合理安排個人和組織的時間，根據輕重緩急原則有計劃、有條理地安排組織的各項活動，從而充分有效地利用時間，達到組織目標；另一方面，領導是面向未來的工作，需要預測未來，走在時間的前面，從而真正做到把握時機，使組織持續發展。

管理的過程就是基於信息的決策過程。具體來講，管理又可進一步分為五大職能，即計劃、組織、指揮、控制和協調。管理科學研究的是計劃的動態過程，也就是說，要研究「計劃是如何產生的」這一過程，從而探索制訂計劃的一系列科學程序和方法，為管理提供科學的計劃決策。管理的計劃職能就是要選擇組織的整體目標和各部門的目標，決定實現這種目標的行動方案，從而為管理活動提供基本依據。因此，計劃職能是管理的首要職能，是從現在通向未來的橋樑。

3. 管理的層次不同

管理的層次有高層、中層和基層之分。基層管理是微觀管理，直接管理具體的人、物、事，一般按常規辦事，執行上級的決定，獨立性不大；高層和中層管理是宏觀和中觀管理，很少直接管理具體的人、財、物，主要處理帶有針對性、原則性的重大問題，獨立性較大。現在一般把上層和中層的管理稱為領導，而不把基層的具體管理稱為領導。

4. 處理問題的複雜性不同

領導主要處理變化的問題。領導者訂立目標，並與員工進行有效的溝通，激勵他們克服困難實現目標；管理側重於處理複雜的問題，優秀的管理者通過制訂詳細的步驟或時間表及監督計劃實施，確保目標的達成。從事管理工作的人員強調專業化，從事領導工作的人員則注重綜合素質和整體能力。

5. 溝通方式不同

領導是通過言行將確立的企業經營方向傳達給組織成員，爭取相關人員的合作，並形成影響力，使相信遠景目標和戰略的人們形成同盟，並得到他們的支持。管理則根據組織計劃的要求建立一套企業組織機構，配備人員，賦予他們完成計劃的職責和權力，制訂政策和程序，對人們進行引導，並採取某些方式創建一定系統以便監督計劃的執行情況。

對管理者的啟示

在企業管理的實踐中，由於管理職位總與一定的正式權威有關，人們可能會認為領導角色僅僅來自組織所賦予的職位。但是，並非所有的領導者都是管理者，也不是所有的管理者都是領導者。僅僅由組織提供給管理者某些正式權力並不能保證他們實施有效的領導。不難發現，那些非正式任命的領導即影響力來自組織的正式結構之外的領導，他們的影響力與正式影響力同等重要，甚至更為重要。

案例分析

南帝汽車製造廠球賽事件

　　南帝汽車製造廠發生了這樣一件事。線束 komax 車間是該廠唯一要倒班的車間。一個星期日的晚上，車間主任去查崗，發現 komax 車間的年輕人幾乎都不在崗位。據瞭解，他們都去看央視現場轉播的足球比賽去了。車間主任很生氣，在星期一的車間大會上，一口氣點了十幾個人的名。沒想到，他的話音剛落，人群中不約而同地站起幾個被點名的青年。他們不服氣，異口同聲地說：「主任，你調查了沒有？我們並沒有影響生產任務，而且……」主任沒等幾個青年把話說完，便嚴厲地警告說：「我不管你們有什麼理由，如果下次再發現誰脫崗去看電視，扣發當月的獎金。」

　　誰知，就在宣布「禁令」的那個星期的週末晚上，車間主任去查崗時又發現，komax 車間的 10 名青年中竟有 6 名不在崗。主任氣得直跺腳，質問當班的班長是怎麼回事。班長無可奈何地從工作袋中掏出三張病假條和三張調休條，說：「昨天都好好的，今天一上班都送來了。」說完，班長瞅了瞅大口大口吸菸的車間主任，然後朝圍上來的工人擠了擠眼兒，湊到主任身邊討了根菸，邊吸邊勸道：「主任，說真的，其實我也是身在曹營心在漢，那球賽太精彩了！您只要靈活一下，讓大家看完了電視再補上時間，不是兩全其美嗎？就說上個星期六的事吧。據我瞭解，他們為了看電視，星期六就把活提前幹完了，您也不……」車間主任沒等班長把話說完，扔掉還燃著的半截香菸，一聲不吭地向車間對面還亮著燈的廠長辦公室走去。剩下在場的十幾個人，你看看我，我看看你，都在議論著這回該有好戲看了。

問題討論
1. 為什麼會出現這種情況？車間主任會採取什麼舉動？
2. 如果你是這位車間主任，應如何處理這件事？

第二節　領導理論

一、領導特質理論

(一) 領導特質理論的研究目的

　　領導特質理論是試圖確定成功的領導者應具備的人格特質，從而解決什麼樣的人當領導較為合適的問題。奧爾波特於 1937 年首次提出了人格特質理論。美國心理學家吉普 (Gibb) 的研究認為，天才的領導者應具備下述特質：善言、外表瀟灑、智力過人、具有自信心、心理健康、有較強的支配欲、外向而敏感。斯托格迪爾 (Stogdill) 比較了成功的領導者與被領導者的特質差異，認為領導者有自信心、毅力強、社會性和責任心強的特質。美國心理學家吉賽利則認為：督察能力、職業成就感、智力、自我實現、自信、決斷魄力等是領導者比較重要的特質。而瓊基斯卻在總結特質理論的

研究後指出：「找不出任何一項單獨的或一組特性可以說明領導者與一般人的區別。」

(二) 領導特質理論研究評價

領導特質理論試圖找出領導者與非領導者之間的本質的人格特質的差異。但是幾十年的研究並未得出一個明確的結論。我們從中可以得到以下幾個方面的啟示：

第一，領導是一種實踐過程。領導者的特質是在後天實踐中鍛煉培養出來的，而不是與生俱來的。後天的環境不同，所造就的人格特質也不同。領導者的人格特質應該是具體的、特定的，而不是一般性的。特質理論企圖找到一種普遍適用的人格特質與實踐過程可能是不相符的。

第二，領導特質論把個人特質看成領導成敗的主要因素，而忽略了領導者所處的環境的影響作用。實際上，領導效力是領導特質與環境交互作用的結果。

第三，領導特質論在選拔成功領導者方面未獲成功，但並不能由此否定其對領導者的重要意義。

事實上，各國管理學家分別根據本國的具體條件，提出了合格的領導者應該具備的特質條件。例如，日本企業界提出領導者應具備十項品德和十項能力。這十項品德為：使命感、責任感、信賴感、積極性、忠誠、進取心、忍耐性、公平、熱情和勇氣。這十項能力為：思維決定能力、規劃能力、判斷能力、創造能力、洞察能力、勸說能力、理解人的能力、解決問題的能力、培養下級的能力和調動積極性的能力。

美國企業界提出了企業家應具備以下十大條件：

①合作精神：善於與人合作，對下級不是壓服，而是影響和說服。

②組織能力：善於組織和調配人、財、物三種資源，使其發揮最佳效益。

③決策能力：依據事實而非想像進行決策，具備前瞻性的決策意識。

④善於授權：善於為部屬劃定決策範圍，由其在一定的範圍內自行決斷。既不放任自流，也不事必躬親。

⑤善於應變：靈活進取，不墨守成規。

⑥敢於負責：對上下級、產品用戶、公司利益及社會效益具有高度責任心。

⑦革新意識：對新事物、新環境及新觀念有敏銳的感受能力。

⑧敢擔風險：對企業發展中可能遇到的不景氣敢於承擔責任，有改變企業面貌、開創新局面的雄心和膽識。

⑨尊重他人：重視採納意見，不武斷狂妄。

⑩德高望重：其品德為社會人士、企業員工所景仰。

從20世紀40年代開始，領導特質理論研究就不再處於主導地位了。不過，最近十幾年來，對特質理論的研究又出現復甦的跡象。從實踐來看，這一理論對領導者的選拔、培養和發展有積極作用。這也許正是一種理論的生命力所在。

二、領導行為理論

由於領導特質理論不能說明領導的本質，從20世紀40年代後期開始，不少管理心理學家和行為科學家開始轉向研究領導者的實際行為。這一時期，許多學者在調查研

究中發現，領導者在領導過程中所採取的領導行為與他們的工作效率之間存在著密切的關係。為了尋求最佳的領導行為，許多研究機構著手進行行為研究，並提出了行為理論。

(一) 密執安大學的領導行為研究

密執安大學的利克特（R. Likert）從 1947 年開始對領導行為進行了長期的實驗研究。其主要目的是探討領導行為與生產效率的關係。例如，他對某保險公司從事同樣工作的 50 個部門進行了調查研究。從 50 個部門中選出工作效率高的 12 個部門編為一組，將工作效率低的 12 個部門編為另一組，然後通過其直屬上下級的評定和本人訪談，評價兩組的部門領導者在領導行為上的差異。結果發現，兩組的領導者在領導行為上有明顯差異。高工作效率的一組的部門領導者都傾向於採用「以員工為中心」的領導方式，而低工作效率的一組的部門領導者多傾向於採用以「以生產為中心」的領導方式。1961 年，利克特在長期研究的基礎上進行了總結，出版了《管理新模式》（*New Pattern of Management*）一書，提出了領導類型理論。他將領導方式分為以下四種類型：

①剝削式專制領導：領導者集中所有權，即領導者自行決策並將決策下達給下級執行，必要時可採用強制措施。下級只能服從和執行命令。領導者和下屬之間存在互不信任的氣氛。

②仁慈式專制領導：領導者對下屬比較和氣，在決策時仍由領導者決斷，也會聽聽下屬的反應。在執行任務的過程中獎懲並用。領導者和下級的溝通仍是表面的和有限的。

③協商式民主領導：領導者對下屬有一定的信任。決策權雖然主要在領導者手中，但他會充分聽取下屬的意見，並在取得大多數下屬的讚同後作出決定。雙方溝通較好，決策在執行時會獲得一定的支持。

④參與式民主領導：領導者對下屬有充分的信任，並按分工授權的原則，授予下屬一定範圍內的自行決策權。領導人只提出下級應達到的目標，但不干涉其實現目標的方法，只定期檢查目標的實現情況，並提供必要的支持。上下級之間不僅有充分的溝通和信任，而且有一定的友誼。

在這四種領導方式中，利克特認為以第四類的效果最好，而第一類剝削式的專制領導效果最差。據他們的調查，實現較高成就的領導者，其領導方式大部分接近參與式民主領導的類型，而成就低的領導者的方式大都接近剝削式專制領導。

參與式民主領導的基本內容包括以下幾個方面：

以互相幫助、互相支持的原則處理內部關係，使每個員工看到自己在企業中的作用，從而調動員工的生產積極性。重大問題由集體協商決定，共同監督實施。員工要參與組織目標的制訂，要把組織目標和員工需要結合起來，從而提高員工的滿意度、凝聚力和士氣。員工生產積極性和滿意度的提高有利於生產效率的提高。許多學者就參與式民主領導的效果及其影響因素進行了有意義的探討。科奇和富蘭奇探討了參與制與改革的關係，提出改革的成功與否很大程度上依賴於員工的參與程度。沒有員工

的參與，改革很難取得實效。這一點與中國政府一貫倡導的「發動群眾」在實質上是相通的。一些學者探討了參與制與生產效率的關係，發現參與制只有在某些條件得到滿足時才會發揮真正的效力。這些條件是：

第一，參與領域的重要性。要讓員工意識到他們參與決策的領域對企業或組織目標的實現有重要價值，否則這種參與效果不好。

第二，參與的恰當性。員工參與的決策要與他們的近期目標和利益掛勾，與他們的工作和生活密切相關，如參與制訂生產效率的指標等。

第三，參與的合法性。員工參與制定的有關政策、規章、標準等要得到管理當局的承認，才能有效。

第四，對變革的抵制程度。在企業或組織進行變革時，管理當局的措施要沿著員工抵制的阻力最小的方向進行。抵制的程度越小，參與的效果就越顯著。

第五，工作性質。就工作性質而言，凡是例行程序的工作或是已有現成規定作依據的問題，就沒有參與的必要。賽德爾（Sandier）的現場實驗研究還發現，參與對於完成較熟練和程序化的工作價值不大，而對於創造性和革新性的工作卻很有價值。

第六，員工的素質和參與意識。員工具備的創新能力和分析判斷能力越強，其貢獻欲、成就感、責任心越強，參與的意義和效果就越大。

此外，密執安大學的利克特等人根據調查研究的結果，把領導者的行為歸納為兩個因素：一個是員工導向，另一個是生產導向。員工導向的領導者特別重視工作中的人際關係層面。他們認為每個員工都很重要，因此特別重視員工的利益和需要。其特點是讓員工有較多的參與機會，使員工感覺到工作的好壞、組織目標的實現與否與自己的利益休戚相關。這種領導行為易為下屬接受，部下的滿意度高，所產生的生產效率也最高。生產導向的領導者強調企業中的生產和技術層面。他們不是把部下作為人來看待，而是看做完成生產任務的工具。這種領導的管理方式也稱為「嚴厲式」管理。其特點是採用高壓和強制的手段，使下級處於被動狀態，彼此缺乏信任，員工的滿意度低，這種領導行為所導致的生產效率較低。利克特認為員工導向的領導行為是最理想的領導行為。

(二) 俄亥俄大學的領導行為研究

在密執安大學開展領導行為研究的同時，俄亥俄州立大學也進行了這方面的研究。俄亥俄大學的研究是由漢姆菲爾（T. K. Hemphill）等人進行的。他們列出了1000多種刻畫領導行為的因素，然後通過逐步概括，歸納出「抓生產」和「關心人」兩大類。「抓生產」包括組織設計、明確職責和關係、確定工作目標等，「關心人」包括建立互信氣氛、尊重下屬意見、注意下屬的感情問題等。按照這兩類內容，他們設計了《領導行為問卷》，為每類行為列舉了15個問題，然後進行調查。根據調查結果，他們發現兩類領導行為在同一領導者身上有時一致，有時並不一致。因此，他們認為領導行為是兩類行為的具體結合。他們用領導行為四分圖把這一概念加以表示，如圖6-1所示。

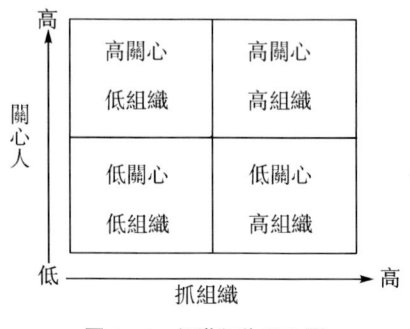

```
          高│
           │ 高關心  │ 高關心
      關   │ 低組織  │ 高組織
      心   ├────────┼────────
      人   │ 低關心  │ 低關心
           │ 低組織  │ 高組織
          低└────────┴────────→高
                 抓組織
```

圖 6－1　領導行為四分圖

　　高關心、高組織的領導者：既重視人際關係，又重視抓工作組織。
　　高關心、低組織的領導者：重視人際關係，但不採用嚴格控制式的管理。
　　低關心、高組織的領導者：重視工作目標和組織目標的完成，不太關心下屬的需要。
　　低關心、低組織的領導者：既不重視抓工作，也不關心人。
　　一般來說，高組織、高關心的領導效果好，而低組織、低關心的領導效果最差。但是，具體在什麼情境下用何種方式最好，不能簡單下結論。

(三) 密執安學派與俄亥俄學派在領導行為研究上的異同

　　首先，密執安學派提出了兩種類型的領導行為——員工導向的領導行為和生產導向的領導行為，俄亥俄學派則提出了領導行為的兩個基本維度——關心人和抓組織。其中，員工導向接近於「關心人」，生產導向類似於抓組織，這是兩個學派的共同點。其次，密執安學派認為員工導向和生產導向是兩種不同的領導行為類型，它們是互相排斥的。一個領導者要麼是員工導向的領導行為類型，要麼是生產導向的領導行為類型，不可能兼而有之。俄亥俄學派則認為，領導行為可以提煉出兩種基本維度，一個是「關心人」，另一個是「抓組織」。兩個維度結合起來可以說明領導者的領導行為類型，二者是不相互排斥的。最後，俄亥俄學派則認為最佳的領導行為應是既抓組織又關心人的領導行為。

(四) 管理方格理論

　　管理方格理論（Managerial Grid）是由美國得克薩斯大學的布萊克（R. B. Blake）和莫頓（J. S. Mourton）提出的。這種理論受到俄亥俄學派的領導行為四分圖的影響，同時又提出需要對兩個維度在程度上的差異作細緻的劃分。布萊克和莫頓用縱坐標表示對人的關心程度，橫坐標表示對生產的關心程度。兩者各分成九等，就形成了一個管理方格圖。這樣，理論上可產生 81 種不同的領導方式，其適用性更強了，準確度提高了。管理方格圖可用於說明和分析各種形式的管理，如圖 6－2 所示。

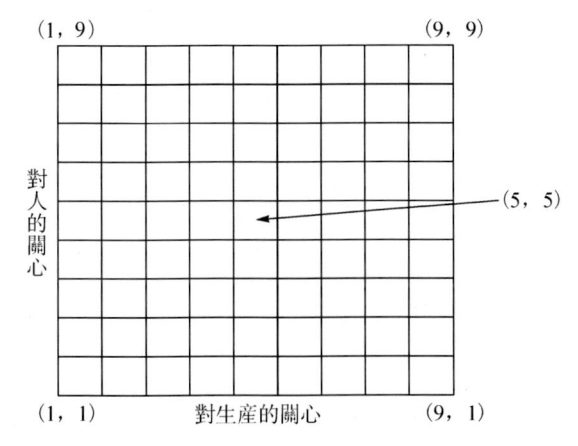

```
         (1, 9)                    (9, 9)
       ┌─┬─┬─┬─┬─┬─┬─┬─┐
       ├─┼─┼─┼─┼─┼─┼─┼─┤
       ├─┼─┼─┼─┼─┼─┼─┼─┤
   對  ├─┼─┼─┼─┼─┼─┼─┼─┤
   人  ├─┼─┼─┼─┼─┼─┼─┼─┤ ← (5, 5)
   的  ├─┼─┼─┼─┼─┼─┼─┼─┤
   關  ├─┼─┼─┼─┼─┼─┼─┼─┤
   心  ├─┼─┼─┼─┼─┼─┼─┼─┤
       └─┴─┴─┴─┴─┴─┴─┴─┘
       (1, 1)  對生產的關心  (9, 1)
```

圖 6-2　管理方格

要評價領導者，可按其對員工和對生產的關心度，找到相應的交叉點。這個交叉點就是他所屬的類型。例如，某企業的領導人關心人的程度很高，達到 9，而關心生產的程度很低，只有 1，那麼他就是 1.9 型管理者。反之，若該領導者關心人的程度很低，只有 1，而關心生產的程度很高，達到 9，那麼他就是 9.1 型管理者，其餘類推。布萊克（Blake）和莫頓（Mourton）在提出此圖時列舉了以下五種典型的領導方式：

1.1 型——虛弱型管理：這一類型的管理者既不關心生產，也不關心人。管理者表現為僅作出最低限度的努力，以維持企業或組織的運轉。

9.1 型——任務型管理：這類型的管理者非常關心生產，但不關心人。管理者把人看成機器、原材料，一切以完成生產任務為中心，不講究提高員工的士氣。

9.9 型——協作型管理：這一類型的管理者不僅十分注重完成生產任務，也非常關心人，把組織目標的實現與滿足員工的需要放在同等重要的位置，管理者強調工作成就來自獻身精神以及組織目標與員工利益的一致性。

1.9 型——俱樂部型管理：這一類型管理者注重對員工的支持和體諒，在生產管理上主張松弛，以形成融洽友善的關係和氣氛，從而產生較高的工作效率。

5.5 型——中遊型管理：這一類型的管理者對生產和對員工的關心都屬於中等水平，但能保持兩者之間的平衡，使員工感到基本滿意，以取得正常的工作水平。

管理方格理論是評價和訓練管理人員用的。它是培養有效的管理者的一種比較簡便的工具。在管理人員培訓班中，用它可以進行自我評價，也可以由其他成員來進行評價。評價的標準就是我們上面所介紹的五種典型的領導者的領導方式。

在上述五種典型的管理類型中，布萊克和默頓認為最有效、最理想的領導類型是 9.9 型，其次是 9.1 型，再次是 1.9 型和 5.5 型，最次是 1.1 型。布萊克和莫頓指出，一個領導者或管理者，要實現 9.9 型領導方式，即同時重視關心人和抓組織兩個方面是很困難的。

領導行為理論已成為領導培訓的一種方法。在美國，有 75% 的工業企業單位和政府部門對其管理人員的領導行為進行了各種訓練。這種培訓對提高領導者的管理水平

和工作效率起到了積極作用。另外，布萊克和莫頓近年來也承認，哪種管理方式最好，要看實際效果，根據環境、對象而異。因此，應根據具體情境來確定最合適的領導方式。

（五）專制—民主連續統一體模式

為了研究有關決策的領導行為本質，坦南鮑姆（Tannenbaum）和施密特（Schmidt）於 1958 年提出專制—民主連續統一體模式，如圖 6－3 所示。

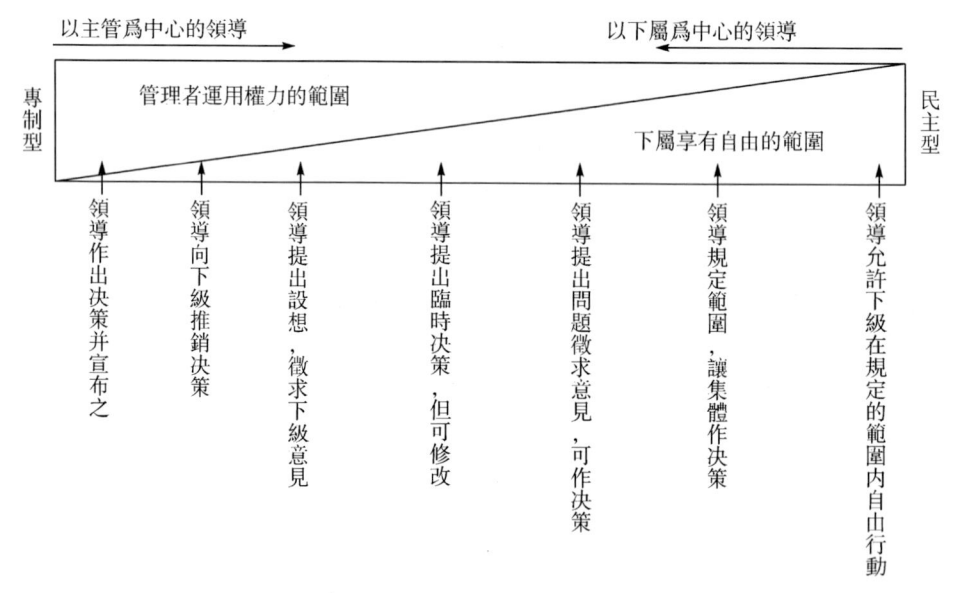

```
          以主管為中心的領導 →           ← 以下屬為中心的領導

專                管理者運用權力的範圍                         民
制                                                              主
型                          下屬享有自由的範圍                  型

   ↑      ↑      ↑       ↑      ↑        ↑         ↑
  領     領     領      領     領      領        領
  導     導     導      導     導      導        導
  作     向     提      提     提      規        允
  出     下     出      出     出      定        許
  決     級     設      臨     問      範        下
  策     推     想      時     題      圍        級
  并     銷     ，      決     徵      ，        在
  宣     決     徵      策     求      讓        規
  布     策     求      ；     意      集        定
  之            下      但     見      體        的
                級      可     ，      作        範
                意      修      可      決        圍
                見      改     作      策        內
                              決              自
                              策              由
                                              行
                                              動
```

圖 6－3　專制—民主連續統一體模式

這個理論把領導風格理論與領導行為理論結合起來考慮。該理論認為，在專制和民主這兩種極端領導風格之間，存在著許多領導行為方式，它們構成了一個連續帶。在這個連續帶上，從左到右，領導者職權的運用逐漸減少，而部下享有的自由則逐漸增大。管理者運用職權的程度愈高，愈近似於「重視工作的領導者」，即為「以主管為中心的領導」。而管理者運用職權的程度愈低，愈類似於「重視員工的領導者」，即為「以部下為中心的領導」。

這一模式說明，領導方式不應是一成不變的固定模式，而應根據具體情況（如歷史條件、問題性質、企業習慣、工作的時間性等）採取不同的決策。在典型的專制型領導和民主型領導之間存在著許多可供選擇的領導行為方式，領導者應根據具體情況和需要來選擇一種適合的領導行為方式。

三、領導權變理論

西方早期的研究堅持領導現象與領導內容是放諸四海皆準的，不會太受文化、地域、國家的影響，甚至宣傳有全球化、普遍性的領導方式存在（豪斯懷特、安迪他，1997）。

(一) 權變模式

美國管理學家菲德勒於 1962 年提出了「有效領導者的權變模式」。這通常被稱為菲德勒權變模式。這個模式將領導者的特質研究與領導行為研究有機地結合起來,並將其與情境因素聯繫起來研究領導的有效性。由於該模式強調了權變的特點,受到了學術界的廣泛重視。有大量的研究從不同角度豐富和充實了該模式。

1. 三種情境因素

菲德勒指出,一個領導者的領導有效性除了與他本人的領導類型有關以外,還取決於他面臨的環境。菲氏認為,有影響的環境因素有三個:

(1) 領導者與被領導者的關係

這個環境因素考察的是領導者被其領導的群體接受的程度。我們知道,一個領導者的權威在一定程度上取決於他為群體接受的程度。而一個領導者被某個群體接受的程度又取決於領導者的個性品質、可信賴性和表率力。

(2) 工作任務結構

這個環境因素是用來量度下級所要完成的工作任務結構的明確程度。例如,任務結構是例行的還是非例行的,是只能用一種方法完成的還是可用多種方法完成的,是規定得非常明確的還是含糊不清的。

如果工作任務是例行的,那麼它基本上也就具有明確規定的目標,有相應的步驟和程序,可以進行檢驗,一般都有正確的解決方案。對於領導者而言,如果下級的任務結構是明確的、例行的,那麼領導起來就比較容易;如果下級要完成的任務是非例行的,目標不明確,完成目標的途徑又是多種多樣的,那麼領導者在領導時就比較困難了。

(3) 領導者的地位與權力

這是指領導者所處地位的固有權力以及取得各方面支持的程度。例如,領導者對下屬有無提升或降級的權力,他所擔當的職位是長期的還是短暫的,期限有多長,上級和組織是否支持他的威望等。

總之,領導者與被領導者的關係越融洽、下級的工作任務結構越明確、領導者的領導地位和權力越牢固,則領導者所處的環境就越有利。

2. 權變模式對領導效果的揭示

按照領導者與被領導者關係的好壞、工作任務結構是否明確、領導者地位和權力的強或弱可以組合成八種情況,如表 6-1 所示。這八種情況可以按照順利的程度排列為一個連續體。菲德勒認為,在這三種情境因素中,領導與被領導者的關係最為重要。因此在判斷情境順利程度時,首先應觀察領導者與被領導者之間的關係,然後才看其他兩個因素。

表 6-1　　　　　　　　三個情境變量所顯示的順利程度

情境	1	2	3	4	5	6	7	8
領導者與被領導者的關係	好	好	好	好	差	差	差	差
工作任務結構	明確	明確	不明確	不明確	明確	明確	不明確	不明確
領導者的地位和權力	強	弱	強	弱	強	弱	強	弱

在這八種類型的情境中,從情境 1 到情境 8,順利程度依次下降。情境 1 是最有利的情境,情境 2 和 3 是比較有利的情境,情境 4 和 5 是中等水平的情境,情境 6 和 7 是不太有利的情境,情境 8 是最不利的情境。

根據菲德勒的領導權變模型,我們可以得到以下幾點啟示:

第一,重視搞好人際關係的領導者和重視完成工作任務的領導者,都只能在某些處境中工作得好,而在另一些處境中則不能。某一級的一位優秀的管理人員一旦被提升為高一級的領導者後,可能幹不出什麼好成績;其原因很可能就是他已習慣的領導方式難以適應新環境的要求,使他不再能夠最有效地發揮其能力。

第二,不指明具體條件而評價一位領導者是勝任或不勝任的,在權變模式看來是不準確的。一個領導者在一種情境下勝任,在另一種情境下可能就不勝任,因此,對領導者勝任與否的評價應結合具體情境的性質來說明。

第三,一個領導者的工作績效是其領導方式和所處情境兩方面因素交互作用決定的。要提高一個領導者領導的有效性,就要設法改變兩個因素的某一個,設法使之與另一個相適應。菲德勒認為,在兩個因素中,改變領導者的領導方式比較困難,因為一個人如何與他人相互作用是從小形成的,不大容易改變。他建議領導者去控制、掌握和改變所面臨的領導情境。他指出,當一個人能控制、把握領導情境,就會感到輕鬆、有信心;反之,會感到緊張、激動、焦慮,而這樣會影響領導效率。提高領導有效性的正確途徑是:認識而不是改變自己的領導方式,然後去控制、掌握和改變所面臨的領導情境,使之適應於自己的主觀條件。

(二) 途徑—目標模式

該模式(Path-Goal Model)是 1971 年由加拿大多倫多大學教授豪斯(House)提出的。他將弗洛姆的期望激勵理論和俄亥俄州立大學的領導行為二因素理論(「關心人」和「抓組織」)結合起來創造了該模式。該模式認為,一個領導者要激勵部下,需要解決好三個問題:首先,要使部下清楚地瞭解到組織目標實現後能獲得的利益;其次,要提高部下對目標實現的可能性的認識,即提高部下實現目標的期望值;最後,要使部下在工作中(即在目標實現的過程中)得到滿足,以激勵他們的工作積極性。

為了達到上述目標,領導者必須採用不同類型的領導行為以適應特殊環境的要求。

1. 領導行為類型

途徑—目標模式歸納了以下四種不同的領導行為類型:

(1) 指導型

該類型的特點是領導者讓下屬人員明確瞭解組織的目標,對應該如何完成目標提供具體的指導,並且確信相應的目標和指導能得到下屬的認可和接受。該類型的領導者需要有嚴格的計劃、固定的工作標準,且下屬人員應遵守標準和規則。

(2) 支持型

該類型的領導者對下屬人員較為關心,態度友好,平易近人,注意聯絡與下屬員工的感情,重視瞭解和滿足員工的各種需要和願望,相信和諧的關係、較強的凝聚力和高昂的士氣對實現組織既定目標有重要作用。

（3）參與型

該類型的領導者強調，當遇到決策問題時尤其是影響到下屬員工的問題時，應主動與下屬人員磋商，傾聽他們的意見，反應他們的建議，相信員工的參與對實現組織目標大有益處。

（4）成就導向型

該類型的領導重視出色的工作表現和員工的高成就動機，相信員工能夠自我管理，有能力並且願意達到較高的要求。這種類型的領導者通常會樹立一個具有挑戰性的工作目標，鼓勵下屬為目標的實現盡職盡責。

2. 權變因素

途徑—目標模式認為領導行為是否有效要視情境因素而定，為此提出了兩個權變因素：員工的個人特點和工作環境的特點。

（1）員工的個人特點

當一個下屬感到自己能力不足時，指導型的領導就比較受歡迎。反之，當下屬人員有足夠的能力去完成工作任務時，指導型領導不僅多餘，而且會有消極影響。

把所發生的事看做由他們自己控制和影響的員工，稱為內控型的員工；把所發生的事看做由外在環境的力量控制和影響的員工，則稱為外控型的員工。研究結果表明，內控型的員工願意接受參與型的領導，而外控型的員工則適合指導型的領導。此外，員工的特殊需求也會影響到他們對不同領導類型的接受程度。

（2）工作環境特點

如果下屬員工是在一個幾乎沒有政策和程序的組織中接受模糊的任務，那麼按照途徑—目標模式的預見，指導型的領導幫助下屬明確任務要求和程序目標，將會增加激勵效果和提高工作績效。如果下屬員工在一個有著詳細規章制度的組織中接受日常的且結構化的任務時，那麼指導型的領導就會事倍功半，並有可能導致員工的不滿和敵對情緒。根據途徑—目標模式，領導者必須分析下屬面對的客觀環境。採用一個恰當的領導類型，才能有效地發揮領導效力。

（三）領導生命週期論

領導生命週期論（Life Cycle Theory of Leadership）是俄亥俄州大學的卡曼（A. K. Karman）首先倡導的。卡曼對俄亥俄學派的「抓組織」和「關心人」兩個行為維度與各種效率指標的關係進行了檢驗，認為這兩個維度並不總能有效地預測領導效力，因為領導效力還受到環境因素的影響。為了能有效地預測領導效力，卡曼引入了「成熟度」的概念，並把它作為一種環境變量，結合「關心人」和「抓組織」這兩個領導行為維度，提出了所謂的領導生命週期理論。該理論的要點是領導者的行為要與被領導者成熟度的相適應，隨著被領導者的成熟度逐步提高，領導者的領導方式也要作出相應的改變。卡曼發現「關心人」的維度、「抓組織」的維度和「成熟度」之間存在著某種非線性關係。在生命週期論中，成熟度是指心理成熟度而非生理成熟度。它主要指個人的知識經驗、能力、人格、教育水平、責任感和成就動機。人的成熟度是不完全一樣的。即使是成年人，在成熟度上也有很大差別。領導生命週期論是在俄

亥俄學派的領導行為四分圖的基礎上發展起來的，如圖 6-4 所示。在此圖的基礎上，加上成熟度因素，就可以說明在什麼階段，領導應採取何種領導方式。

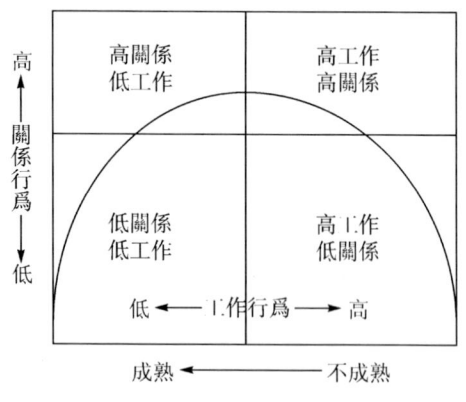

```
         高
         ↑   ┌─────────────┬─────────────┐
         │   │             │             │
         關   │  高關係      │   高工作     │
         係   │  低工作      │   高關係     │
         行   │             │             │
         為   ├─────────────┼─────────────┤
         │   │             │             │
         │   │  低關係      │   高工作     │
         ↓   │  低工作      │   低關係     │
         低   │             │             │
             └─────────────┴─────────────┘
             低 ←── 工作行為 ──→ 高

         成熟 ←──────── 不成熟
```

圖 6-4　領導生命週期

　　生命週期論認為，「高工作、高關係」的領導方式不一定總有效，而「低工作、低關係」的領導方式也不一定總無效。是否有效，關鍵在於下屬的成熟程度。隨著下屬由不成熟逐步走向成熟，領導方式應按照下列順序依次變動：

不成熟──高工作、低關係
初步成熟──高工作、高關係
比較成熟──低工作、高關係
成熟──低工作、低關係

　　當下屬處於不成熟階段時，應採取高工作、低關係的領導方式，領導者以單向溝通方式向下屬設置目標和安排任務，這基本上是一種命令式的領導方式。當下屬進入初步成熟階段時，以高工作、高關係的領導方式為佳。領導者與下屬以雙向溝通交流方式交流信息，達成諒解和共識，互相支持，去實現目標，這是一種說服式的領導方式。當下屬進入比較成熟階段時，下屬的自律行為和自我管理意識均大為加強，這時領導者就不必過於強調工作行為，而應充分加強關係行為，即採用低工作、高關係的領導方式。通過溝通與交流，領導者讓下屬充分發表意見、參與決策，使下屬的利益與組織的利益相一致，滿足員工的需要，這是一種參與式的領導方式。當下屬進入成熟階段時，領導者應充分信任下屬，主動授權給下屬，使其在職責範圍內充分發揮主觀能動性，領導者不作太多干預，這是低工作、低關係的領導方式。從性質上講，這是一種授權式的領導方式。

　　總之，對不同成熟度的下屬，應採用不同的領導方式，才能獲得最為有效的領導。在管理工作中要注意創造條件，讓被管理者在工作過程中更快地趨向成熟，將使用與培養結合起來，注重人力資源開發。

四、領導理論的新發展

(一) 領導歸因理論

領導歸因理論（Attribution Theory of Leadership）是由米契爾（Terence R. Mitchell）於 1979 年首先提出的一種領導理論。這種理論指出，領導者對下級的判定會受到領導者對其下級行為歸因的影響，並將影響領導者對待下級的方式。同樣，領導者對下級行為的歸因也將影響下級對領導者是否遵從和執行領導者的指示。領導者典型的歸因偏見是把組織中的成功歸因於自己，把失敗歸因於外部條件；把工作的失敗歸因於下級本身，把成功歸因於自己。歸因理論主要用於瞭解原因和結果之間的關係。運用歸因理論的框架，研究者發現人們傾向於把領導者描述為有智慧、隨和的個性、很強的言語表達能力、進取心、理解力和勤奮等特點。並且，人們發現高─高領導者（即在結構和關懷方面均高）與人們對好領導具有哪些特質的歸因相一致。不管情境如何，人們都傾向於將高─高領導者視為最佳。在組織層面上，歸因理論的框架說明了為什麼人們在某些條件下使用領導來解釋組織結果。當組織中的績效極端低或極端高時，人們傾向於把它們歸因於領導。

(二) 領導魅力理論

魅力領導理論是歸因理論的擴展，它指的是當下屬觀察到領導者的某些行為時，會把它們歸因於偉人式的或傑出的領導能力。豪斯提出魅力型領導者的三項因素：極高的自信、極強支配力以及對自己信仰的堅定信念。瓦倫・本尼斯研究了 90 位美國最傑出和最成功的領導者，發現他們有四種共同的能力：有令人折服的遠見和目標意識；能清晰地表達這一目標，使下屬明確理解；對這一目標的追求表現出一致性和全身心的投入；瞭解自己的實力並以此作為資本。在此方面最新、最全面的分析是由麥吉爾大學的康格和凱南格進行的。他們的結論是，魅力型領導人具有如下特點：他們有一個希望達到的理想目標；為此目標能夠全身心地投入和奉獻；反傳統；非常固執而自信；是激進變革的代言人而不是傳統現狀的衛道士。

一般來說，魅力型領導者與下屬的高績效和高滿意度有著明顯的相關性，其中高滿意度佔有更加突出的地位。但是，有一點需要明確，魅力型領導者對員工的高績效水平並不總是相關聯的。

(三) 交易型領導與變革型領導

交易型領導與變革型領導是領導理論在最新發展過程中出現的兩個極為重要的概念。俄亥俄州立大學的研究、菲德勒的模型、路徑─目標理論、參與式民主領導者講的都是交易型領導者，這些領導者通過明確角色和任務要求來指導或激勵下屬向著既定的目標努力。而變革型領導則是一種不同於交易型領導的領導類型。變革型領導者勾勒出一幅組織遠景並熱情洋溢地進行宣傳。他們幫助員工開闊眼界，從只關注自己的工作或部門的狹隘思維中解放出來，鼓勵下屬為了組織的利益而超越個人利益，能對下屬產生深遠而不同尋常的影響。他們試圖造就學習型的人才與組織，以便能更好

地為前面未知的挑戰作準備。因此，變革型領導通常能引發人們超常的能力和想像力。從以上分析來看，交易型領導帶有更多的理性色彩，它是在交換中謀求一種平衡，而變革型領導則試圖為組織提供一種希望和發展動力。

20世紀90年代，隨著全球化時代和知識時代的來臨，領導者的重要性非但沒有降低，反而極大地提高了。

對管理者的啟示

隨著複雜性的提高，管理實踐對解釋和預測行為的能力的需求也在不斷提高。在領導行為方面的一個認識飛躍是人們認識到需要加入情境因素。近期的研究主要是對分離這些情境變量的具體嘗試。我們預期，未來在領導模型方面還會有巨大發展。在過去的十年中，領導行為有了一些重大發展，使得現在可以比較有效地預測什麼人能夠有效地領導群體，並能根據具體情況（如任務或員工取向）解釋在什麼條件下會導致高工作績效和工作滿意度。另外，領導研究還進一步擴展，包括了領導魅力理論的觀點。若知道下屬認為領袖魅力和變革型的領導者應具備的一些個人特點，管理者就能預測，下屬會對這樣的領導者和領導者的目標表現出非同尋常的忠誠和奉獻精神。

案例分析

三位所長的領導行為

有一個應用科學研究所，其所長是一位有較大貢獻的專家。他是在「讓科技人員走上領導崗位」的背景下被委任為所長的，沒有領導工作的經驗。他上任後，只是潛心搞自己的研究，對整個研究所的科研項目的申請、經費的來源、職稱評定政策等根本不關心，而且對員工也不關心，很少和下屬進行溝通，也不去瞭解員工的疾苦。之前很多人本以為跟著他可以大干一番，做出幾個像樣的項目，成就自己的夢想，現在很失望，感覺跟著他沒什麼前途。該所長在成果及物質獎勵等問題上搞平均主義，也不考慮員工對研究所的實際貢獻，使一些員工特別是年輕人很不滿意，所裡人心渙散。

上級部門瞭解情況後，聘任了一位成績顯著的家用電器廠廠長當所長。該廠長是一位轉業軍人，是當地號稱整治落後單位的鐵腕人物。新所長一上任，立即實施一系列新的規章制度：實行「坐班制」，把中青年科技人員集中起來進行「軍訓」，以提高其紀律性；在提升幹部、獎勵等問題上，向「老實、聽話、遵守規章制度」的人傾斜。這樣一來，人心渙散的狀況有所改變，但大家還是無事可做，在辦公室看看報紙，談談天，要求調離的人不斷增加，員工與所長之間也經常出現矛盾。一年後，該所長便辭職而去，並留下了「知識分子太難管了」的感嘆。

上級部門在進行仔細的分析和研究後，又派了一位市科委副主任前來擔任所長。該所長上任後，首先進行周密的調查，然後在上級的支持下進行了一系列有針對性的改革：把一批有才能、思想好、有開拓精神的人提升到管理工作崗位，把權力下放到科室、課題組；實行獎勵、評職稱按貢獻大小排序的原則；提倡「求實、創新」的工

作作風；在完成指定科研任務的同時，大搞橫向聯合，制定優惠政策，面向市場。從此，研究所的面貌煥然一新，原來的一些不正常現象自然消失了，科研成果、經濟效益成倍增長，該應用科學研究所成了遠近聞名的科研先進單位。

問題討論

運用有關領導理論，分析案例中三位領導者的領導方式及其特點。

第三節　權力與政治

在任何群體或組織中，權力都是一種自然存在的現象。因此，如果你試圖充分理解組織行為，那麼你必須瞭解這些權力是如何獲得並被運用的。也許你聽過這樣一句話：「權力意味著腐敗，絕對的權力意味著絕對的腐敗。」但是，這並不意味著權力一無是處，它是組織生活的現實，永遠不會消失。而且，通過瞭解權力在組織中的運作機制，能更好地成為有效的管理者。

一、權力與權術

（一）權力

權力、位次歷來是組織的癢處。在《水滸》中，宋江初上梁山時，就與晁蓋有一番關於位次的謙讓和安排。後來晁蓋第一位，宋江第二位，其餘英雄「休分功勞高下，梁山泊一行舊頭領去左邊主位上坐，新到頭領去右邊客位上坐，待日後出力多寡，那時另行定奪」。當今企業的領導者與追隨者的矛盾也是層出不窮。「權力」這個詞，敏感，又略顯神祕，時而真實顯現有時又讓人看不著摸不到。很多人對權謀非常重視。在很多場合，民營企業甚至被「樹立」為玩弄公司政治、管理混亂的典型，但是著名跨國公司裡的各種公司政治的例子也經常見於報端，不同的只是玩法和規則而已。所有這些，其背後的真實就是一種權力游戲。

1. 權力的定義

由於研究的角度和重點不同，不同的研究者對權力有不同的認識。

費伏爾（Fevere）：權力是影響行為、改變事情的進程、克服阻力和讓人們進行他們本不會做的事情的潛在的力量。

康德（Kant）：問一位法學家「什麼是權力」就像問一位邏輯學家一個眾所周知的問題「什麼是真理」那樣使他感到為難。

羅素（Russell）：權力是有預期地努力的結果。

彼得‧布勞（Peter Bloor）：權力是通過消極制裁進行控制的能力，是個人將其意志強加於其他人的能力。

馬克斯‧韋伯（Max Webber）：權力是一個人或一些人在社會行為中不顧其他人的反抗而實現自己的過程。

我們認為：權力是一個人用以影響另一個人的能力。這個定義包含以下幾點：

①權力是潛在的，無需通過實際來證明它的有效性。②依賴關係。③被影響一方對自己的行為有一定的自主權。權力可以存在但不被使用，因此，它是一種能力或潛力。一個人可以擁有權力但不運用權力。廣義的權力指某種影響力和支配力，它分為國家權力和社會權力兩類。狹義的權力指國家權力，即統治階級為了實現其階級利益和建立一定的統治秩序而具有的一種組織支配力。我們認為權力性影響力屬於強制性影響力的一種。其特點是：對別人的影響力帶有強迫性，並以外部壓力的形式起作用。在權力性影響力的作用下，被影響者的心理和行為主要表現為被動、服從。因而，這種影響力對人的心理和行為的激勵作用是有限的。

2. 領導與權力的對比

領導者將權力作為實現群體目標的手段。兩者的差別之一在於目標的相容性。權力不要求雙方有一致的目標，而領導則要求領導者和被領導者雙方的目標具有相當的一致性。差別之二在於影響的方向：領導側重於向下，而盡量減少橫向和向上的影響，而權力則不然。兩者的研究的重點不同：領導強調領導的方式——一個領導者應該提供多大的支持？下屬應在何種範圍內參與決策？權力的研究則試圖包括更寬泛的領域，並集中關注贏得服從的權術。群體和個人一樣可以使用權力來控制其他個體或群體，所以權力的實施者不只局限於個人。

3. 權力的應用方式

命令：這是一種強制性的方式，主要依據法律、規章制度，屬於不得不採用的方式。

示範：權力主體以自己的行為方式、價值觀念等對下屬產生明顯的或潛移默化的作用。

說服：通過權力主體擁有的信息、能力、聲譽等，借助勸告、誘導、商量、建議等溝通方式影響下級。

獎勵：通過物質、機會或精神方式的激勵來影響下級的行為。

懲罰：通過生理或心理的損害來實現影響他人行為。

4. 權力的來源

權力從何而來？是什麼賦予個體或者集體以影響他人的能力？從前面的對權力的界定，我們可以把權力稱為一種影響力。領導者的權力來源可分為權力性影響力與非權力性影響力。

（1）權力性影響力

權力性影響力屬於強制性影響力的一種。其特點是：對別人的影響力帶有強迫性，並以外部壓力的形式起作用。在權力性影響力的作用下，被影響者的心理和行為主要表現為被動、服從。因而這種影響力對人的心理和行為的激勵作用是有限的。

構成權力性影響力的主要成分為：傳統因素、職位因素和資歷因素。

①傳統因素。領導者的服從感表現在兩個方面：一是領導者對上級的服從感，二是領導者要求下屬對自己也要有服從感。領導者追求權威和服從感，有積極與消極兩方面的意義。領導者如果沒有權威，下屬對他沒有服從感，「不聽話」，則領導者難以順利開展工作。但是，領導者如果一味追求權威，將會導致下級對自己的個人迷信與

個人崇拜，這就使事情走向了另一個極端。

②職位因素。領導者在組織中的職務與地位會使被領導者產生敬畏感。領導者職位越高，權力越大，別人對他的敬畏感也越大，他的影響力也越強。領導者職位因素的影響力表現在影響的強度與範圍兩個方面。領導者職位越高，其影響強度與範圍越大。

③資歷因素。領導者的資格與經歷也是產生影響力的因素。資歷是一種歷史的產物，它反應了一個人的生活閱歷與經驗。資歷因素會使被領導者產生敬重感。例如，某工廠將要新來一位新廠長。在這位廠長來之前，群眾就會議論這位新廠長的資歷。如果他是一位專家，有光榮的歷史，群眾很快就會產生敬重感。反之，如果新廠長是一位剛從學校畢業出來的大學生，群眾就會產生「此人很嫩，恐怕不行」的想法，因而不會對新廠長產生敬重感。顯然，資歷因素在一定條件下會影響領導的有效性。一個能得到群眾敬重的領導者，他的言行容易在人們的心靈上佔有重要的位置，這位領導者的話就有人聽。反之，不能得到群眾敬重的領導者，他的話就沒人聽。當然，我們不能把資歷因素絕對化。資歷因素雖然是有助於領導有效性的，但能否真正得到群眾的敬重，還要看領導者在實際領導活動中的表現。一個資歷深但在實際工作中表現得很差的領導者，仍然會使群眾大失所望，失去群眾的敬重感。反之，一個資歷淺但在實際工作中表現得很好的領導者，最終會得到群眾的信賴與敬重。

(2) 非權力性影響力

非權力性影響力更多地屬於自然性影響力。其產生的基礎比權力性影響力廣泛得多。這種影響力表面上沒有合法權力那種明顯的約束力，但實際上它不僅具有影響力的性質，而且常常能發揮權力性影響力不能發揮的約束作用。

非權力性影響力的特點是：沒有正式的規範，也沒有上級授予的形式，接受權力者不會在規定的制度上受到領導者的懲罰和獎賞。權力性影響力強調命令與服從，非權力性影響力則強調順從與依賴。

非權力性影響力的主要成分有品格因素、能力因素、知識因素、感情因素。

①品格因素。品格因素是指反應在領導者一切言行之中的道德、品行、人格、作風等。領導者要十分注意自己在品格上的表現，因為優良的品格不僅是擔任領導職務的素質要求，也是領導影響力的重要組成部分。在中國，群眾認為領導者缺乏某些素質如能力、知識、經驗等是可以原諒的，但如果缺乏品格因素，那是絕對不可原諒的。

②感情因素。感情是人對客觀事物好惡傾向的內在反應。人與人之間建立了良好的感情關係，便能產生親切感。有了親切感，人與人的吸引力就大，彼此的影響力也就高。一個領導者平時待人和藹可親，能時時體貼、關懷下級，與群眾的關係融洽，其影響力往往比較高。一個企業領導者要在企業中將他們的決策變成員工的自覺行為，單憑合法權力、獎勵權和強制力往往是不夠的，需要發揮感情的影響力。

③專長。一個人由於在某種知識技術方面具有專長或者具有某一方向的特殊能力，便會對他人產生種種影響力。不過，這種專長所產生的影響的大小同這種專長被下級所看重的程度有很大關係。一般來講，專長都有一定的產生影響的範圍。

有證據表明，人們對不同的權力的反應是不一樣的。專家權和參考權來自一個人

的個人素質。相反，強制權、獎賞權和法定權基本上都來源於組織因素。因為人們都更願意接受和認可那些他們崇敬的人或擁有他們所期望的知識的人（而不是那些依仗位置來決定獎酬或強迫他們的人），所以有效地使用專家權和參考權可以導致更高的員工績效、承諾和工作滿足感。事實上，人們發現，專家權是有效的員工績效最強烈、最穩定的相關因素。

（二）依賴——權力的關鍵

在一個相對封閉的環境下，企業如果能夠獲得自身發展所需要的各種資源，無需與外界環境發生資源的交換，或者說交換的資源對他來說是次要的，那麼就不存在其他的權力來源。對於資源依賴關係導致權力的產生，普費弗和薩蘭西克的資源依賴理論給出了很好的解釋。他們認為，如果一方所控制的資源對企業的未來很重要，並且缺少明確的資源替代物或者獲得資源替代物的成本過於高昂，那麼將企業的一定權力交給資源提供者以保證企業的生存和發展既是合理的，也是必須的。

1. 一般假設

當你擁有他人需要的某種東西，而你是唯一的提供者時，你就使他們依賴於你，你便因此而獲得了對他們的權力。依賴是與可替代性成反比的。如果某種資源充足，那麼擁有此種資源不會增加你的權力。如果每個人都極富智慧，那麼智慧就沒有什麼價值了。如果你能通過控制信息、尊嚴和其他別人渴望的東西而形成壟斷，那麼，對此有所需求的人將依賴於你。反過來說，你手中掌握的資源越多，別人手中的權力就越小。這也說明了為什麼大多數組織要開發多個供應商而不是只與一家廠商保持業務關係。另外，為什麼許多人都渴望在金錢上保持獨立，因為金錢上的獨立能減少他人支配自己的權力。

2. 依賴的產生

（1）資源的重要性

領導者掌握的資源是重要的，同樣一種資源在不同的企業中的重要性是不一樣的。例如，對於工程師這個群體，在英特爾公司任職的比在寶潔公司任職的權力更大。為什麼呢？因為英特爾公司是一個以技術為導向的企業，它之所以能保持領先優勢，是由於它的質量和技術，因為它對於工程師的依賴性就很強。而寶潔是一家以市場為導向的公司，在這家企業中市場部的工作人員、做銷售的人權力較大。這些結論在一般意義上是可信的。

（2）資源的稀缺性

物以稀為貴。不可替代的資源更難得。在一家企業中，如果某位員工掌握的技術是獨門的，該員工在這個企業中就很稀缺，具有不可替代性。他對企業來說就有很強的影響力，或者說權力很大。越稀少的職業在市場中、行業中就越寶貴。

（3）資源的不可替代性

一種資源越是沒有替代物，實現對它的控制而帶來的權力就越大。這可用權力彈性（Elasticity of Power）這一概念來表述。在經濟學中，大量的注意力集中在需求的彈性。它是指當價格變化時需求量的相對變化。這一概念經過修正也可以用來解釋權力

的強度。

　　權力彈性可定義為：對於可供選擇的資源的變化，權力發生的相對變化。一個人影響他人的能力取決於其他人對於他們自己可選擇範圍的判斷。

　　如圖6-5所示，假設有兩個人，A先生的權力彈性曲線的彈性相對來說較B先生的彈性小。於是A先生的上司發現，用解雇來威脅A，對A的行為造成的影響微乎其微。如果A的選擇範圍縮小（從X到X-1），那麼A先生的上司的權力只會稍有提高（從A′到A″）。但是，B先生的曲線較有彈性。他發覺B尋找其他工作的機會極其有限。他的年齡、受教育程度、現有薪金、消息閉塞的狀態，都給他再謀職帶來了極大的限制。因此，B先生更依賴現在的組織和上司。如果B失去工作（從Y到Y-1），他將面臨無限期的失業，這本身就表明B先生的上司的權力明顯增加。只要B認為再找工作的可能性很小，而B的上司擁有終止雇用的權力，B先生的上司就擁有了對B的權力。在這種情況下，對B來說，讓老板覺得他的選擇餘地比實際上要大得多是很重要的。否則，B的命運就掌握在他的上司手中，而且他將不得不任老板隨意驅使。

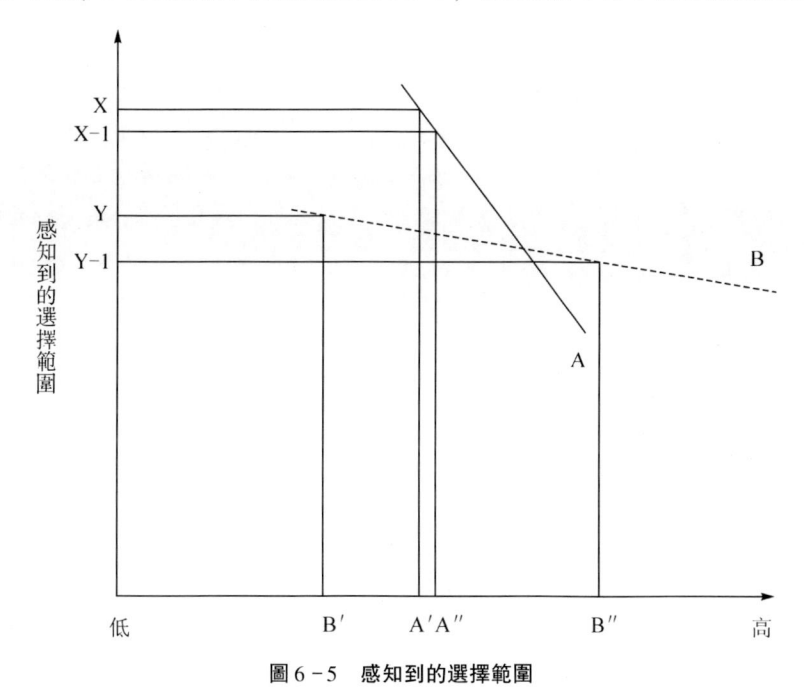

圖6-5　感知到的選擇範圍

（三）權術

　　既然微觀的企業政治客觀存在，那麼企業領導人在企業管理的過程之中適當地瞭解並運用領導權謀就是完全必要的。處於變革時期的企業領導者更是如此。一個善於運用權謀的企業家總是能在企業處於激烈的人事動盪時力挽狂瀾，扶大廈於將傾，救組織於水火。幾乎所有的企業變革都是從人事變革開始的，而人事變革的手段和方法絕對不是「劊子手」般手起刀落那麼簡單。深諳權謀之術的領導者都知道企業內部的

人事變革總是在表面上波瀾不驚的情況下，背地裡血雨腥風地完成的。

有一項調查要求165名經理人員每人寫一篇文章，描述一件事情，說明在這件事中他們是如何影響他們的上司、同事和下屬的。從他們的答卷中收集到了370種方法，這些方法被分成14大類。這些答案經概括整理，製成了包含58項問題的調查問卷，並用以向750名員工進行調查。被調查者不僅要回答在工作中他們是如何影響他人的，還要回答影響他人的可能的原因。調查結果（如下）使我們對權術有了深入的認識——管理者如何影響他人，以及在何種條件下選擇何種權術更為適宜。

調查結果可分為7種權術維度或策略：

・合理化：用事實或數據使要表達的想法符合邏輯或顯得合理。

・友情：提出請求之前，先進行吹捧，表現得友好而謙恭。

・結盟：爭取組織中他人的擁護以使他人支持自己的要求。

・談判：通過談判使雙方都受益。

・硬性的指示：直接使用強制的方式，如要求服從、重複提醒、命令，並指出制度要求服從。

・高層權威：從上級那裡獲得支持來強化要求。

・規範的約束力：運用組織制定的獎懲規定，如工資增長與否、是否能獲得良好的績效評估或停止晉升等。

研究者發現人們並不是均等地運用這7種技巧。如表6-2所示，最常用的策略是合理化，無論這種影響是自下而上還是自上而下。此外，研究者還發現了影響權術選擇的四個權變因素：管理者的相對權力、管理者試圖影響他人的目的、管理者對於被影響者服從於他的程度的期望和組織的文化。

表6-2　　　　　　　　　　按使用頻率高低排列的權術

	管理者影響上級	管理者影響下級
高使用率 ↓ 低使用率	合理化 結盟 友情 談判 硬性的指示 高層權威	合理化 硬性的指示 友情 結盟 談判 高層權威 規範的約束力*

＊在「管理者影響上級」中刪除了規範的約束力

管理者的相對權力通過兩種方式影響權術的選擇。一方面，那些被視為掌握了有價值的資源的管理者和被認為占據著支配地位的管理者，運用的權術多於那些權力相對較小的管理者。另一方面，有權力的管理者比權力較小的管理者更頻繁地使用硬性指示。我們可以推斷，大多數管理者都試圖採用簡單的要求和合理化。硬性的指示是備用的策略，即當影響對象拒絕或看起來不太願意服從時才使用這種策略。對權力的抗拒導致管理者使用更直接的策略。典型的例子是由提出簡單的要求轉為堅持必須滿

足要求。但權力較小的管理者如遇到抵制，更容易停止行動，因為他感到要進行強硬的指示對他來說代價太大。

管理者還會依據目的的不同選用不同的權術。當管理者想從上級那裡獲取些好處時，他們更多地依賴甜言蜜語並搞好與上司的關係。

管理者對成功的期望也影響著他對權術的選擇。過去的經驗表明，成功率很高時，他往往運用簡單的要求來獲得服從；當成功不太容易預測時，管理者更願意運用硬性的指示和法規的力量來達到他的目的。

組織文化對管理者權術的選擇有極大的影響。某些組織的文化鼓勵管理者使用友情策略，而有一些則鼓勵合理化，還有一些組織依賴規範的約束力和硬性的指示。所以，組織本身會影響管理者使用的權術的可接受程度。

二、政治——權力的運用

（一）定義

關於組織政治的定義可謂五花八門。但是，所有的定義都將注意力集中到了如何使用權力影響組織決策或者組織規範無法約束而由成員自己調節的行為上。根據我們的目的，我們將組織中的政治行為（Political Behavior）定義為那些不是由組織正式角色所要求的，但又影響或試圖影響組織中利益分配的活動。這一定義涵蓋了大多數人在談及組織政治行為時所包含的關鍵因素。

（二）政治行為

政治行為是組織生活中普遍存在的事實，忽視這一事實的人將面臨一定的危險。也許你會覺得奇怪：為什麼一定要有政治呢？難道一個組織不能完全避免政治行為嗎？可能避免，但不是那麼容易。組織是由具有不同的價值觀、目標和利益的個人及群體組成的，這就形成了對資源的需求的衝突。部門預算、工作空間的分配、項目的責任、薪資調整等，只這幾個例子就足以說明組織成員在分配上可能產生的衝突。

組織中的資源是有限的，這常常使潛在的衝突轉變為現實的衝突。如果資源充足，那麼組織中各種不同成分都可以實現其目標。由於資源是有限的，不是任何人的利益都能夠得到滿足，而且不管正確與否，一個人或一個群體獲得了什麼利益往往會被認為是以犧牲其他人的利益為代價的。這種壓力導致群體成員為了爭取組織中有限的資源而展開激烈的競爭。

由於決策的環境充滿不確定性——用以決策的事實很少是完全客觀的，這就留下了討論的餘地，組織成員將充分運用他們能夠施加的影響來實現他們的目標和利益。由此就自然而然地產生了所謂的政治行為。要回答先前的問題———一個組織是否可能完全避免政治化，我們說，如果組織中所有成員的目標和利益都一致，如果組織資源不稀缺，如果績效評估完全明確客觀，可以做到。

（三）引發政治行為的因素

並非所有的群體或組織的政治狀況都是相同的。例如，一些組織的政治化傾向公

開並且很盛行；而在另一些組織中，政治行為的影響極其有限。為什麼會存在這樣的差異呢？最近的研究和觀察發現了一些引發政治行為的因素。

圖6-6說明了個人和組織兩方面的因素如何引發政治行為並為個人和群體提供有益的結果（提高報酬或避免懲罰）。

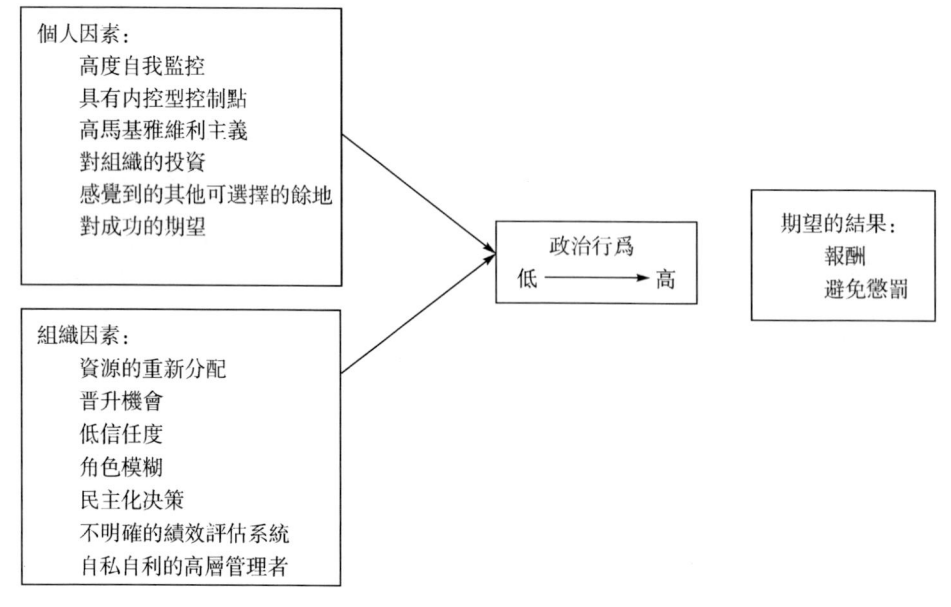

```
個人因素：
    高度自我監控
    具有內控型控制點
    高馬基雅維利主義
    對組織的投資
    感覺到的其他可選擇的餘地
    對成功的期望
                            ─→  政治行為      期望的結果：
                                低 ─→ 高         報酬
組織因素：                                       避免懲罰
    資源的重新分配
    晉升機會
    低信任度
    角色模糊
    民主化決策
    不明確的績效評估系統
    自私自利的高層管理者
                            ─→
```

圖6-6　引發政治行為的因素

對管理者的啟示

　　如果你想在組織或集體中有所作為，那就應該擁有權力。作為管理者，如果你想增加你的權力，你就要增加別人對你的依賴性。有證據表明，人們對不同的權力基礎的反應是不一樣的。專家權和參考權來自一個人的個人素質。相反，強制權、獎賞權和法定權基本上都來源於組織因素。因為人們都更願意接受和認可那些他們崇敬的人或擁有他們所期望的知識的人（而不是那些依仗位置來決定獎酬或強迫他們的人），因此，有效地使用專家權和參考權可以導致更高的員工績效、承諾和工作滿足感。

案例分析

小王的處境

　　小王是一家SP公司市場部新上任的部門經理，當初學的是工商管理專業，來這個公司市場部已有4個月。前任部門經理因貪污、拉幫結派等原因被老板開除了。因為老板曾多次和小王溝通市場部的工作，所以他將市場部交給小王管理。可是現在的市場部是一個爛攤子，而且之前老板和小王的幾次溝通讓其他人認為是小王做了手腳把

部門經理擠走了。

現在的情況是：

（1）在對前任經理不滿的人裡有些支持小王，有些保持中立，其他前任經理自己的人有些抵制小王。

（2）老板把市場部門的工作量壓得較多，完成的可能性只有80％，完成任務後的獎勵非常少，但對未完成任務的懲罰力度卻非常大，導致部門整體的意見比較大。小王和老板溝通過，但是沒有效果。

（3）前期工作存在太多漏洞，但目前人員調動的難度大。

（4）產品宣傳力度不夠，一直沒有找到合適的宣傳方式。其實市場潛力還是很大的，外地的很多SP希望和該公司合作，風險投資商也打算投錢，但前提是市場部要做出點成果。

小王很想努力把這個產品做好，但是小王覺得現在主要是要解決人員問題，因為只有大家團結起來才可能做好工作、完成任務，才有能力和老板再談獎罰制度。

問題討論

1. 請運用本節相關理論對以上現狀進行分析。
2. 小王將如何在這種公司的政治中有所作為？

第四節　領導決策

一、決策概述

（一）決策的內涵

1. 決策概念

決策是領導的基本職能。領導者的作用和地位在很大程度上就是通過決策體現出來的。領導者也需要對自己所屬的部門、組織的各種問題進行處理，作出決定。這就是領導學要研究的領導決策問題。

決策概念有狹義和廣義之分。狹義的決策概念專指決策者對行動方案的最終選擇，即通常所說的「拍板」。廣義的決策概念是把決策理解為決策者制訂、選擇、實施行動方案的整個過程。一個領導者不僅要懂得如何選擇方案，還必須瞭解決策活動的整個過程。

2. 決策方式

決策方式可分為科學決策與經驗決策。

（1）科學決策

科學決策是決策者遵循科學的原則、程序，依靠科學的方法和技術進行的決策活動。其主要特點是：①強調建立科學的決策體制，注重共同決策，在決策過程中特別注意依靠各種智囊組織、注意各種專家的橫向聯繫、形成合理的人才結構，以共同完成某個決策活動。②強調將決策建立在科學分析的基礎上，從傳統的依靠經驗進行決

策轉變為依靠科學分析來進行決策，廣泛運用科學技術，將定性分析和定量分析結合起來，以確保決策的正確性和可靠性。

（2）經驗決策

經驗決策主要是憑藉決策者個人的知識、才智和經驗而作出的決策。決策是否成功，主要取決於領導者和個別高明謀士的認識和經驗。經驗決策的特點是：①這種決策方式一般說來是個人的決策活動，主要依靠決策者個人的素質作出決斷；②這種決策方式本質上是以決策者的經驗為基礎的，能處理的信息量有限，一般說來，是一種定性不定量的決策。

（3）「科學的決策」的衡量標準

衡量「科學的決策」的基本標準有以下四個：

第一，要有準確的決策目標。準確的決策目標有兩重標準：一是正確，二是明確。

第二，決策的執行結果能夠實現確定的目標。檢驗一項決策是否符合科學的決策的標準就是看決策的執行結果能否實現確定的目標。

第三，實現決策目標所付出的代價小。

第四，決策執行後的副作用相對少。

第一、二條是是非標準，第三、四條是優劣標準。是非標準即存在一個非此即彼的規則，優劣標準即存在著一個相對的限度。因此要將決策方式與決策後果聯繫起來統一考察才能樹立正確的決策觀念。

（4）經驗決策、科學決策與「科學的決策」之間的關係

經驗決策具有一定的合理性，甚至在特定條件下還是不可替代的，它在特定的程度和範圍內還是行之有效的。

為什麼科學決策的結果並不必然是「科學的決策」呢？①科學決策是就決策方式而言的，「科學的決策」是就決策後果而言的，兩者有著重要的區別；②科學的決策方式有助於領導者作出「科學的決策」，但兩者並不存在必然的因果聯繫；③科學決策也不排除失誤的可能性，但是它可以使失誤減小到最低程度。

(二) 決策的要素

無論什麼決策，一般都由決策者、決策目標、決策備選方案、決策情勢和決策後果五個要素組成。

1. 決策者

決策者即決策的主體。在決策活動中，決策者作為一種角色有時是由個人來承擔的，有時是由集體來承擔的。領導學把由個人承擔的決策稱為個人決策，把由集體承擔的決策稱為集體決策。

2. 決策目標

決策目標是指決策要達到的目的。決策目標的制訂必須滿足下列五條檢驗準則：①目標是有的放矢的。②目標是具體的。其含義包括：要具有衡量目標的具體標準，對能夠數量化的目標必須規定明確的數量界限。對於較為抽象的目標，可採用目標分解的辦法，把抽象的總目標轉化為便於數量化的小目標。具體的目標還必須有實現的

確實期限和有關的約束條件。具體目標還必須是單義的，只能有一種理解。切忌在實現過程和評價過程中犯「目標替換」的錯誤。③目標是系統的。要全面考慮決策目標的主次、先後關係，建立起層次、結構分明的目標體系。④目標是切實可行的。⑤目標是符合規範的。它必須符合法律規範、市場規範乃至道德規範。對於行政機關來說，其目標必須符合體制性的規範要求，而不能越出其權限範圍。這一點要求決策者必須具有較強的政治分析能力，政治敏銳性和宏觀、長遠的眼光。

3. 決策備選方案

「如果看來似乎只有一條路可走的話，那麼這條路很可能就是走不通的。」在決策理論中，只有單方案而無其他選擇餘地的決策被稱為「霍布森選擇」（見後面的知識連結）。

4. 決策情勢

決策情勢是指決策面臨的時空狀態，也就是我們平常所說的決策環境。

5. 決策後果

決策後果是指一項決策所產生的效果和影響。對決策後果的估價方法有：①「科學估價」，即依靠專家或決策集體的智慧。②「心理估價」，即對任何決策所能產生的後果都要具備心理上的準備。③「經驗估價」，即對前人實施同種性質的決策所產生的後果進行分析。④「模擬估價」。因此決策者對涉及下屬和員工切身利益的決策要尤其慎重，而對那些例行性、程序性和儀式性較強的決策可減少決策成本。

二、決策的方法

(一) 決策的方法

1. 頭腦風暴法

參見「群體決策技術」部分。

2. 德爾斐法

參見「群體決策技術」部分。

3. 競賽式決策制訂法

這種方法是將決策中有關聯、有影響力的多種要素採取階層結構的方式加以排列把握，這些因素可能是相互對立或排斥的。

競賽式決策法把這些因素及其所指的決策方案排列出來，進行相互比較或「優劣比賽」，運用數學方法選擇出最優的一種決策方案。

4. 模型決策法

建立一個與所需要研究和領導的實際系統的結構、功能相類似的模型，即同態模型，然後運行這一模型，對各種不同條件下的模擬運行結果進行評價分析和選優，從而為領導者的決策提供依據。模型決策法的優點主要體現在以下幾點：

第一，適合某些複雜龐大往往找不到有效的分析方法的實際系統。

第二，本身帶有實驗性質，容許出現錯漏或失誤，因而能夠打消人們的顧慮，在模擬中對事物發展的各種可能趨勢進行大膽的實驗和探索。

第三，可以避免對實際系統進行破壞性或危險性的實驗。

第四，所費的時間較短，可以加快決策的進程。

模型要提供的是瞭解而不是數字。模型只能指出一定決策的一般性後果，但不能代替決策。

5. 方案前提分析法

方案前提分析法並不直接探討備選方案本身，而是注重對方案的前提假設進行分析。

6. 魚缸法

魚缸法是一種通過領導者宏觀智能結構效應的發揮來進行決策的方法。運用這個方法時，所有決策人員圍成一個圓圈，通過某個中心人物同其他成員之間的互動來進行決策。因其形似魚缸，故得名「魚缸法」。

7. 決策樹法

決策樹法是風險決策的一般性方法。所謂風險決策，並不是說在選擇行動方案時對未來可能出現的情況一無所知，憑抽簽來決定命運的賭博式選擇，而是決策者對決策備選方案大致能夠估計出產生決策風險後果的概率，而任何備選方案都存在著風險。

決策樹法就是把決策過程用樹狀圖來表示的方法。它的分析步驟是：①繪製決策樹圖。②計算收益期待值。計算各狀態結點的收益值，將各分枝的收益值（或損失值）分別乘以各概率枝上的概率，最後將這些值相加，求出狀態結點的期待收益值（詳見知識連結）。

8. 運籌決策法

（1）運籌決策法的基本內容

第一，規劃論。解決此類問題的方法是線性規劃。線性規劃有兩個基本特點：一是對於有限的資源，必有兩種或兩種以上的行動方案進行競爭對比；二是研究的問題中的所有關係都是線性的。

第二，庫存論。庫存論是研究物資儲備的控制策略的理論，又稱存儲論。存儲物資是協調供應（生產）和需求（消費）之間關係的一種措施。例如，工廠與商店必須考慮原材料和商品的庫存量，庫存太少可能造成停產或脫銷，庫存太多則可能造成積壓，這些都直接影響企業的效益。因此庫存管理是現代企業生產管理中的一個重要環節。

第三，排隊論。排除論是運籌學的又一個分支，又叫隨機服務系統理論。它的研究目的是回答如何改進服務機構或組織被服務的對象，使得某種指標達到最優的問題。比如，一個港口應該有多少個碼頭，一個工廠應該有多少維修人員等。

第四，對策論。對策論是現代數學的一個新分支，也是運籌學的一個重要組成內容。按照2007年因對博弈論的貢獻而獲得諾貝爾經濟學獎的羅伯特・奧曼（Robert Aumann）教授的說法，博弈論就是研究互動決策的理論。所謂互動決策，即各行動方（即局中人）的決策是相互影響的，每個人在決策的時候必須將他人的決策納入自己的決策考慮之中，當然也需要把別人對自己的考慮也納入考慮之中。在如此情形中進行決策，選擇最有利於自己的戰略。

（2）運籌決策的程序

運籌決策的程序分為程序化決策和非程序化決策兩種類型。程序化決策是以前見過並且作過的決策。程序化決策有正確的客觀答案，可用簡單的規則、策略或數字計算解決。如果你面臨的是程序化決策，那麼你就有實現正確決策的清晰步驟或結構。例如，如果你是一個小型公司的擁有者，並且要針對付給雇員的工資總額作出決策，你就可以使用計算器。如果總數不對，你的雇員會向你證明。如果大多數重要的決策都是程序化決策，那麼管理工作就會容易多了。但是管理者主要面臨的是非程序化決策。非程序化決策新、複雜、沒有確定的結果。非程序化決策中存在各種可能的解決辦法。這些辦法各有利弊，決策者必須創造一種方法來作決策，沒有一種預先確定的結構可以依賴。重要、困難的決策通常是非程序化的，需要採用創造性的方法。

三、領導決策的評估

（一）評估的指標

1. 決策的投入

這指的是決策資源在決策過程中的使用和分配情況，包括資金的來源與支出、執行人員數量的多少以及工作時間的長短。

2. 決策的效益

決策的效益指達到決策目標的程度。首先，一個明確而具體的決策目標是效益評估的重要前提。其次，要高度重視決策實施所完成目標的充分性。最後，決策的效益是決策實施後所獲得的某種結果，這種結果是一種客觀性的存在。因此效益標準應該是客觀性的標準。

3. 決策的效率

決策的效率表現為決策效益與決策投入之間的量的關係和量的比例。決策效率標準通常以單位成本可能產生的最大成果或單位成果所需要的最小成本為基本形式。決策效率標準著重以較快、較節省的方法執行決策，而決策效益的標準著重以較有效的途徑來完成決策目標。在制訂和實施決策中的一個重要的任務就是要把兩者最大限度地統一起來，以便在取得高效率的同時獲得高效益。對決策進行效率評估包括兩個方面：一方面是決策執行機構及其工作人員的工作效率，包括以最短的時間和最小的工作量完成某項活動、解決某個問題，或在決策資源有限的條件下盡量擴大決策的效益；另一方面是決策的全部成本與總體效益之間的關係。

4. 決策的回應程度

決策的回應程度就是指在特定決策實施後，滿足與之相關的特定階級、階層或社會集團的利益和需求的程度。由於人們的利益和需求隨著時間和條件的變化而變化，因此保證決策具有較高的回應程度就是一項比較複雜和困難的事情。

（二）評估的一般步驟

1. 評估的組織和準備

這一階段的任務是：①選擇、確定評估對象；②明確評估目的；③確定評估標準，

選擇適當的評估方法；④設計和制訂評估方案，明確評估的時間、進度以及評估經費的來源和使用情況；⑤確定和培訓評估人員。

2. 評估的實施

評估的實施的主要任務是利用調查手段全面收集有關決策制訂和執行的第一手資料，並在此基礎上進行系統的整理、分類、統計和分析，採用恰當的評估方法，根據評估標準，對決策的制訂和執行狀況作出客觀、公正的評價。要始終堅持材料的完整性和分析的科學性。

3. 總結和撰寫評估報告

這包括兩個方面的內容：一是總結，二是撰寫評估報告。

4. 決策評估面臨的困難

①決策目標的不確定性；②有關人員的抵制；③獲取數據和信息的困難；④決策的混亂與決策的重疊；⑤決策的沉沒成本；⑥決策影響的廣泛性；⑦決策評估缺乏效果。

對管理者的啟示

作為領導者，在從事管理工作的過程中，其決策的正確與否直接決定了領導工作的成敗。決策失誤是領導者最大的失誤。領導就是領導者帶領、引導被領導者實現某個目標、完成某種事業的活動過程。而領導者的決策就規定了事業的發展方向，規定了達到目標的途徑和措施，因而它就成為了行動的指南和準則。領導者在決策過程中應靈活運用多種決策方法，遵循科學理性的決策行為，維護統一領導，在統一指揮下發揮各層級人員的主觀能動性，方可實現企業發展各階段的戰略目標。

知識連結

霍布森選擇

對某種沒有選擇餘地的所謂「選擇」，後人稱之為「霍布森選擇效應」。1631年，英國劍橋商人霍布森從事馬匹生意。他說，你們想買我的馬、租我的馬，隨你的便，價格都便宜。霍布森的馬圈大大的、馬匹多多的，然而馬圈只有一個小門，高頭大馬出不去，能出來的都是瘦馬、癩馬、小馬。來買馬的左挑右選，不是瘦的，就是癩的，而霍布森只允許人們在馬圈的出口處選馬。大家挑來挑去，自以為完成了滿意的選擇，最後的結果可想而知——只是一個低級的決策結果，其實質是小選擇、假選擇、形式主義的選擇。人們自以為作了選擇，而實際上思維和選擇的空間是很小的。有了這種思維的自我僵化，當然不會有創新，所以它是一個陷阱。後來，管理學家西蒙把這種沒有選擇餘地的所謂「選擇」譏諷為「霍布森選擇」。霍布森選擇是一個小選擇、假選擇，而大同小異的選擇（無選擇）就是假選擇。

決策樹法

決策樹法為風險決策問題的直觀表示方法的圖示法，如圖1所示。因為圖的形狀

像樹，所以被稱為決策樹。與決策矩陣表示法相比，決策樹表示法有許多優點，如決策矩陣表示法只能表示單極決策問題，且要求所有行動方案所面對的自然狀態完全一致。而當利用決策樹表示法時，決策矩陣表示法的缺點均能被克服，還方便簡捷、層次清楚，能形象地顯示決策過程。決策樹的結構如圖所示。圖中的方塊代表決策節點，從它引出的分枝叫方案分枝。每條分枝代表一個方案，分枝數就是可能的方案數。圓圈代表方案的節點，並從它引出概率分枝。每條概率分枝上標明了自然狀態及其發生的概率。概率分枝數反應了該方案面對的可能的狀態數。末端的三角形叫結果點，註有各方案在相應狀態下的結果值。

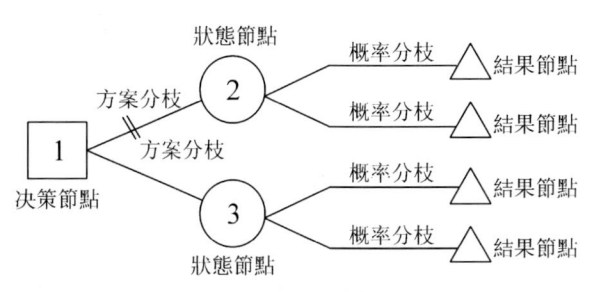

圖1　決策樹結構圖

應用決策樹來作決策的方法是從右向左逐步後退進行分析。根據右端的損益值和概率枝的概率，計算出期望值的大小，確定方案的期望結果，然後根據不同方案的期望結果作出選擇。方案的捨棄叫做修枝，被捨棄的方案用不等號來表示。最後的決策點留下的一條樹枝，即為最優方案。只需進行一次決策就可解決的問題，叫做單階段決策問題。如果問題比較複雜，要進行一系列的決策才能解決，該問題就叫做多階段決策問題。多階段決策問題採用決策樹決策方法比較直觀容易。

例1：為了適應市場的需要，某地提出了擴大電視機生產的兩個方案。第一個方案是建設大工廠，第二個方案是建設小工廠。建設大工廠需要投資600萬元，可使用10年。建設小工廠需要投資280萬元，如銷路好，3年後就擴建。擴建需要投資400萬元，可使用7年，每年贏利190萬元。試用決策樹法選出合理的決策方案。

圖2是例1的決策樹，下面計算各點的期望值：

點2：$0.7 \times 200 \times 10 + 0.3 \times (-40) \times 10 - 600(投資) = 680$（萬元）

點5：$1.0 \times 190 \times 7 - 400 = 930$（萬元）

點6：$1.0 \times 80 \times 7 = 560$（萬元）

比較決策點4的情況可以看到：由於點5（930萬元）與點6（560萬元）相比期望利潤值較大，因此應採用擴建的方案，而捨棄不擴建的方案。把點5的930萬元移到點4來，可計算出點3的期望利潤值。

點3：$0.7 \times 80 \times 3 + 0.7 \times 930 + 0.3 \times 60 \times (3+7) - 280 = 719$（萬元）

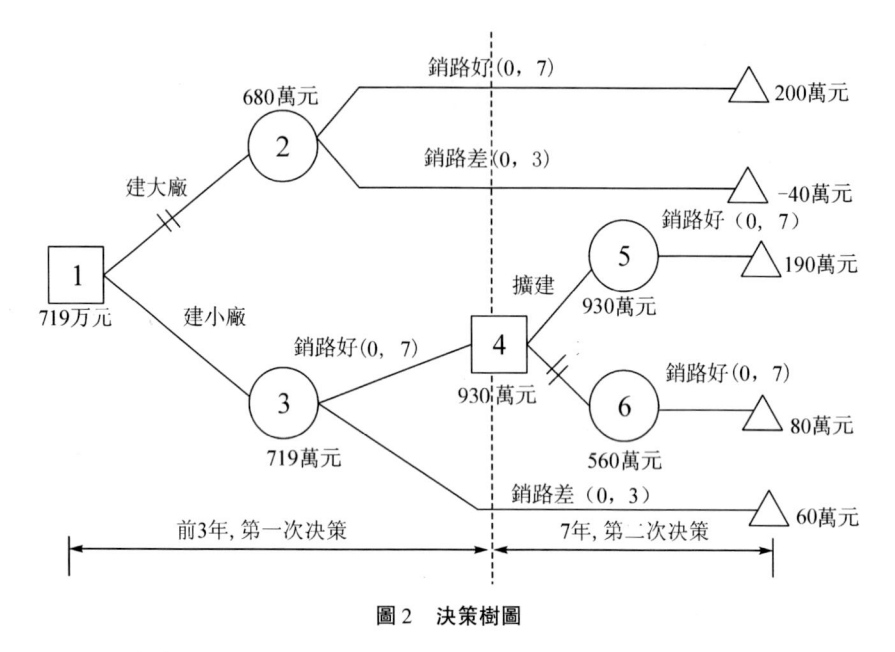

```
                            銷路好(0, 7)
                   680萬元  ─────────── △ 200萬元
                    ②
            建大廠        銷路差(0, 3)
                    ─────────── △ -40萬元
                                          銷路好(0, 7)
    ①                            擴建   ⑤ ─────────── △ 190萬元
   719万元                              930萬元
            建小廠  銷路好(0, 7)   ④
                    ─────────── ┤           銷路好(0, 7)
                    ③         930萬元  ⑥ ─────────── △ 80萬元
                  719萬元              560萬元
                            銷路差(0, 3)
                                    ─────────── △ 60萬元
         ├──── 前3年,第一次決策 ────┤├──── 7年,第二次決策 ────┤
```

圖 2　決策樹圖

最後比較決策點 1 的情況：由於點 3（719 萬元）與點 2（680 萬元）相比期望利潤值較大，因此取點 3 而舍點 2。這樣，相比之下，建設大工廠的方案不是最優方案，合理的策略應是前三年建小工廠，如銷路好，後 7 年進行擴建。

案例分析

新任廠長的產品決策

某工具廠從 1990 年以來一直生產經營 A 產品。雖然產品品種單一，但是市場銷路一直很好。後來，由於經濟政策的暫時調整及客觀條件的變化，A 產品完全滯銷，企業員工連續半年只能拿 50% 的工資，更談不上獎金了。企業員工怨聲載道，積極性受到極大的影響。

新廠長上任後，決心在一年內改變工廠的面貌。他發現該廠與其他部門合作的環保產品 B 是成功的，於是決定下馬 A 產品，改產 B 產品。一年過去，企業總算沒有虧損，但工廠日子仍然不是十分好過。後來，市場形勢發生了巨大的變化，原來的 A 產品脫銷，用戶紛紛來函來電希望該廠能盡快恢復 A 產品的生產。與此同時，B 產品銷路又不好了。在這種情況下，廠長又回過頭來抓 A 產品，廠裡一時又無法將生產搞上去，無論數量和質量都不能恢復到原來的水平。為此，集團公司領導對該廠廠長很不滿意，甚至認為改產是錯誤的決策。廠長感到很委屈，總是想不通。

問題討論

1. 請你對該廠長的決策作詳細分析。
2. 如果你是該廠廠長，你在決策過程中應如何去做？

小結

　　本章描述了對領導的不同的定義。學術界尚未就此達成一致意見，目前對領導的定義主要有四個不同的學說：領導中心說、互動說、結構說與目標說。本章深刻地剖析了領導的四大特性，並對領導與管理的聯繫和區別作了闡述，特別是對領導與管理從職能、組織、超脫性與全局性上進行了詳細的對比。

　　本章還詳細地描述了領導理論經歷的三個發展階段——特質論、行為論和權變論，以及領導理論的新發展。特質論是假設一個領導者的人格特質必然會不同於普通的被領導者，因此，希望找出成功領導者和不成功領導者在人格特質上的差異。由於領導特質理論不能說明領導的本質，於是20世紀40年代後期出現了行為理論——主要包括密執安大學的領導行為研究、俄亥俄大學的領導行為研究、管理方格理論、專制—民主連續統一體模式的研究。行為理論沒有注意到環境對領導風格和方式的影響，因而出現了領導權變理論。它主要包括菲德勒的領導權變理論、豪斯的途徑—目標模式和卡曼的生命週期理論。隨著時代的發展，學術界出現了領導歸因理論、領導魅力理論與交易型領導與變革型領導理論。

　　權力是一個人用以影響另一個人的能力。這個定義包含以下幾點：①權力是潛在的，無需通過實際來證明它的有效性；②依賴關係；③被影響一方對自己的行為有一定的自主權。

　　領導者的權力來源可分為權力性影響力與非權力性影響力。

　　權力的第三個來源就是資源。

　　政治行為不在特定的工作要求範圍之內，因此，它需要人有使用權力的願望。此外，當我們說：「政治行為主要關注組織中的利益分配」時，這一定義還涵蓋了那些影響決策目標、準則或過程的行為。

　　領導者需要對自己所屬的部門、組織的各種問題進行處理、作出決定，這就是領導學要研究的領導決策問題。無論什麼決策，一般都由決策者、決策目標、決策備選方案、決策情勢和決策後果五個要素組成。

　　領導決策的方法主要有頭腦風暴法、德爾斐法、競賽式決策制訂法、模型決策法、方案前提分析法、魚缸法、決策樹法、運籌決策法。

思考題

1. 領導的含義是什麼？你是如何理解的？
2. 聯繫實際，談談你對領導影響力的理解。
3. 領導理論經歷了哪三個發展階段？
4. 特質論的主要觀點是什麼？
5. 行為論對領導學的重大貢獻是什麼？
6. 菲德勒模型的主要內容是什麼？

7. 領導歸因理論的主要內容是什麼?
8. 權力的來源是什麼?
9. 如何提高領導者的影響力?
10. 權術的表現形式有哪些?
11. 如何確定權力在哪裡?
12. 公司政治的表現是什麼?
13. 領導決策的類型與適用範圍有哪些?
14. 領導決策的方法有哪些?
15. 領導者在決策中的職責是什麼?
16. 領導決策的評估過程有哪些?

第七章　組織過程

第一節　組織概述

一、組織的概念

（一）組織的定義

隨著社會的發展，組織概念也經歷了一個歷史演變的過程。中國古代借用將絲麻編製成布帛的過程，重點強調「組織」是對相關要素的人為組合。西方對「組織」（Organization）原意的理解，出自對人體「器官」（Organ）獨特功能的引申，偏重於局部自成系統的獨立性，以及局部構成整體的結構性。

組織是指為了達到特定的目標而通過分工協作與不同的權力、責任設定所構成的人的集合。從靜態角度來看，組織是為了達到某一目標而結合在一起的具有正式關係並相互合作的一群人所組成的集體；從動態角度看，組織是向每個成員分配工作、確定工作關係、統一各種行動的一種結構，或安排各子系統的操作過程。組織行為學就是從組織是為實現目標而設計的人群集合體、是每個成員在其中進行各種活動的構架系統的角度來研究組織。

（二）組織的要素

所有正式組織，不論其級別和規模差別有多大，均由共同的目標、協作的願望和信息溝通三個基本要素構成。組織的產生和發展只有通過這三個基本要素的結合才能實現。

1. 共同目標

組織目標是整個組織存在的靈魂，也是組織奮鬥的方向。共同目標是針對每一個組織成員來說的，是協作願望的必要前提。如果組織成員不瞭解組織要求他們做什麼，做成功以後他們會得到什麼樣的回報，就不可能被誘導出協作的意願來。

組織的共同目標不是一成不變的，它應當隨著組織規模、人員、外界環境的變化和發展而隨時調整。組織目標應具備綜合性、總體性、清晰性、可分性和層次性等特點。確定組織目標時，應遵循靈活性與一致性結合的原則，要有一定的可能性，同時也要有一定的挑戰性。巴納德強調個人目標與組織目標之間應相互協調，並指出管理人員必須能夠協調個人目標與組織目標之間的矛盾。

2. 協作願望

協作願望就是指個人為組織目標貢獻力量的願望。組織成員有協作的意願意味著個人要克制自己，交出對自己的控制權。沒有這種意願，就不可能將不同組織成員的行為有機地結合起來，協調一致地活動。例如，作為工廠的一名工人，就必須按時上班，嚴格按照工廠機器操作運轉的規律進行生產，遵守工廠的各項制度，使個人行為變得非個人化。

大多數時候，不同成員的協作意願是不同的，有的很強，有的很弱，有的積極，有的消極。成員協作願望的強弱和組織規模成反比：組織規模越大，越是綜合性的，成員的協作願望越弱，甚至是消極的。反之，組織規模越小，協作願望就越強烈。同一個人在不同時候的協作意願的強度也是不同的。同時，組織中協作願望強與弱的人數並非固定不變。個人並不能自發地產生協作意願，組織可以通過給予組織成員相應的誘因從而設法獲得成員的協作願望。所謂誘因是指組織給成員個人的報酬。這種報酬可以是物質的，也可以是精神的。

3. 信息溝通

信息溝通作為組織的基本要素之一，使前兩個要素得以動態地結合，是一切活動的基礎。個人協作意願和組織共同目標只有通過信息溝通才能聯繫和統一起來。通過信息溝通，組織成員才能瞭解並認同組織目標，產生協作願望，採取合理行動。

(三) 組織的分類

在現實中可以按照多項分類標準對組織進行劃分。例如，按照組織的人數多少、資源數量多少以及外在影響程度的大小，可以將組織劃分為小型組織、中型組織和大型組織。比如，同是企業組織，就有小型企業、中型企業和大型企業；按照組織的合法性，可以將組織劃分為合法組織和非法組織；根據社會組織的功能不同，可將組織分為生產組織（如工廠、商店）、政治組織（如政府部門）、整合組織（如法院、政黨）和模式維持組織（如學校、教會）；從社會組織運行的受益者角度，可將組織分為互利組織（如工會、政黨、俱樂部）、服務組織（如醫院、學校）、商業組織（如銀行、公司）和公益組織（如政府機構、軍事機構）；按照組織的性質、目標和活動內容不同，可以將組織劃分為經濟組織、政治組織、文化組織、群眾組織和宗教組織；按照組織形態的具象化程度不同，可以將組織劃分為實體組織和虛擬組織。組織行為學側重研究按權威的類型、按組織的形成方式和個人參加組織活動程度不同進行的分類。

1. 按權威的類型分類

根據組織中的權威性質或組織對其成員的控制方式不同，社會組織可分為強制性組織、功利性組織和規範性組織。強制性組織建立在暴力基礎上，以強迫的手段使成員服從組織，例如監獄、精神病院和軍隊；功利性組織通過金錢或物質報酬來控制其成員，如各種工商企業；規範性組織則是運用規範來控制其成員，通過規範的內化實現對其成員的控制，最典型的是各種宗教組織。

2. 按組織的形成方式分類

按照組織的形成方式和組織成員關係的不同，可以將組織劃分為正式組織和非正

式組織。

正式組織是為了有效實現組織目標，明確規定組織成員之間的職責範圍和相互關係的一種結構。正式組織的特徵有：經過有計劃的設計，將組織工作分配給各層次，作出系統的綜合，由規則來支持職責，且強烈地反應出管理者的思想和信念。但其成員並不一定重視或接受管理者的社會、心理和行政的假設。它具有特定的結構，並要求指揮系統規範化、組織成員紀律化和管理科學化。

非正式組織是人們在共同工作或活動中，由於具有共同的興趣和愛好，以共同的利益和需要為基礎而自發形成的團體。其組織成員之間的關係不是官方規定的。非正式組織是在自發的基礎上為滿足某種心理需要而有意或無意形成的不定型組織，組織中蘊藏著濃厚的友誼與感情的因素。

3. 按個人參加組織活動的程度分類

按個人參加組織活動的程度不同，可以將組織劃分為疏遠型組織、精打細算型組織和道義型組織。在疏遠型組織中，個人與組織活動很少有共同之處，成員在心理上並不介入組織，而是在強制力量下成為組織成員；在精打細算型組織中，成員參加工作的原則是以自身所得的回報而完成相當於回報的工作，參加工作的原則是「做一天和尚撞一天鐘」「干一天活，拿一天工資」；在道義型組織中，成員自覺自願完成組織的任務，積極參與組織活動，個人與組織目標一致。相比較而言，疏遠型組織的效率最低，道義型組織的效率最高。怎樣將組織建設為道義型組織是研究組織過程的重要課題。

(四) 組織的作用

1. 力量匯聚作用

把分散的個體匯聚成為集體力量去完成任務，這就是組織的力量匯聚作用的表現。這種「相和」的效果可以從日常生活中多個縴夫合拉一艘船及伐木工合力搬運等實例中得到具體而生動的說明。

2. 力量放大作用

力量放大作用是在力量匯聚作用的基礎上產生的。良好的組織還能發揮「相乘」的效果。古希臘學者亞里士多德（Aristotle）曾提出「整體大於各部分之和」。組織對匯聚起來的力量有放大或相乘的作用，是人力之間分工和協作的結果。例如，對企業組織而言，只有借助組織的力量放大作用，才能取得「產出」遠大於「投入」的經濟效益。

3. 資源整合作用

在組織中，除了人力資源以外，還匯聚了其他多種資源。組織通過精心的結構設計和合理的分工與協作，使這些資源最大限度地發揮作用。這也是各種資源通過組織得以合理整合的過程。

4. 滿足人們心裡需要的作用

組織特別是非正式組織能滿足成員的心理需要。人們在組織中能夠獲得安全感，可以滿足社會交往的需要，還可以得到自尊與自信等。

二、組織理論

隨著社會的發展、科學技術的進步和人們認識能力的提高，組織理論的發展經過了古典組織理論、行為組織理論、現代組織理論及其發展三個階段。

(一) 古典組織理論

20世紀初，管理學正式成為一門學科，出現了古典管理學派。古典管理學派在兩個層面上平行發展：一個是以費雷德里克·泰勒為代表的科學管理理論，其重點是研究在車間或作業層進行科學管理，屬於一種微觀方法；另一個是以亨利·法約爾和馬克斯·韋伯為代表的古典組織理論，其重點是研究組織的管理職能、組織結構和組織管理原則，屬於一種宏觀方法，與科學管理管理理論相輔相成（此部分內容參見第一部分的古典組織理論）。

(二) 行為組織理論

行為組織理論產生於20世紀30年代，以古典組織理論為基礎，吸收了行為科學和心理學的理論和知識，側重於研究組織管理中人的行為。

1. 梅奧的人際關係組織理論

梅奧及其合作者通過著名的霍桑實驗發現：只有把人看成「社會人」，關注他們的社會需要，才能創造出高效率。組織是一個包括個人、非正式群體、群體間關係以及正式結構的社會系統，影響生產效率的重要因素是人的社會心理需要的滿足和在工作中建立起來的人際關係。其主要觀點參見「人際關係學說」部分。

2. 麥格雷戈的「Y」組織理論

麥格雷戈提出了基於人性假設的Y理論，認為人對組織的要求並非天生就是消極的，對自己參與制訂的目標能夠實行自我指揮和自我控制。在適當的條件下，人不但能接受責任，而且能主動承擔責任。成長和承擔責任的能力、解決問題的想像力和創造力對多數人而言都是具備的。組織管理者的工作是安排好工作方面的條件和方法，營造良好的員工參與管理的氛圍，充分發揮人類的潛力，使人們通過實現組織目標，最大限度地達到各自的目標。

行為組織理論強調人際關係和信息溝通，提倡考慮工作者的需要和特點來設計組織結構，注重以人為中心的管理，彌補了古典組織理論的不足。但它過分強調這一點，忽視了組織中的專業化分工、統一指揮、規章制度等的作用，具有一定的片面性。

(三) 現代組織理論

20世紀60年代以來，隨著科學技術的發展，勞動性質和勞動結構發生了深刻的變化。人員素質的提高，組織所處環境的巨大變化，導致組織的範式發生了根本性的改變。為使組織適應這種新的變化，在古典組織理論和行為組織理論的基礎上，以系統—權變思想為核心的現代組織理論產生了。

1. 巴納德的組織理論

作為美國新澤西貝爾電話公司總裁，巴納德憑藉自己多年從事高層管理的經驗，

創立了一套重要的組織理論。其觀點集中反應在其 1938 年出版的經典著作《經理人員的職能》中。他首次用組織理論來解釋工作中個人的行為及其變化；建立了權威接受理論，強調金錢和非金錢的誘因；提出新的組織結構理論，把組織看做一個由共同的目標、協作的願望和信息溝通三個基本要素組成的協作系統。其主要論點參見第一部分的巴納德組織理論。

2. 霍曼斯的社會系統理論

社會學家霍曼斯建立了包含五個關鍵因素的組織社會系統模式。他認為，任何社會組織都處於物理的、文化的、技術的環境中。這些環境影響和決定著社會組織中人們的活動和相互作用，而人們在進行活動和發生相互作用時，又會在人們之間以及人們和環境之間產生一定的感情。社會系統（霍曼斯所稱的外部系統）是由所處的環境決定的，由人的活動、人的相互作用以及人對環境的感情反應等因素構成。活動、相互作用、感情這三方面是相互依賴的，其中一個因素發生變化，另外兩個因素也會發生變化。這就要求組織管理人員在處理某件事情和進行某項變革時，必須考慮其他部門和環境的影響。

3. 卡恩和利克特的組織理論

社會心理學家卡恩的「重疊角色組」理論和行為科學家利克特的「重疊群體」理論既是群體理論的發展，又是現代組織理論的有機組成部分。

卡恩認為，當一個人在組織中執行某種組織角色時，為了很好地完成這個角色的任務，往往要同一些人發生聯繫，並協同工作，於是這個人被稱為「中心人物」。而跟他協同工作的人，如上級、下級、同事以及組織外的某些人，就和他組成了一個「角色組」，而整個組織就是由許多重疊和相互連鎖的「角色組」構成的。組織成員的角色行為可以從角色衝突、角色不明和角色負擔過重三個方面來研究。卡恩應用了職位、角色期望、對角色期望的認知、對沖突的反應方式、執行角色任務的有效性等概念來進行組織成員的角色行為分析，突破了傳統的組織概念，豐富了組織理論。

利克特認為，組織中傳統的個人對個人的關係可以用更精確的群體對群體的關係來替代，組織是由相互關聯、重疊的群體構成的系統。這些相互關聯的群體是由處於幾個群體交疊處的個人來聯結的，這些個人稱之為「聯結針」（Linkin Pin）。聯結針把組織內部的上下級之間、不同部門之間以及組織與環境之間聯結起來，組織的強度決定於最弱的聯結針的強度。為了防止群體的鏈鎖斷裂，應設置附加的參謀小組和特別委員會作為補充。利克特的模式打破了傳統組織理論提出的各部門嚴格劃分界限、一人一職的概念，指出管理人員不僅要完成本職位的工作，還要在各部門之間、人與人之間特別是上下級之間起聯絡作用，以增強溝通和協調，提高組織效率。

4. 伯恩斯和史托克的組織理論

伯恩斯和史托克提出了機械的組織和有機的組織的概念，認為組織應根據環境的不同變化狀態和組織的特點來選取適合的組織結構類型，才能取得良好的效果。

（1）機械的組織結構特點

以高度專業化、集權和垂直溝通為特徵；採取正式的層峰體系來協調；每個職位的權力、義務和技術方法都有明確規定；控制、職權和溝通分等級、層次實施；高層

管理人員獨占知識、信息，強化層級結構；注重垂直溝通，橫向溝通少且重視不夠；管理人員靠發出指示、命令和作出決定來實施管理；成為組織成員的條件是服從上級和對公司的忠誠。

(2) 有機的組織結構特點

以工作沒有明確界定、自我控制、橫向溝通為特徵；個人的任務由整個組織的總任務和目標來決定，並通過和其他人的共同協商和活動不斷調整和重新界定；控制、職權和溝通通過網狀結構來實施；專門的知識和經驗是為實現組織的共同任務服務的；橫向溝通很重要，地位不同的成員之間的溝通應採取協商而不是命令的方式進行，溝通的內容主要是信息和勸告，而不是指示、命令和決策；重視組織任務的完成和技術經濟的發展，認為承擔任務的重要性超過忠誠與服從。

5. 經驗主義學派的組織理論

經驗主義學派組織理論認為：①古典管理學派和人際關係學派各有所長，經驗主義學派的任務是根據企業的實際經驗，將這兩個方面的研究成果結合起來。②針對傳統組織理論無法滿足現代組織而表現出的不適應，提出了組織設計的原理。③提出了組織變革的原則。④倡導目標管理。目標管理把以工作任務為中心和以人為中心的管理方法結合起來，調動員工的積極性和創造性，用自我控制的管理來代替由別人統治的管理，使員工從工作中滿足其自我實現的需要，從而促進組織目標的實現。

6. 系統管理學派的組織理論

系統管理學派將路德維希‧馮‧貝塔朗菲的「一般系統理論」被應用於組織管理活動，就形成了系統管理學派的組織理論。其主要觀點參見第一部分系統管理學派的內容。

7. 權變組織理論

權變就是權益應變，是當今管理學的重要觀點。把環境對組織的作用具體化，並使組織理論與組織實踐緊密地聯繫起來，就形成了權變組織理論。其主要觀點參見第一部分權變理論學派的內容。

8. 組織生命週期理論

組織生命週期理論認為，組織的成長要經過創業、職能發展、分權、參謀激增和再集權五個階段，每階段的組織結構、領導方式、管理體制、員工心態都有其特點，組織在每一個階段都有其獨特的管理作風、人際關係、危機管理和組織管理的方法。因此，管理人員必須瞭解組織的動力、需要和目前所處的發展階段，並採取相應的管理方式，才能使組織順利地向前發展。

(四) 組織理論的新發展

1. 企業組織再造理論

1993年，邁克‧哈默與詹姆斯‧錢皮提出，應在新的企業運行空間條件下以工作流程為中心，重新設計企業的經營、管理及運作方式。「為了飛躍性地改善成本、質量、服務、速度等重大的現代企業的營運基準，要對工作流程（Business Process）進行根本性的重新思考和徹底改革。」企業再造包括企業戰略再造、企業文化再造、市場營

銷再造、企業組織再造、企業生產流程再造和質量控制系統再造。企業組織再造是企業再造的基礎和核心。

企業的組織再造就是要改變企業在工業時代構建的組織模式，充分利用信息技術手段和現代管理理念，建立符合信息時代要求的組織模式。組織模式主要包括改變企業內部層級式的組織結構、建立供應鏈組織和虛擬組織。

在企業組織再造時，應注意正確處理好四種關係：一是總公司與子公司的關係；二是事業部與分公司的關係；三是縱向管理與橫向管理的關係；四是管理與決策的關係。

2. 學習型組織理論

學習型組織理論是知識經濟發展的產物，其代表人物有彼得·聖吉（P. M. Senge）、大衛·加爾文（D. Calvin）等學者。

學習型組織理論認為，在新的知識經濟背景下，企業組織要持續發展，必須增強企業的整體能力，提高整體素質，未來真正出色的企業將是能夠設法使各階層人員全心投入並有能力不斷學習的組織——學習型組織。所謂學習型組織，是指通過培養整個組織的學習氣氛、充分發揮員工的創造性思維能力而建立起來的一種有機的、高度柔性的、扁平的、符合人性的、能持續發展的組織。學習型組織具有以下特徵：成員具有共同的願景或目標，組織由多個具有創造精神的個體組成，善於不斷學習，具有扁平式結構，具有自主管理能力，追求員工家庭與事業的平衡，領導的任務是全新的。這種組織具有持續學習的能力，能通過各種途徑和方式不斷地獲取知識、傳播知識，具有高於個人績效總和的綜合績效。

彼得·聖吉認為成功的學習型組織包括五項修煉：①建立共同願景（Building Shared Vision），形成組織中員工共同具有的目標和期望；②進行團隊學習（Team Learning），成員間互相配合、互相學習，以實現共同目標；③改變心智模式（Improve Mental Models），改善由舊事物的影響而形成的特定思維定勢；④實現自我超越（Personal Mastery），不斷地發現自己的真實情況，在個人和目標之間形成有創造性的張力，集中精力實現自我超越；⑤進行系統思考（System Thinking），要求組織員工用系統的觀點對待組織的發展。在五項修煉中，聖吉最強調系統思考的重要性，認為系統思考是整合其他各項修煉的重要手段。大衛·加爾文認為組織的學習活動包括系統地解決問題、進行試驗、從過去的經驗中學習、向他人學習以及促進組織中的知識擴散這五類活動。

3. 本尼斯的組織發展理論

沃倫·本尼斯（Warren G. Bennis）認為，科學的飛速發展、智能技術的發展、研究開發活動的增長重塑了組織環境，原來的官僚制體系組織用來對付內部環境（協調）和外部環境（適應）的方法及社會過程已經完全脫離了當代社會的現實。未來的組織結構將是有機—適應型組織，它具有下列特徵：

臨時性，組織將變成適應性極強的、迅速變化的臨時性系統。

圍繞著有待解決的各種問題設置機構。

解決工作問題要依靠由各方面專業人員組成的群體。

組織內部的工作協調有賴於處在各個工作群體之間交叉重疊部分的人員。他們身

兼數職，同時屬於兩個以上的群體。

工作群體的構成是有機的，而不是機械的，誰能解決工作問題誰就能發揮領導作用，無論他預定的正式角色是什麼。

對管理者的啟示

管理者是組織管理活動的承擔者，正確地把握組織的內涵是管理者進行有效管理活動的基礎。在具體管理實踐中，應將古典組織理論強調的「以事為中心」的理性管理和行為組織理論注重的「以人為中心」的感性管理有機結合起來。

組織和環境以及內部各組成部分之間是相互聯繫、相互作用的，組織管理活動不能片面地、孤立地進行，而要從整體和聯繫的角度出發處理問題。組織和環境處於不斷變化的過程中，組織管理活動不能局限於某一種僵化的模式，而應根據組織的具體情況開展，並根據情況的變化適時進行調整。通過組織學習、組織再造，可以提高組織的環境適應性，增強組織的能力，促進組織的發展。

案例分析

吉達公司的困惑

吉達公司成立於1999年，其主導產品為空氣冷卻器，其產品被廣泛應用於汽車、發電、化工、冶金等行業。在中國經濟快速發展的宏觀形勢下，該公司迅速發展壯大起來：2005年其銷售額達到6500萬元，人員數量也由成立之初的27人增加到近300人，資產數量擴大了21倍。2006年初，公司提出了未來十年的發展目標：銷售收入超5億元，資產達到2億元，成為行業領先企業，力爭在深交所上市。

從2007年下半年開始，儘管公司由於不斷推出新產品使銷售額有所增長，但增長速度明顯減緩，質量問題連續出現，客戶投訴上升。公司內部還出現了一些新的問題：儘管員工的待遇有了較大改善，收入水平在同行業中處於中上水平，但積極性反而有所降低；公司創業時的那種艱苦奮鬥、團結協作和無私奉獻的精神不見了，取而代之的是鋪張浪費、相互攀比、部門主義和相互推諉；部分人員甚至個別中層管理人員認為公司的十年發展目標不可能實現，即使實現了也僅僅是少部分人獲得好處，對自己影響不大。

面對這種情況，公司決定加強管理。在諮詢專家的幫助下，公司進行了組織結構的調整；新建了人力資源管理部、質管部等專門的職能管理部門，重新制訂了各部門的職責和各崗位的工作說明書；為調動員工的積極性，調整了員工的薪資，平均加薪10%；參照國外公司的做法，對員工進行定期全員全面考評；通過了ISO9000質量管理體系認證，明確了各類業務流程和工作要求；建立了員工培訓制度，定期對員工進行培訓，以提高員工素質。

這些措施實施以後，公司的狀況並沒有得到根本改善。儘管員工的報酬增加了，但員工積極性並沒有因此而提高；儘管制訂了部門職責，但相互推諉的現象並沒有減

少，只不過原來說的最多的是不知道該誰做，而現在說的最多的是其他部門不配合而沒法做；全員全面考評也流於形式，沒有起到獎勤罰懶和提高員工績效的作用；儘管通過了ISO9000認證，但沒有對實際業務流程產生任何影響，質量問題照常出現，客戶投訴居高不下；而員工定期培訓也由於員工經常請假、逃課，或認為培訓內容不切實際而不了了之。面對這種情況，吉達公司的高管們知道，這種狀況持續下去，公司的十年發展目標根本無法實現。但至於下一步該怎麼辦，他們也一籌莫展。

問題討論
1. 吉達公司的組織活動存在什麼問題？
2. 你認為吉達公司下一步該怎樣做？

第二節　組織結構

一、組織結構的概念

（一）組織結構的定義

組織結構（Organizational Structure）是組織為了協調及控制成員的活動以實現組織目標，通過分工協作，在職務範圍、責任、權力等方面創設的結構體系，是組織對工作任務進行分工和協調的模式。從組織各部分的關係去界定，可以認為組織結構是組織各部分的有序排列；從組織成員的行為上去界定，組織結構是組織參與者類型化了的相互作用。

組織結構決定了正式的報告關係，包括層級數量和管理者的管理幅度。

組織結構確定了如何由個體組成部門、由部門構成組織。

組織結構包括了一套系統的運行制度和方法，以保證組織內外的有效溝通、合作與整合。

（二）組織結構的構成

1. 職能結構

職能結構指完成組織目標所需的各項工作的種類、數量及其比例和關係。如一個企業有經營、生產、技術、後勤、財務、管理等不同的業務職能，各項業務職能都是為實現企業的總體目標服務的，但是各自的工作內容、權責關係卻不同。

2. 層次結構

層次結構指組織各管理層次的構成，又稱組織的縱向結構。例如，公司機構的縱向層次大致可分為董事會→總經理→職能部門→基層部門→班組→基層人員，這樣就形成了一個自上而下的縱向的組織結構層次。

3. 部門結構

部門結構是各管理和業務部門的構成，又稱組織的橫向結構。如企業設置生產部、銷售部、技術部、品管部、人力資源管理部、財務部等職能部門。

4. 職權結構

職權結構指組織內各層次、各部門在責任和權力方面的分工及相互關係，如在股份制企業中董事會負責決策，總經理負責執行與指揮，監事會負責監督，各職能層次、各部門之間相互協作、相互監督等。

二、組織結構形式

(一) 直線制結構

直線制結構又稱簡單結構、軍隊式結構。如圖 7-1 所示，在直線制組織結構中各種職務按垂直系統直線排列，全部管理職能由各級行政負責人負責，不設職能和參謀機構，命令由最高層管理者經過各級管理人員直線式流動到基層人員，每個成員只接受最近的一個上級的指揮，僅對該上級負責並匯報工作。

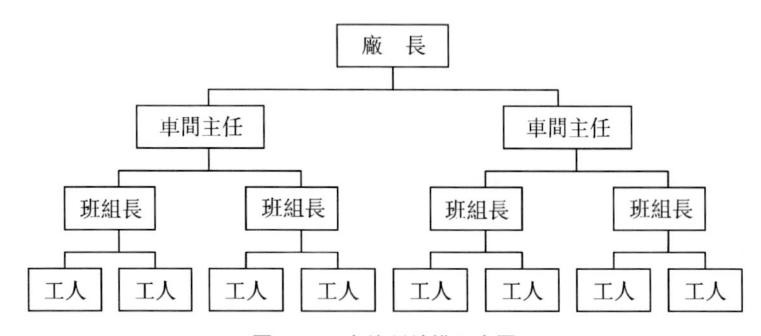

圖 7-1 直線制結構示意圖

直線制組織結構的優點有：權力集中，指揮統一，決策迅速，易於貫徹；目標清晰，責任明確；機構簡單，溝通迅速，紀律和秩序容易維持；機動靈活，管理費用低。直線制組織結構的缺點有：每個人只關注上級指示，每個部門只關心本部門工作，橫向溝通差，協調困難；權力集中，對最高管理者的依賴性大，容易造成失誤；要求各級行政負責人具有多種管理專業知識和業務技能知識，有充足的時間和精力，但現實中這種全能型管理者難以找到，導致管理工作簡單粗放。

直線制組織結構一般適用於那些沒有必要按職能實行專業化管理的小型組織或現場作業管理，以及組織處於初建階段、組織所處環境較簡單且易變、組織突然面臨困難甚至於敵對環境等情況。

(二) 職能制結構

職能制結構將部門化的職能導向加以擴展，使之成為整個組織的主導結構。如圖 7-2 所示，職能制結構內除直線主管外，還設立了一些職能部門。各職能部門有權在自己的業務範圍內向下一層級的部門和人員下達命令和指示。下級直線主管除了接受上級直線主管的領導外，還必須接受上級職能部門的指揮。

图 7-2　职能制结构示意图

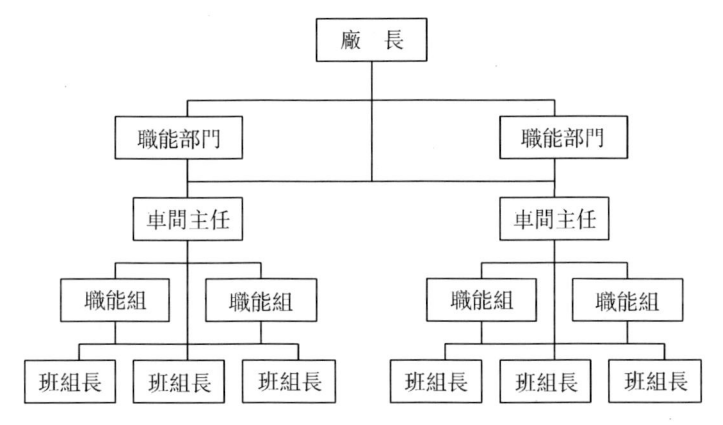

　　职能制组织结构的优点有：能发挥职能机构的专业管理作用，对下级工作的指导更加细致深入；减轻了直线主管的负担，可以弥补各级直线主管管理能力的不足；管理者实行职能分工，使对管理者的选拔和培养变得容易。职能制组织结构的缺点有：妨碍了组织必要的集中领导和统一指挥，造成了多头领导，容易出现命令的重复和矛盾，从而导致管理混乱；不利于明确划分直线主管与职能部门的职责权限，容易造成争夺权力，推卸责任；在组织中常常会因为追求职能目标而看不到全局的最佳利益，没有一项职能对最终结果负全部责任；职能经历只涉及组织的某一个局部，对其他职能的接触非常有限，不能给管理者带来关于整个组织活动的广阔视野，无法为未来的高层经理提供训练机会。

　　职能制结构多见于医院、研究院所、高等院校、图书馆、会计师事务所、律师事务所等机构。

（三）直线—职能制结构

　　直线—职能制结构设置了两套系统：一套是按命令统一原则设立的，由各层级的行政主管构成的直线指挥系统；另一套是按专业化原则设立的，由各职能管理部门构成的职能管理系统。如图 7-3 所示，在直线职能制结构中，只有各级行政主管才具有对下级进行指挥和下达命令的权力，各级职能机构只是同级行政主管的参谋和助手，只能对下级进行工作业务指导，无权对下级行政主管发号施令。除非有上级行政主管的授权，职能机构才具有指挥下级行政主管的职能、职权。

　　直线—职能制组织结构的优点有：既能保证集中统一指挥，又能充分发挥各类专家的专业管理作用；分工明确，职责清楚，各部门仅对自己应完成的工作负责，效率较高；组织稳定性较高，在外部环境变化不大的情况下，易于发挥组织的集合效率。直线—职能制组织结构的缺点有：各职能单位自成体系，部门之间的目标不易统一，会引发组织运行过程中的矛盾和不协调现象，导致上层主管的协调工作量大；部门间缺乏横向信息交流，不能集思广益地作出决策；在完成需多部门共同参与的工作时，效率低下；部门人员长期从事某一方面的工作，容易形成狭窄的视野和注重局部利益

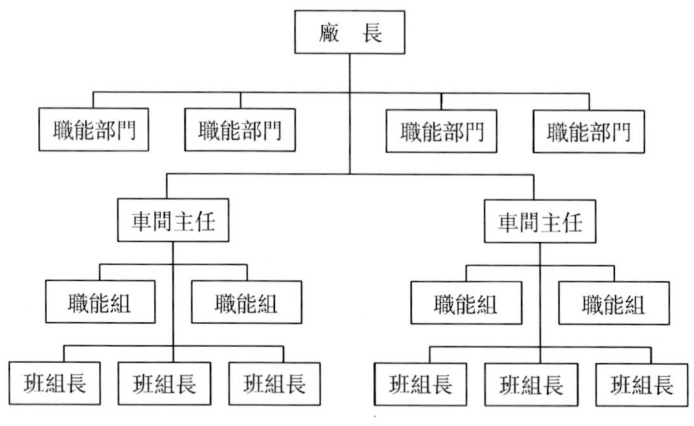

```
                        廠 長
        ┌─────────┬──────┴──────┬─────────┐
     職能部門   職能部門      職能部門   職能部門
              ┌─────┴─────┐
           車間主任      車間主任
          ┌───┴───┐    ┌───┴───┐
        職能組  職能組  職能組  職能組
       ┌──┬──┐         ┌──┬──┐
     班組長 班組長 班組長  班組長 班組長 班組長
```

圖 7-3　直線—職能制結構示意圖

的思想，不利於從組織內部培養綜合型管理人才；組織彈性不足，對環境的變化反應遲鈍，適應性較差。

直線—職能制組織結構主要適用於用標準化技術進行常規化大批量生產且環境比較穩定的組織，目前在中國絕大多數企業特別是中小企業中被廣泛採用。

（四）事業部制結構

事業部制結構（M 結構）又稱聯邦分權結構，是一種高度（層）集權下的分權管理的企業組織結構形式，其主導結構單位是事業部。事業部是指在一個企業內，對具有獨立的產品或市場、獨立的責任和利益的部門實行分權化管理的基本單位。它必須具備三個要素：獨立的產品或市場、獨立的利益、獨立的自主權。如圖 7-4 所示，把企業的生產經營活動按產品和地區的不同，建立不同的事業部，在總公司領導下，實行統一政策，分散經營，獨立核算，自負盈虧。總公司只保留預算、重要人事任免和重大問題的決策等權力，將其他權力盡量下放給事業部；事業部內部的經營管理具有較大的獨立性，是完全自主的經營單位。總公司為各事業部提供支援服務，並作為外部監管者協調和控制各事業部的活動。這樣，總公司就成為投資決策中心，事業部成為利潤中心，下屬的生產單位則是成本中心，使政策集中化和經營分散化有機地統一起來。

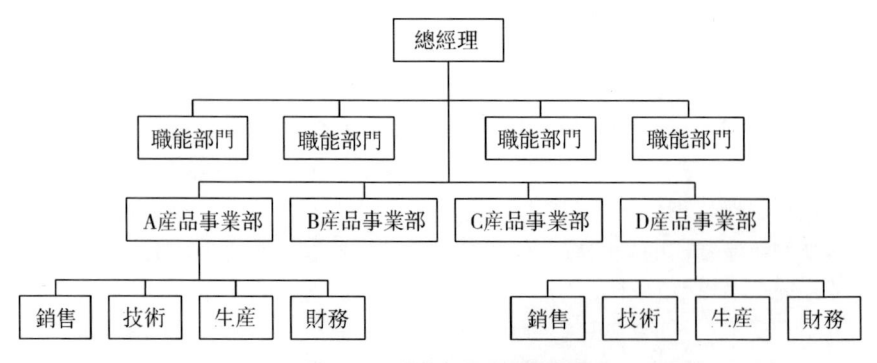

```
                         總經理
        ┌─────────┬───────┴───────┬─────────┐
     職能部門    職能部門       職能部門    職能部門
        │          │              │          │
   A產品事業部 B產品事業部    C產品事業部 D產品事業部
   ┌──┬──┬──┐                 ┌──┬──┬──┐
  銷售 技術 生產 財務           銷售 技術 生產 財務
```

圖 7-4　事業部制結構示意圖

事業部制結構的優點有：公司高層管理者可以擺脫日常行政事務，真正成為堅強有力的決策機構，能調動各事業部的積極性和主動性，增強經營的靈活性；該組織結構既具有較高的穩定性，又具有較強的適應性；事業部經理對事業部的績效全面負責，容易形成高層管理人員所需的多方面才能和全局視野，有利於培養綜合型高層管理人員；擴大了管理幅度，使上層主管能有效控制的下層單位的數量；各事業部的績效明確，相互之間可以進行比較和競爭，有利於克服組織的僵化和官僚化。事業部制結構的缺點有：機構重複設置，容易造成資源浪費；需要的管理人員多，導致管理成本上升，管理的經濟性下降；容易使事業部過分強調自身利益而忽視公司整體利益，影響事業部之間的合作；公司和事業部之間信息不對稱的可能性增大，影響公司的控制力。

　　事業部制結構只有當企業規模較大，產品種類較多，各產品之間的工藝差別較大，市場範圍大且不同市場的差異明顯，企業具備按經營的領域和地域劃分事業部的條件時才適用。

　　20世紀70年代，美國和日本的一些大公司又出現了一種新的事業部制結構形式——超事業部制結構。它是在組織最高管理層和各個事業部之間增加了一級管理機構，負責管轄和協調所屬各個事業部的活動，在分權的基礎上又適當地集中。這樣做的好處是可以集中幾個事業部的力量共同研究和開發新產品，有效避免各事業部執行相同職能所造成的不經濟或低效率現象，增強組織的靈活性。

（五）矩陣制結構

　　矩陣結構又稱為規劃—目標結構，是在工作小組基礎上發展起來的一種組織結構形式。工作小組是根據任務要求，由一群具有不同背景、不同知識、不同技能且分別選自不同部門的人員所構成的。任務完成後工作小組就解散，成員回原部門，以後按新的工作任務重新組合。典型的矩陣制結構如圖7-5所示，在組織內部設置雙重指揮鏈，在直線—職能制結構垂直形態組織系統的基礎上增加了橫向的工作任務導向的領導系統，即工作小組。工作小組的成員一般要接受兩個方面的領導，在工作業務方面接受原單位或部門的領導，在項目達成的具體工作任務方面接受工作小組或項目負責人的領導。

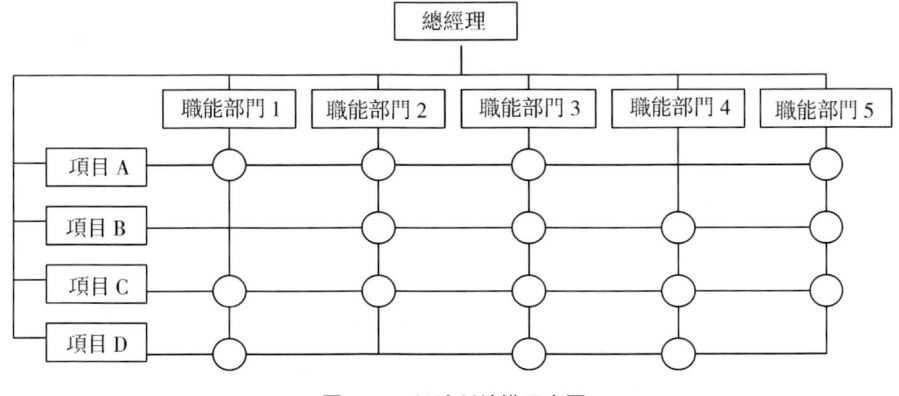

圖7-5　矩陣制結構示意圖

矩陣制結構的優點有：在組織的各種活動比較複雜又相互依存時，加強了職能部門之間、職能部門與任務之間的配合和信息交流，能促使一系列複雜而獨立的任務取得協調，同時又保留將職能專家組合在一起所具有的經濟性，提高了組織的協調性和整體性；以任務為導向機動靈活地組織人員，提高了組織資源的利用率，增強了組織的靈活性和應變能力；各種專業人員在項目組內共同工作，來自不同角度的思想相互激發，易獲得創新性成果，並且有利於培養成員的合作精神和全局觀念。矩陣制結構的缺點有：組織成員向多個領導匯報工作會帶來角色衝突，而不明確的角色期待會帶來角色模糊；職能經理和項目經理之間的關係不是由規則和程序確定，而是由兩者相互協商，容易產生權力鬥爭；缺乏穩定性，會使渴望安全感的員工在這種工作環境中產生壓力；項目組的臨時性容易使員工產生臨時觀念，且限制了項目組的規模。

矩陣制結構形式適用於任務多且經常變化或工作具有創新性質的組織，如建設單位、科研單位等。

根據矩陣制結構的基本特點，美國道—科寧化學工業公司於1967年首先建立了多維立體組織結構形式。如圖7-6所示，這種結構由三方面的管理系統組成：產品利潤中心、專業成本中心和地區利潤中心。這種組織結構形式一般適用於有多種產品的跨國公司或規模巨大的跨地區公司。

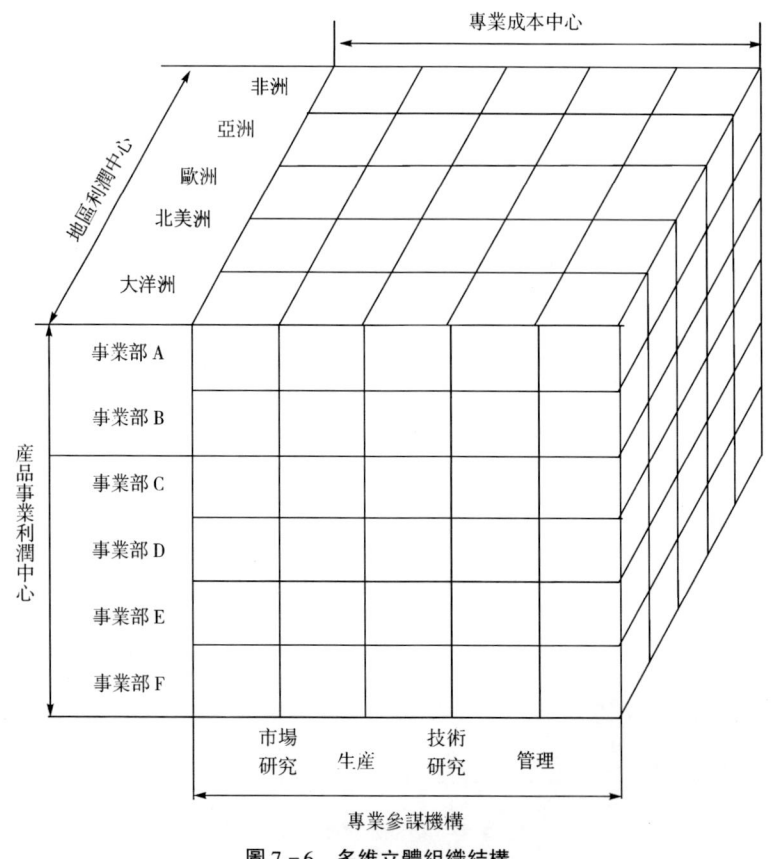

圖7-6　多維立體組織結構

(六) 網絡型組織結構

網絡型組織結構又稱為企業網絡、虛擬組織，是與現代信息技術發展相適應的新型組織結構形式。它是一種規模較小但具有主要商業職能，依靠其他組織，以「契約」為基礎進行組織活動的核心組織。它從組織外部尋找各種資源來執行組織的各種職能，把精力放在自己最擅長的業務上。美國通用汽車公司（GM）的 Pontiac Le Mans 產品的組織結構如圖7-7所示。結構中的各經營單位之間並沒有正式的資本所有關係和行政隸屬關係，只是通過相對松散的契約紐帶，依靠一種互惠互利、相互協作、相互信任和支持的機制來進行密切的合作。通用汽車公司管理團隊的主要工作是督察公司內部的經營活動，協調分散在世界各地，為 Pontiac Le Mans 進行技術設計、生產、數據處理、市場營銷等重要職能活動的各組織之間的關係。網絡型結構具有松散型和動態型的特點，其主要優勢是靈活性，但也會使主管人員對組織的主要職能活動缺乏強有力的控制，而員工的組織忠誠度也比較低。

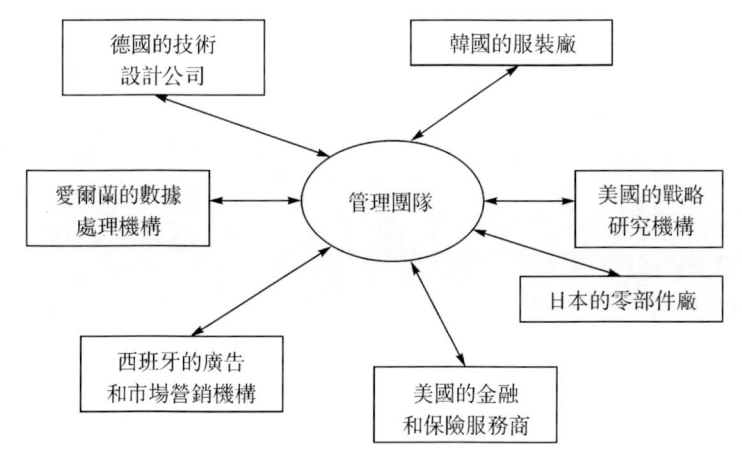

圖7-7　網絡型組織結構示意圖

(七) 團隊結構

團隊是指通過成員的專業素質的有效組合和共同努力達到最高行為效能的群體，是由員工和管理層組成的一個共同體。它合理利用每一個成員的知識和技能來協同工作，解決問題，實現共同的目標。當組織的工作任務主要是以團隊的形式完成時，組織的結構就是團隊結構。該結構方式打破了部門界限，將決策權下放到團隊成員手中，要求員工既是全才，又是專才。大多數小型公司都可以把團隊結構作為其整體的組織形式。對於大型組織而言，團隊結構一般是典型官僚結構的補充，這樣組織既能得到官僚結構標準化的好處，提高組織運行效率，又能因團隊的存在而增強靈活性。

(八) 委員會結構

組織為達到特定的管理目的，還常常設立各種委員會以加強和補充直線組織系統。委員會的結構特點是委員會成員集體行動。委員會的組織形式多樣：有的既要討論又

要進行決策,有的只討論而不作決策;有的執行管理職能,有的不執行管理職能;有的是正式的,有的是非正式的;有的是常設的,有的是臨時的。

委員會結構的優點有:可以集思廣益,提高決策的準確性;可以作為制約或限制手段,防止個人或部門的權力過大;作為信息溝通和意見交流的機構,可以反應和聽取不同利益集團的要求,協調計劃和執行之間的矛盾;使基層員工有可能參與決策,從而更好地執行決策。委員會結構的缺點有:決策遲緩、時間長,決策效率低,成本高;出現意見分歧時採取折中或多數制的解決辦法,容易封殺創新性的主張和方案;成員的責任不明確,往往造成成員的責任感較差。

近年來,還出現了無邊界組織、女性組織、家庭友好組織等組織結構形式的實踐和研究,也取得了一些成果。隨著社會的發展、技術的進步及人們對組織活動認識的不斷深入,必然會產生新的、更加適應組織內外部環境的組織結構模式。

對管理者的啟示

組織結構對組織具有重要意義,是組織活動順利進行的基礎。各種組織結構形式具有自身的特點,既有優點又有缺點,其適用範圍也各不相同,不存在適合所有組織的組織結構。管理者應根據組織的規模和發展階段、所處環境的狀況、產品和服務的種類、活動的複雜程度、組織目標、員工狀況以及管理的技術水平來選擇最恰當的結構形式,才能取得好的效果。對於組織內部的不同部分,也應根據工作性質、工作技術、任務性質等方面的差異選擇不同的組織結構方式。在實際運用中,一個組織既可能是一種典型的組織結構形式,也可能是多種組織結構形式的有機組合。

案例分析

杜邦公司的組織結構

美國杜邦公司是世界上最大的化學公司。其組織機構歷經變革,以不斷適應企業的經營特點和市場情況的變化。

1789年,老杜邦帶著兩個兒子伊雷內和維克托逃到美國。1802年,兒子們在特拉華州布蘭迪瓦因河畔建起了火藥廠。由於伊雷內在法國時是個火藥配料師,他的同事又是法國化學家拉瓦錫,再加上美國歷次戰爭的需要,工廠很快站住了腳並發展起來。整個19世紀中,杜邦公司基本上是單人決策式經營,這一點在亨利這一代尤為明顯。亨利是伊雷內的兒子,軍人出身,由於接任公司以後完全是一副軍人派頭,所以人稱「亨利將軍」。在公司任職的40年中,亨利揮動軍人嚴厲粗暴的鐵腕統治著公司。他實行的一套管理方式,被稱為「愷撒型經營管理」。這套管理方式無法言喻,也難以模仿,實際上是經驗式管理。公司的所有主要決策和許多細微決策都要由他親自制定,所有支票都得由他親自開,所有契約也都得由他簽訂。他一人決定利潤的分配,親自周遊全國,監督公司的好幾百家經銷商。在每次會議上,總是他發問,別人回答。他全力加速帳款回收,嚴格支付條件,促進交貨流暢,努力降低價格。亨利接任時,公

司的負債高達 50 多萬美元，但亨利卻使公司成為行業的領袖。在亨利的時代，這種單人決策式的經營基本上是成功的。單人決策之所以取得了較高效果，與「將軍」的非凡精力也是分不開的。直到 72 歲時，亨利仍不要秘書幫助。任職期間，他親自寫的信不下 25 萬封。

亨利的侄子尤金是公司的第三代繼承人。他試圖承襲其伯父的作風經營公司，也採取絕對的控制，親自處理細枝末節，親自拆信復函，但他終於陷入了公司錯綜複雜的矛盾之中。1902 年，尤金去世，合夥者也都心力交瘁，兩位副董事長和秘書兼財務長終於相繼累死。之後，尤金的三位堂兄弟以廉價買下了公司。

三位堂兄弟不僅具有管理大企業的豐富知識，而且具有在鐵路、鋼鐵、電氣和機械行業中採用先進管理方式的實踐經驗，有的還請泰勒當過顧問。他們果斷地拋棄了「亨利將軍」的那種單槍匹馬的管理方式，精心地設計了一個集團式經營的管理體制。在美國，杜邦公司是第一家把單人決策改為集團式經營的公司。集團式經營最主要的特點是建立了「執行委員會」。它隸屬於最高決策機構董事會之下，是公司的最高管理機構。在董事會閉會期間，大部分權力由執行委員會行使，董事長兼任執行委員會主席。1918 年時，執行委員會（以下簡稱「執委會」）有 10 個委員、6 個部門主管、94 個助理，高級經營者年齡大多在 40 歲上下。

公司建立了預測、長期規劃、預算編製和資源分配等管理方式。在管理職能分工的基礎上，還建立了製造、銷售、採購、基本建設投資和運輸等職能部門。在這些職能部門之上，是一個高度集中的總辦事處，主要負責控制銷售、採購、製造、人事等工作。

執委會每週召開一次會議，聽取情況匯報，審閱業務報告，審查投資和利潤，討論公司的政策，並就各部門提出的建議進行商討。對於各種問題的決議，一般採用投票加多數贊成通過的方法。權力高度集中於執委會。執委會作出的預測和決策，一方面要依據發展部提供的廣泛的數據，另一方面要依據來自各部門的詳盡報告。各生產部門和職能部門必須按月、按年向執委會報告工作：在月度報告中提出產品的銷售情況、收益、投資以及發展趨勢；年度報告還要論及五年及十年計劃，以及所需資金、研究和發展方案。

由於在集團經營的管理體制下權力高度集中，實行統一指揮、垂直領導和專業分工，所以秩序井然，職責清楚，效率顯著提高，大大促進了杜邦公司的發展。20 世紀初，杜邦公司生產的五種炸藥占當時全國總產量的 64%～74%，生產的無菸軍用火藥則達到 100%。第一次世界大戰中，協約國軍隊 40% 的火藥來自杜邦公司。公司的資產截至 1918 年增加到 3 億美元。

杜邦公司在第一次世界大戰中大幅度擴展，並且逐步走向多元化經營。每次在收買其他公司後，杜邦公司都會因多元化經營嚴重虧損。1919 年，公司的一個小委員會指出：問題在於組織機構沒有彈性。尤其是 1920 年夏到 1922 年春，市場需求突然下降，使許多企業出現了所謂存貨危機。這使人們認識到：企業需要一種能力，即根據市場需求的變化來改變商品流量的能力。繼續保持那種使高層管理人員陷入日常經營、不去預測需求和適應市場變化的組織機構形式，顯然是錯誤的。建立一個能夠適應大生產的銷售系統對於一個大公司來說，已經成為至關重要的問題。

杜邦公司經過周密的分析，創造了一個多分部的組織機構。在執行委員會下，除了設立由副董事長領導的財務和諮詢兩個總部外，還按各產品種類設立分部，而不是採用通常的職能式組織形式設立如生產部、銷售部、採購部等部門。在各分部下，則有會計、供應、生產、銷售、運輸等職能處。各分部是獨立核算單位，分部的經理可以獨立自主地統管所屬部門的採購、生產和銷售。在這種形式的組織機構中，自治分部在不同的、明確劃定的市場中，通過協調從供給者到消費者的流量，使生產和銷售一體化，從而使生產和市場需求建立密切聯繫。這些以中層管理人員為首的分部通過直線組織來管理其職能活動。總部高層管理人員在大量財務和管理人員的幫助下，監督這些多功能的分部，用利潤指標控制它們，使它們的產品流量與波動需求相適應。由於多分部管理體制的基本原理是政策制訂與行政管理分開，公司的最高領導層擺脫了日常經營事務，可以把精力集中在全局性的問題上，以研究和制訂公司的各項政策。

新分權化的組織使杜邦公司很快成為一個具有效能的集團：所有單位構成了一個有機的整體，公司組織具有了很大的彈性，能應需要而變化。從 20 世紀 30 年代到 20 世紀 60 年代，被杜邦公司首先控制的、有著重要意義的化學工業新產品有：合成橡膠、尿素、乙烯、尼龍、的確良、塑料等。之後公司便參與第一顆原子彈的製造，並迅速轉向氫彈生產。

20 世紀 50 年代後期，公司發現各部門的經理過於獨立，以致有些情況連執行委員會都不瞭解，因此又一次作了改革：一些高級副總經理負責同各工業部門和職能部門建立聯繫，將部門的情況匯報給執委會，並協助各部門按執委會的政策和指令辦事。20 世紀 60 年代初，杜邦公司接二連三地遇到了難題：許多產品的專利權紛紛到期，在市場上受到日益增多的競爭者的挑戰。道氏化學、孟山都、美國人造絲、聯合碳化物以及一些大石油化工公司相繼成了它的勁敵。以至於 1960—1972 年，在美國消費物價指數上升 4%、批發物價指數上升 25% 的情況下，杜邦公司的平均價格卻降低了 24%，在競爭中蒙受了重大損失。再加上它掌握了多年的通用汽車公司 10 多億美元股票的被迫出售，美國橡膠公司轉到了洛克菲勒手下，歷來沒有強大的金融後盾，此時的杜邦真可謂四面楚歌，危機重重。20 世紀 60 年代以後，杜邦公司的組織機構又發生了一次重大的變更，這就是建立起了「三駕馬車」式的組織體制。公司制定了新的經營戰略：運用獨特的技術情報，選取最佳銷路的商品，強力開拓國際市場；發展傳統特長商品，發展新的產品品種，穩住國內勢力範圍，爭取巨額利潤。有了新的經營方針，還必須有相應的組織機構作為保證。除了不斷完善和調整公司原設的組織機構外，1967 年底，科普蘭把總經理一職史無前例地讓給了非杜邦家族的馬可，財務委員會議議長也由別人擔任，自己專任董事長一職，從而形成了一個「三駕馬車」式的體制。1971 年，他又讓出了董事長的職務。在新的體制下，最高領導層分別設立了辦公室和委員會，作為管理大企業的「有效的富有伸縮性的管理工具」。科普蘭說：「『三駕馬車』式的集團體制是今後經營世界性大企業不得不採取的安全設施。」

資料來源：共謀國際，www.gm828.com。

問題討論

杜邦公司在發展過程中採用了哪些組織結構形式？不同的組織結構形式有何特點？

第三節　組織設計

組織設計是以組織結構安排為核心的組織系統的整體設計工作。其目的是形成一種由管理機制決定的、用以幫助組織達到目標的有關信息溝通、權力、責任、利益的正規體制，通過分解與結合使組織成為一個有機的系統。

一、組織設計因素

（一）組織設計的結構性因素

管理者在進行組織結構設計時必須考慮六個結構性因素：工作專門化、部門化、命令鏈、管理幅度、集權和分權、正規化。表7-1表明了這些因素對重要的結構問題可能提供的答案。

1. 工作專門化

一般來說，組織設計的分工程度越高，組織的工作效率就越高。20世紀初，亨利·福特充分利用工作專門化的思想設計出的汽車生產流水線，極大地提高了組織的生產效率。專門化是工作標準化和提高組織效率的必然要求。工作專門化體現在縱向和橫向兩個方面。縱向專門化按管理等級進行的分工，以確定正式權威和決策權限，將不同層級管理者的工作進行劃分；橫向專門化是在組織內將一個完整的工作按具體部門或群體進行分工。

表7-1　　　　組織設計的結構性因素及六個關鍵問題

關鍵問題	答案提供
把任務分解成各自獨立的工作應細化到什麼程度？	專門化
對工作進行分解的基礎是什麼？	部門化
員工個人和工作群體向誰匯報工作？（管理者指揮誰？）	命令鏈
一位管理者可以有效地指導多少個員工？	管理幅度
決策權應該放在哪一級？	集權和分權
應該在多大程度上利用規章制度來指導員工和管理者的行為？	正規化

2. 部門化

在專業化分工的基礎上，將各種內容相同或相近的工作合併成一個可以管理的單位，這就是部門化。部門化的目的在於確定組織中各項任務的分配和責任的歸屬，以實現合理有效的分工。部門化的結果是形成了組織的橫向結構。部門化的工作可以根據組織的不同特點進行，其基礎一般分為產出（產品、顧客、地域等）和內部作業（職能活動、流程、時間等）兩大類。職能部門化是按照工作活動職能的相同和相似性

來分類設立管理單位。產品或服務部門化是按照產品或服務的要求對組織活動進行分組；地域部門化是根據地域的分散化程度來進行部門劃分，將同一地域的組織活動集中起來形成管理單位；顧客部門化是根據目標顧客的不同利益需求來劃分組織的業務活動；流程部門化是按照工作或業務流程來組織業務活動，其實現的基礎是人員、材料、設備比較集中或業務流程比較連續緊密。

3. 命令鏈

組織為了工作的需要，都要建立各種命令指揮系統，確立上級和下級、領導和被領導的關係。這種關係在形式上表現為不同層級在權力、責任和義務上的分配關係。命令鏈是一種不間斷的權力路線，從組織最高層擴展到最基層。它使員工明確了「我有問題時去找誰」「我對誰負責」。在設計命令鏈時，存在權威和命令統一性這兩個問題。權威是指管理職位固有的發布命令並期望命令被執行的權力。命令統一性要求一個人應該且只對一個主管直接負責。

4. 管理幅度

管理幅度是指組織中上級主管能夠直接有效指導下屬的數量。它在很大程度上決定了組織要設置多少層次、配備多少管理人員。在其他條件相同時，管理幅度越寬，組織層次越少，組織效率越高。組織層級與管理幅度反方向的互動關係決定了兩種基本的組織結構形態：扁平式組織結構形態和錐式組織結構形態。

如圖7-8所示，如果一個組織的管理幅度為4，另一個為8，則管理幅度寬的組織比管理幅度窄的組織在管理層次上少兩層，可以少配備800人左右的管理人員。在管理幅度寬的組織，信息溝通和傳遞速度比較快，失真度也比較低，工作效率會提高。管理人員數量減少了，會降低管理人工成本支出，組織效率也會更高。但是，如果管

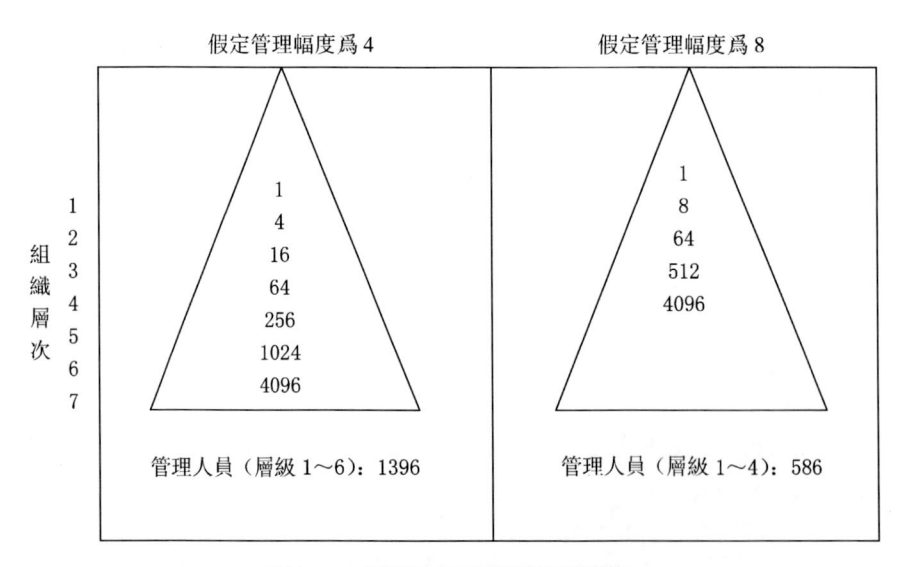

	假定管理幅度為4	假定管理幅度為8
組織層次 1 2 3 4 5 6 7	1 4 16 64 256 1024 4096	1 8 64 512 4096
	管理人員（層級1～6）：1396	管理人員（層級1～4）：586

圖7-8　組織幅度與組織層級比較圖

理幅度過寬，主管人員沒有足夠的時間為下屬提供必要的支持，員工績效就會受到不良影響，從而降低組織的有效性。

管理幅度受到管理者和被管理者的工作內容和性質、工作能力、工作條件、工作環境及組織變革的速度等因素的影響。

5. 集權和分權

集權是將決策指揮權集中於較高的組織層級，分權則是使決策指揮權向較低的組織層級分散。在現實的組織中，絕對的集權和分權是不多見的，一般介於兩者之間。如果組織的高層管理者不考慮或很少考慮基層人員的意見就決定組織的主要事宜，則該組織的集權化程度較高。反之，基層人員參與程度越高，或他們能夠自主作決策，組織的分權化程度就越高。

組織確定集權和分權的合理程度時，需要考慮組織環境條件和業務活動性質、組織的規模和空間分佈、決策的重要性和管理者的素質、方針政策的一致性要求、組織的歷史和領導者個性的影響等因素。近年來，為使組織更加靈活和主動地作出反應，分權式決策的趨勢日益突出。

6. 正規化

正規化是指組織中員工的角色用正式文件定義的程度（過程、工作描述、手冊和規章）。如果一種工作的正規化程度較高，就意味著做這項工作的人對工作內容、工作時間、工作手段沒有多大自主權。在高度正規化的組織中，有明確的工作描述、工作程序、各種規章制度和政策手冊。不同組織之間或組織內部不同工作之間的正規化程度差別很大。

(二) 組織設計的關聯性因素

1. 環境

環境是存在於組織外部，對組織的生存和發展具有直接和間接影響的各種因素。根據對組織的影響方式不同，環境可分為任務環境和一般環境。就企業組織而言，任務環境包括所處產業的競爭狀態、原材料供應、市場結構、人力資源供給等；一般環境包含法律和政府監管、社會文化、宏觀經濟狀況、技術及財務資源的可得性等。

環境因素對組織設計的影響可概括為不確定性。不確定性指管理者對於重要的環境因素所掌握的信息量的多少。環境的不確定性由環境的複雜性和穩定性兩個維度構成。環境的複雜性指的是環境中影響組織的因素的多少以及這些因素之間的異質性和不相似性。環境的穩定性指的是這些因素變化的快慢程度。如圖 7－9 所示，丹肯（R. B. Duncan）提出了一個環境不確定性的基本類型。

	簡單	複雜
穩定	不確定性低　　1 環境因素少 因素彼此比較相似 因素基本保持不變 如：食鹽生產企業、印刷企業	不確定性中等　　2 環境因素多 因素彼此不相似 因素基本保持不變 如：煉油企業
不穩定	不確定性較高　　3 環境因素少 因素彼此比較相似 因素持續變化 如：快餐企業、消費品企業	不確定性高　　4 環境因素多 因素彼此不相似 因素持續變化 如：電信企業、塑料企業

（縱軸：變化程度；橫軸：複雜程度）

圖 7-9　環境的基本類型

首先，組織在不同環境下應採用不同的組織結構。在動態環境中採取有機結構最有效，機械結構在穩定環境中同樣富有成效。其次，組織中的不同部門應根據各自不同的環境特點採用不同的組織結構。最後，組織應選擇適應環境的策略，減輕環境不確定性的影響。

2. 戰略

戰略是實現組織目標的行動方向、方針和方案選擇的總稱。組織結構必須服從組織的戰略需要。一般來說，企業組織的戰略選擇有三種：創新戰略、成本領先戰略和模仿戰略。研究表明，三種戰略及其對應的組織結構特點如表 7-2 所示。

表 7-2　　　　　　　　　戰略—結構關係

戰略	組織結構方案
創新戰略	有機結構：結構松散，工作專門化程度低，正規化程度低，分權化
成本領先戰略	機械結構：控制嚴密，工作專門化程度高，正規化程度高，高度集權化
模仿戰略	有機—機械結構：松緊搭配，對目前的活動控制較嚴，對創新活動控制較松

3. 規模

一般來說，規模差異會使組織在專門化、正規化、集權與分權、標準化、權力等級和複雜性方面有所不同，如表 7-3 所示。

表 7-3　　　　　　　　　規模—結構關係

組織結構因素	組織規模小	組織規模大
專門化	低	高
正規化	較少	較多

表7-3（續）

組織結構因素	組織規模小	組織規模大
集權與分權	集權	分權
標準化	高	低
權力等級	扁平	高陡
複雜性	低	高

4. 技術

技術是組織把輸入轉化成輸出的工具、手法和行動。每個組織都擁有至少一種技術。技術對組織的影響與日俱增。在組織設計時，必須考慮技術特徵的影響。伍德沃德把製造技術分為三種類型：單件小批量生產技術、大批量生產技術和連續生產技術。研究表明，技術調節著組織設計與組織有效性之間的關係，組織結構形式應與技術類型相適應，以提高組織的有效性。表7-4反應了組織結構特徵與技術類型的關係。

表7-4　　　　　　　　　　技術—結構關係

組織結構特徵	技術類型		
	單件小批量生產技術	大批量生產技術	連續生產技術
管理層級	少	中等	多
管理幅度（高層）	窄	中等	寬
管理幅度（基層）	中等	寬	窄
管理人員比重	大	中	小
規範化程度	低	高	低
集權化程度	低	高	低
複雜化程度	低	高	低
總體結構	有機	機械	有機

基於工作的多變性和可分析性這兩個維度，佩洛提出了泛化的技術—結構研究框架。工作的多變性是考察技術在工作過程中發生意外變化的概率情況，可分析性是指對工作過程中的例外情況作出反應的情況。按照工作的多變性和可分析性的不同組合，技術可以劃分為四種類型：常規技術（低多變性、高可分析性）、工藝技術（低多變性、低可分析性）、工程技術（高多變性、高可分析性）和非常規技術（高可變性、低可分析性）。組織技術越是常規化，組織規範化、集權化程度越高，越適合採用機械式組織結構；反之，更適合採用有機式組織結構。

5. 組織的發展階段

組織的成長要經過創業、職能發展、分權、參謀激增和再集權五個階段。在組織發展的不同階段，領導方式、管理體制、員工心態、管理作風、人際關係、管理危機等各不相同，與之相適應的組織結構也不相同。表7-5反應了組織結構特徵與組織發展階段的關係。

241

表7-5　　　　　　　　　　　　階段—結構關係

結構特徵	創業階段	職能發展階段	分權階段	參謀激增階段	再集權階段
管理重點	生產，銷售	效率	市場擴大	組織，協調	變革，創新
結構形式	非正式結構	職能制	事業部制	直線管理，超事業部制	矩陣制，任務分組
高層領導風格	個人業主式	指導式	授權式	監察者	參與者
控制系統	市場結果	標準規格，成本中心	匯報制度，利潤中心	計劃中心，投資中心	相互間的目標管理

二、組織設計原則與程序

組織設計是一項複雜的工作，必須遵循一系列原則並按照科學的程序來進行。

(一) 組織設計原則

組織設計原則是組織設計時普遍適用的要求，它是針對組織設計的一般性評價標準。

1. 任務目標原則

任何一個組織都有特定的任務和目標，組織內的各部分都應當與特定的任務目標相關聯。目標任務是組織設計的出發點和歸宿，組織結構的構建、運行機制的建立、協作關係的形成等都應有利於組織目標的實現。任務目標原則要求在組織設計時對組織的目標任務進行深入分析，將組織目標逐層進行分解，形成目標—手段體系，直至組織中的每個部門甚至每個崗位、每個人都知道自己在組織中承擔的任務，然後根據工作性質和特點來設計組織體系。

2. 分工協作原則

分工和協作是社會化大生產的客觀要求。分工是將組織的任務目標和整體工作從橫向和縱向兩個維度分解給不同的層次、部門及崗位，明確規定應做的工作以及完成工作的手段、方式和方法，特別是對交叉、重疊工作進行清晰界定。分工能強化組織成員的專項個人技能，提高工作效率和組織績效；協作是指層級之間、部門之間、崗位之間的協調與配合。協作能使不同層級、部門及崗位之間的工作形成一個有機整體，共同支持組織的目標和任務。在組織設計時，應做到分工合理清晰，協作明確有效。

3. 統一指揮原則

統一指揮原則體現在組織設計過程中命令鏈的構建上。在確定管理層次時，從最高層到最底層的命令鏈不能中斷。除位於命令鏈頂端的最高管理者以外，組織中的任何部門和人員都必須且只服從一個上級的指揮，並對其負責。只有這樣，才有可能最大限度地消除無人負責及因政出多門、多頭指揮而導致下屬無所適從的現象，從而保證全部活動的有效領導和正常進行。

4. 權責一致原則

權責是指職權和職責。職權是指管理職位具有的發布命令並希望命令得到執行的

權力。職責是指職位應承擔的責任和應履行的義務。兩者的一致性越高，組織活動越有效。權責一致原則要求在進行組織設計時既要明確規定每一管理層級和各部門、各崗位的職責範圍，又要賦予其完成職責所必需的職權。

5. 執行和監督分設的原則

執行與監督分設的原則要求在組織設計時，將執行性活動和監督性活動分設於不同的部門，以保證監督的有效性，使監督工作真正發揮作用。例如，企業組織中的質量監督、安全監督、財務監督等部門就應當同生產執行部門分開設置。

6. 知識價值化原則

隨著知識經濟的到來，知識作為組織的關鍵資源，其價值越來越受到重視。在組織設計時，就必須考慮知識的價值能否最大限度地有效實現。組織可賦予參謀人員（職能人員）和專家必要的職權，通過強制性諮詢行為和贊同性、功能性職權的設置等方式，使組織的知識資源得以充分利用。

7. 彈性結構原則

組織環境是不斷變化的，目標和任務也必須隨之經常調整。這就要求組織結構應具有彈性，能夠及時調整，以保持對環境變化的高適應性。根據這一原則，在組織設計時，要使部門結構和工作職位的設置富有彈性，使其在工作上具有較大的自主權和靈活性，以防止組織的老化、僵化。

8. 經濟性原則

組織設計不僅要圍繞任務和目標來進行，還要追求完成任務和實現目標的經濟性。按照這一原則，組織設計要有利於提高組織的效率，為此，必須盡量精簡崗位、部門和管理層級。精簡有利於建立良好的溝通，避免相互推諉和扯皮，降低管理成本，從而提高組織效率。

(二) 組織設計程序

1. 確定組織目標

任何組織都是實現一定目標的工具，組織目標是進行組織設計的基本出發點。因此，組織設計的第一步，就是要在綜合分析組織外部環境和內部條件的基礎上，合理確定組織的總目標及各種具體的派生目標。

2. 確定設計原則

根據組織的目標、特點以及組織設計要解決的問題，確定組織設計的方針、原則和主要參數。

3. 基本結構模式設計

確定關鍵職能，並以關鍵職能為主線確定組織的基本結構模式。關鍵職能是組織中最重要、最複雜的職能，它直接影響組織目標的實現，決定了組織的基本結構模式。在當代組織實踐中，選擇直線職能制和矩陣制結構作為基本結構模式的較普遍，還可選擇增加彈性模式的相應特徵對其基本模式進行必要的補充。

4. 組織結構設計

以流程分析為手段進行職務分析和設計，確定管理職能，形成橫向結構；以決策

分析為手段進行組織層級設計，確定各個管理層次、部門、崗位及其責任、權力，形成組織的層級結構。組織結構設計的結果具體表現為組織的系統結構圖。

5. 運行制度設計

設計有關的制度和條件來保證設計出來的組織結構能夠正常運行。它包括三個內容：一是聯繫方式設計，即進行控制、信息交流、綜合、協調等方式和制度的設計；二是管理規範設計，即確定管理工作程序、管理工作標準和管理工作方法，形成管理人員的行為規範；三是激勵考核制度設計，即制訂管理部門和人員的績效考核制度、精神鼓勵和工資獎勵制度及人員培訓制度等。

6. 配備人員

根據各部門的工作性質和對人員素質的要求，應定質、定量地配備各級人員，並明確其職務。

7. 反饋和修正

根據組織運行過程中的信息反饋，應定期或不定期地對上述各項設計進行必要的修正，使之不斷完善。

對管理者的啟示

組織設計對組織影響甚大，是管理者的主要職責之一。在進行組織設計時，必須對各項影響因素給予足夠重視；應在充分考慮各影響因素的基礎上，遵循組織設計的原則和程序，科學地進行設計工作。

組織設計既包括組織結構的設計，還包括確保組織正常運行的制度體系和流程的設計以及人員的配備等。

案例分析

樂百氏集團的組織設計

1989年，在廣東中山市小欖鎮，何伯權等五個年輕人租用「樂百氏」商標開始創業。創業伊始，何伯權等與公司的每個員工都保持一種很深的交情，甚至同住同吃同玩。大家都感覺得到，樂百氏就是一個大家庭，「有福同享，有難同當」，公司的凝聚力很強。創業初期，樂百氏的發展快速穩定。12年間，五位創始人不但使樂百氏從一個投資不足百萬元的鄉鎮小企業發展成中國飲料工業龍頭企業，而且把一個名不見經傳的地方小品牌培育成了中國馳名商標。然而，隨著樂百氏的壯大，原來的組織結構顯得有點力不從心。此時，何伯權不可能再與公司的每一個員工同吃同住，原來的領導方式發生了變化，起不到相應的作用，何伯權有些迷茫了。特別是自2000年3月與法國最大的食品飲料集團達能簽訂合作協議，並由達能控股後，原組織結構的弊端暴露無遺。為了完成銷售任務，分公司都喜歡把精力放在水和乳酸奶這些好賣的產品上，其他如茶飲料那些不太成熟的產品就沒人下工夫，這對新產品的成熟非常不利。更糟糕的是，由於生產部門只對質量和成本負責，銷售部門只對銷售額和費用負責，各部

門都不承擔利潤責任,其結果就變成了整個集團只有何伯權一個人對利潤負責。達能控股後,樂百氏的銷售額直線下降。有著50年國際運作經驗的達能肯定不願看到這種局面,因此,尋求變化勢在必行,而其中組織架構的改革就是適應新形勢的舉措之一。

2001年8月,一次在樂百氏歷史上最為關鍵的組織設計完成了:75%員工換座位,原五人創業組合中的四大元老的位置同時發生變化,他們都退出原先主管的實力部門,但何伯權是唯一不變的,仍然任總裁。樂百氏的組織架構變為:在總裁之下設5個事業部、8個職能部門和一個銷售總部。其目的是將利潤中心細分。瓶裝水、牛奶、乳酸奶、桶裝水和茶飲料共5個事業部,每一個都將成為一個利潤中心。減少了中間層,集團的權力結構由從前的5人會議變為一個總裁和14個總經理,成為一個比較扁平化的組織架構。這是公司首次將戰略管理和日常營運分開,形成多利潤中心的運作模式。

促成這次改革的重要力量是達能這個歐洲第三大食品集團。它自1987年進入中國成立廣州達能酸奶公司後,在水市場上對行業內領袖企業浙江娃哈哈、深圳益力、廣州樂百氏、上海梅林正廣和的控股或參股分別達到41%、54%、2%、50%。這足以讓人相信達能已經完成了它在中國水市場的佈局,它已經成為了當之無愧的老大。但這個老大只是表面現象,許多問題都擺在達能管理者的面前,收購的這些企業能夠贏利的很少。它需要整合資源,減少運行成本。樂百氏連年虧損的狀況,迫使何伯權痛下決心實施組織結構改革。

然而,新的架構還沒實施幾天,就在2001年11月底,樂百氏爆出大新聞:何伯權等五位樂百氏創始人向董事會辭去現有職務,達能中國區總裁秦鵬出任樂百氏總裁。何伯權稱,五位元老集體辭職的原因是與董事會的戰略思路發生重大分歧,無法達成一致;此外,還因為沒有完成董事會下達的銷售任務。還沒有來得及檢驗自己的改革成果,何伯權就匆匆退出了樂百氏的歷史舞臺。

2002年3月11日,新的組織結構方案正式出抬,樂百氏按地域分為五大塊:西南、中南、華東、北方和華北。這次架構改革距上次僅僅7個多月的時間。據業內人士分析,速度之所以這樣快,其中一個重要原因還是達能的全國戰略思路在操縱著這次變革。隨著達能旗下產品的不斷增多,它也在尋求一種更能整合現有生產和銷售資源的最佳方法,來改變許多品牌因為虧本成為它的負擔的局面。據可靠消息,達能為了加強對自己絕對控股的樂百氏的支持,要求樂百氏扮演更加重要的角色,甚至欲將其他如深圳益力、上海梅林正廣和、廣州怡寶等在外地的工廠和銷售渠道交由樂百氏託管。樂百氏也因擁有良好、穩定的經銷商網絡,使達能對其委以重任,它在中國市場上的戰略地位將愈來愈重要。隨著樂百氏託管的產品增多,每個市場的產品更加複雜、各種產品的銷售情況各不相同。原來的組織結構形式可能對客戶的需求變化的反應不再迅速,很快將不再適合新的發展,於是,這種以工廠為中心、更扁平的組織結構應運而生。它將更有助於瞭解消費者的需求,能更靈活地進行品牌定位。而且,新組織結構形式將更有利於培養事業部的全局觀念。負責人注重利潤,使決策和營運更加貼近市場,對市場形勢和客戶需求作出快速預測和反應,加強了區域的市場主動權和競爭力,對資源的調控將更為快捷和趨於合理。同時,讓總部從日常業務中脫離出來,多進行一些宏觀性的戰略決策。換句話說,原來的樂百氏只有何伯權一人是企業

家，現在的樂百氏可以造就五個甚至更多有全局觀念的企業家。當然，這次改革還有一個不容忽視的原因，那就是隨著領導的更替，有極強影響力的何伯權等創業元老的出局肯定會給樂百氏內部帶來一些消極因素。新的領導上任後，不得不採取一些有效的措施來改變這種被動局面，把渙散的人心收攏，盡快擺脫「何伯權時代」的陰影，提出新的發展方向，增強公司的凝聚力。

2002年3月15日，身兼樂百氏總裁的達能中國區總裁秦鵬悄然潛入成都，召集了西南事業部的核心人員——雲南、貴州、四川及重慶四地樂百氏分公司的負責人，開了一個為期兩天的會議。3月16日，西南事業部會議開完後的當天晚上，幾位核心人士聚到一起，他們為這種給予了他們更多自主權的架構模式感到興奮，無不摩拳擦掌，對2002年能取得更好的業績充滿信心。

資料來源：《21世紀人才報》。

問題討論

1. 樂百氏組織設計的影響因素有哪些？這體現了哪些組織設計原則？
2. 你認為樂百氏在不同階段的組織結構屬於什麼類型？
3. 比較分析產品事業部制和地域事業部制的異同點。
4. 樂百氏採用地域事業部制可能會存在哪些問題？應怎樣解決？

第四節　組織文化

一、組織文化概念

文化的概念有廣義和狹義之分。廣義的文化是指人類在漫長的社會實踐過程中所創造的物質財富和精神財富的總和。簡單地說，文化就是人們作為社會成員所擁有的、思考的以及所做的一切。狹義的文化是指社會的意識形態，以及與之相適應的禮儀制度、組織機構、行為方式等物化的精神。

（一）組織文化的定義

組織文化是組織在長期的生存和發展過程中逐步形成的，為內部多數成員共同信奉和遵循的基本信念、價值標準和行為規範。組織文化從結構上可以分為三個層次。

1. 精神層

精神層屬於組織文化的內層，是組織成員的社會意識和經營意識的總和。它是組織文化的核心和主體，包括組織的願景、使命、道德、精神及價值觀等內容。

2. 制度層

制度層是組織文化的中層，是實用於組織內部的行為規範。它通過指引、約束成員的行為維持組織活動的正常秩序，包括組織的一般管理制度和特殊制度，如儀式、典禮等。

3. 器物層

器物層是組織文化的外層，是組織文化在物質層面的體現。它是組織文化的物質

載體，如建築風格、產品樣式及包裝、旗幟、標示及工作服裝等。

組織文化的三個層次是密不可分的，它們相互影響，共同構成組織文化的完整體系。當然，精神層是最根本的，它決定著組織文化的其他兩個方面。在研究組織文化時，只要抓住這個根本，其他內容也就容易揭示出來了。

(二) 組織文化的內容

從組織文化的層次結構上看，組織文化主要包括以下內容：

1. 組織目標或宗旨

組織目標是組織文化建設的出發點和歸宿。上升為組織文化的組織目標是組織長遠發展方向的戰略性目標，是為社會、顧客和組織成員服務的最高目標和宗旨。設置組織長遠目標也是有效防止短期行為的手段，組織也正是通過其目標和宗旨激勵其成員共同奮鬥的。例如，美國波音公司的宗旨是「以服務顧客為經營目標」，麥當勞公司的經營宗旨是「保證質量，講究衛生，服務周到，公平交易」。

2. 價值觀念

價值觀念是對社會事務的基本設想，主要是關於對或錯、好或壞以及輕與重的觀點。價值觀念是人們評價事務的重要性和優先次序的原則性出發點，是文化與社會條件的綜合結果。組織中的價值觀念不但為全體組織成員提供了共同的價值準則和日常行為準則，也是組織進行有效管理的必要條件。

3. 道德規範

道德規範以意識形態為基礎，是人們在生產生活中形成的共同行為準則和規範。組織的道德規範是組織在長期的生產經營活動中形成的、組織成員自覺遵守的風氣和習慣。因此，它對組織成員的行為有直接影響。

4. 組織精神

組織精神是組織成員在長期共同的努力奮鬥中逐步培養形成的認識和對待事物的心理趨勢、價值取向和主導意識。組織精神體現了一個組織的整體素質和精神風貌，是凝聚組織成員的無形的精神力量。

5. 思維方式

組織的思維方式是組織成員對事物和行為的共同的直觀反應和思考方式。對待同樣的事物，不同的組織的直觀反應和思考方法各有不同。例如，當組織成員與顧客發生爭執時，有的組織往往首先文過飾非，推諉責任；有的組織馬上想到劃清責任，哪些是顧客責任，哪些是組織或成員責任；有的是首先想到平息事端，消除顧客不滿或誤會。組織的思維方式受到組織世界觀、價值觀和道德規範的影響，同時也影響到組織對事件的處理方法和應對措施。

6. 規章制度

組織的規章制度是指導或約束組織成員在一定情況下應該或不應該及如何行動的規則。規章制度的存在是為了保障組織成員的行為符合組織文化核心的要求。組織的道德規範和規章制度都能起到指導和約束成員行動的效果。但它們的形式不同，前者是隱含的內在的心理規則，後者是明示的外在的正式規則。

7. 組織形象

組織形象是指社會公眾對組織的總體印象和評價，反應的是社會公眾對組織的認可程度，體現了組織的美譽度和知名度。組織形象是組織文化核心的外在表現，它主要包括環境形象、員工形象及產品（服務）形象等方面。組織的環境形象是指建築風格、辦公環境、社區環境等，員工形象是指員工的裝束儀表、言談舉止、文化修養等精神風貌，產品（服務）形象是指產品品質、造型、包裝和服務。

如果從組織文化的表現形式來看，組織目標或宗旨、規章制度及組織形象屬於組織文化的顯性內容，而價值觀念、道德規範、組織精神和思維方式等則屬於組織文化的隱性內容。值得一提的是，價值觀念是組織文化的核心，它在一定程度上會影響甚至決定隱性內容的其他方面，進而決定組織文化的顯性內容。由於價值觀念具有穩定性，因而也就決定了組織文化的穩定性。組織文化一旦形成，也就不易改變。

(三) 組織文化的特點

組織文化是社會文化的組成部分，它既具有社會文化的階級性和民族性的屬性，還具有以下特點：

1. 整體性

組織文化是組織全體成員，包括組織的領導者和被領導者共同認可並遵循的價值觀體系。它是對組織管理中的標準管理和制度管理的補充和強化，被潛移默化地灌輸到組織成員的潛意識中，體現在組織成員的行為過程中，使組織成員為實現組織目標，自覺地組成團結協作的整體。

2. 獨特性

「世界上從來沒有兩片完全相同的樹葉。」同樣，世界上也不會有兩種完全相同的組織文化。即使是同一類型的組織，由於其民族文化、傳統習慣不同，也會形成不同的組織文化。組織文化是一個組織區別於其他組織的關鍵特徵。

3. 繼承性

一切文化都是可以學習的，因此文化也可以通過學習來傳承。每一個組織的形成和發展都離不開特定國家和民族的文化背景。置身於其中，通過自覺或不自覺的學習，必然會接受和繼承相應的文化傳統和價值體系。

4. 發展性

組織文化雖然具有穩定性的特徵，但也絕非一成不變。當社會進步、環境變遷，組織將不得不通過變革以適應這種變化。組織文化也只有適應外部環境的變化，才能為組織變革提供支持。反之，組織文化如果不發展，將會變得僵化，導致組織的發展陷入困境。因此，組織文化必須注意吸收其他先進的文化，不斷充實自我，這是發展的要求。

二、組織文化的作用

組織文化對組織、組織員工及社會都有著重要作用。其作用大多是正面的，當然，我們也不能忽視其負面的作用。

(一) 組織文化的正面作用

1. 組織文化對企業的作用

(1) 導向作用

組織文化對組織整體和組織的每個成員的價值取向及行為表現起著引導的作用，使之符合本組織所確定的目標。組織文化作為組織成員共同的價值觀，對全體員工是一種軟性的理智約束。與明文規定的制度規範的硬性約束不同，這種軟性的理智約束通過組織共同的價值觀不斷向個人價值觀滲透，以不斷塑造和引導員工的心理和行為，使員工發自內心地接受組織的共同價值觀念，自覺地把組織的目標作為自己追求的目標。

(2) 凝聚作用

組織文化通過培養組織成員的認同感和歸屬感，使組織與成員之間、成員與成員之間建立起相互信任和依存的關係。共同的價值取向可以使組織形成一種相對穩定的文化氛圍，使組織文化成為一種黏合劑，把不同社會背景、知識修養、生活習慣的組織成員凝聚在一起和衷共濟，使每個人的思想感情和命運都與組織的命運緊密相連，從而形成強大的組織力量。

(3) 激勵作用

組織文化的激勵作用是指組織具有的使組織員工產生高昂情緒和奮發進取的狀態的精神效應。組織文化強調以人為中心的管理方法，注重對員工內在的引導，以尊重個人思想和感情為基礎，通過持續的文化塑造使每個員工從內心深處自覺產生為組織拼搏的強大使命感和持久驅策力。

(4) 約束作用

為了保證組織的正常秩序而制訂規章制度，這當然是完全必要的。但是，再完善的規章制度也無法保證每個成員在任何時候都能遵守。而組織文化則是通過創建一種為其成員共同接受並自覺遵守的價值觀體系，形成一些非正式的、約定俗成的群體規範或行為準則。組織文化用無形的約束力量，形成一種軟約束，不但可以降低組織成員對制度約束的逆反心理，而且可以創造出一種和諧的、自發奮進的組織氛圍，提高組織的整體績效。

2. 組織文化對員工的作用

(1) 滿足員工的心理需要

需要是包括人在內的一切生命體的本能。每個人的活動都是自覺或不自覺地為了滿足某種需要。當人的生理需要得到滿足後，就會產生更高層次的心理需要，比如社交需要、尊重需要等。組織文化體現了全體成員共同遵循的價值觀，在此條件下，組織成員相互之間能夠順利溝通，建立起相互信任和依存的關係，使員工在組織中找到認同感和歸屬感，從而滿足員工的心理需要。

(2) 強化團隊精神

強化團隊精神是由組織的凝聚導向功能決定的。組織文化作為組織成員共同的價值觀，不僅可以使員工把組織的目標作為自己追求的目標，也使成員之間相互信任和

依存。互相信任的組織成員必然會為了共同的目標追求而協同合作。

(3) 提升綜合素質

需要是產生行為的原動力。組織文化通過向個人價值觀滲透，潛移默化地改造員工的個人價值觀，使員工的需求由低層次向高層次躍升。需要的躍升促使員工表現出組織期望的行為，即不斷地提升自己的思想素質、業務素質和知識水平，以滿足自己更高層次的需要。

3. 組織文化對社會的作用

(1) 深化社會文化的內涵

組織文化是社會文化的組成部分。建設優秀的組織文化，使之得到豐富和發展，必然會深化社會文化的內涵。

(2) 提高全民綜合素質

組織文化具有輻射功能，它不僅在組織內發揮作用，也會通過各種渠道對社會產生影響。組織文化向社會輻射的渠道很多，但主要可分為利用宣傳手段傳播和個人交往傳播兩大類。優秀的組織文化通過輻射深化社會文化的內涵，進而對提高全民綜合素質產生積極作用。

(二) 組織文化的負面作用

組織文化對於提高組織績效和增加凝聚力都大有裨益。但是，我們也應該看到組織文化對組織行為有效性的潛在消極作用。當組織文化的核心價值觀得到強烈而廣泛的認同時，這種組織文化就是強文化。它會在組織內部形成一種很強的行為控制氛圍，組織成員會對組織的目標和立場形成高度一致的看法。這種目標的一致性導致了凝聚力、忠誠感和一貫性。因此，這種強文化還會產生這樣的後果：

1. 產生文化慣性，阻礙組織變革

當組織處於動態的環境中，而組織的共同價值觀與其現行環境要求不相符時，組織文化很可能就成為組織變革的障礙。因此，對於擁有強文化的組織來說，過去能帶來成功的、引以為傲的東西，在環境變化時很可能導致失敗。當組織作出適應環境的變革時，由於組織行為的一貫性，強大的組織文化會阻礙變革的進程。

2. 扼殺個性和思想觀念多元化

組織文化的形成會導致思想觀念和思維方式的同一化，而同一化必然扼殺個性，抑制思想觀念和思維方式的多元化。新成員的加入，可為組織注入新鮮血液，但由於成熟的組織文化限定了組織可接受的價值觀和行為方式，帶有種族、性別和價值觀等方面差異的新成員就會難以適應或難以被組織接受。在這種強文化的壓力下，新成員往往會放棄個性而服從組織文化。組織文化通常會削弱不同背景的人帶到組織中的獨特優勢，而這些優勢又往往可能是組織在未來發展時所需要的。

3. 排斥外來文化，給組織合併帶來障礙

組織文化一旦形成，為絕大多數成員認同，往往會出現認為「自己的文化是最好的、別人的都不行」的意識傾向。在組織合併時，管理者所考慮的通常是組織變更的需求和資產負債等因素，而忽略了兩個不同類型的組織文化的差異。這將給合併後的

組織帶來一系列的麻煩，甚至會導致合併的失敗。例如，時代公司於1989年收購了華納通信公司後更名為時代—華納公司。由於時代公司作風保守，崇尚穩定的工作環境和家庭感，而華納公司推崇高風險、高報酬、高流動率，兩個公司的員工在適應新工作方式的過程中就產生了諸多摩擦。

三、組織文化的產生與維繫

(一) 組織文化的產生

組織文化反應了一定歷史時期內在社會經濟形態中組織活動的需要。它源於組織領導者尤其是組織創始人的經營理念，也有其自身隨著社會文明進步程度而發展的一面。

1. 源於組織的創始人

在組織創建之時，組織的創始人總是尋找那些與自己的觀念、想法和感受一致的人員與自己共同創業。此外，組織處於發展初期，人數較少，創始人在其中擁有最大的影響力，也相對較容易將自己的思想意識和願景灌輸給員工，使組織成員在基本信念、價值標準和行為規範上達成一致，初步形成組織文化的氛圍。隨著組織的進一步發展，後續進入的員工或者適應這樣的文化氛圍而留下，或者因不適應而離去。在組織成長發展的歷程中，創始人都會把自己的行為作為榜樣，鼓勵員工認同這些信念和價值觀，於是創始人的影響力在組織中隨處可見。當組織成功時，創始人的信念和價值觀就被視為成功的決定因素而根植於組織文化當中。

2. 受組織成員的影響

事實上每個人都有自己的價值觀，且不可能完全一致。在組織中價值觀的碰撞是存在的，碰撞的結果除非不可調和，否則會使一方作出適當妥協，甚至實現個人價值觀的昇華。所以，儘管組織文化的產生和形成會深深地烙下創始人價值觀的印記，但組織文化也不可能純粹是創始人個人價值觀的體現，而是以創始人為主的集體價值觀的結晶。

3. 受環境的影響

組織是社會的細胞，它不可能脫離社會環境而存在。因此，組織文化的形成必然受到環境因素的影響。這裡的環境主要是指宏觀環境和組織所處的行業環境。其中宏觀環境包括政治法律、經濟、科學技術和社會文化等因素，而行業環境主要是指行業的競爭結構和態勢。

(二) 組織文化的維繫

當組織文化形成之後，組織內部就會採取一些措施來維繫和加強組織文化。

1. 人員甄選

人員甄選是為了識別並雇傭組織所需要的人。這種識別不僅限於考察求職者是否在專業知識和技能上滿足崗位的要求，還要對求職者是否適合該組織進行判斷。這種試圖確保員工與組織相匹配的努力，不論是有意或無意，都會導致受聘人員的價值觀與組織的價值觀大體一致或在相當一部分上一致。另外，人員甄選是一個雙向選擇的

過程。如果求職者發現自己的價值觀與組織價值觀存在衝突，也會自動退出應聘。通過這樣的過程，篩掉那些可能動搖或危及組織核心價值觀的人，使組織文化得以維繫下去。

2. 最高管理層的影響

最高管理層的活動對組織文化有很大的影響力。最高管理層以身作則，成為典範，以自己的言行舉止、行事風格和取捨標準建立起規範，體現對組織核心價值觀的尊重，成為員工效仿的標準，對組織文化的維繫起到重要作用。

3. 新員工的文化適應

無論人員甄選工作做得多好，都不可能保證新員工完全適應組織文化的要求。在這種情況下，新員工可能會干擾組織中已有的觀念和習慣。因此，組織需要從新員工進入組織開始，就幫助他們適應組織文化。常見的方式是通過各種形式的正規培訓學習、灌輸組織文化的核心理念統一認識，盡力把新員工塑造成符合組織文化要求的人。而對於始終無法適應組織文化的新員工，將不會讓他們留在組織當中。新員工的文化適應過程，進一步起到了維繫文化的作用。

四、組織文化的傳播與變革

(一) 組織文化的傳播和學習

組織文化可以通過多種形式傳遞給員工，常用的方式有故事、儀式、實物象徵和語言。

1. 故事

組織在發展過程中總會發生一些故事，比如創始人創業的故事、讓顧客滿意的故事以及節儉的故事等。這些故事無論發生在領導者身上，還是發生在普通員工身上，只要故事本身的內容能體現組織的價值觀，為組織的政策提供解釋和支持，就應當收集、整理這樣的故事，並使它在組織內傳播，以便讓所有組織成員都從中得到啟示。

2. 實物象徵

組織為其成員提供的辦公室的大小和擺設、裝飾物的檔次、交通工具、高層管理人員的著裝和額外津貼以及組織的建築格局等都是組織文化的物質象徵，都在告訴員工什麼是恰當的行為類型、高層管理者所希望的平等程度，甚至誰是重要人物。如果一個組織的總部修建籃球場、舞廳和游泳池等文化體育設施，並經常出資舉行聚會等溝通活動，這就等於告訴人們：該組織重視的是公開性和平等性。

3. 儀式

舉行儀式在於通過一系列重複性的活動表達並強化組織的核心價值觀。例如，每天上班後的第一項工作是升國旗、唱廠歌，就表達了愛國主義和集體主義傾向。有許多組織擁有其獨具特色的年終獎大會，公開獎勵業績突出或有重大貢獻的員工，以此告訴員工實現工作業績的重要性。

4. 語言

隨著時間的推移，組織往往會形成自己特有的詞彙來描繪與業務有關的設備、關

鍵人物、顧客等。對於一個新成員來說，工作一段時間以後，起初令他們困惑的新名詞就會成為他們語言的一部分了。這些專用詞彙一旦為員工掌握，就成為將特定文化中的成員聯結在一起的共同特徵。圖書館管理學者在談話中會使用一些外行人無法聽懂的縮略語，如「OPAC」為用戶專用目錄、「ARL」為圖書館研究協會等；而IBM公司的「果園」（指其紐約總部，以前是一個蘋果園）和「大烙鐵」（計算機主機）當然會令外人不知所云。

(二) 組織文化的變革

在面臨危機、人們對現存文化的信心發生動搖，以及組織文化根基尚淺的組織中，比較容易推行組織變革，樹立新的價值觀。相對於擁有牢固根基的強文化而言，並非廣泛、深入地為組織成員所擁護的組織文化可以稱為弱文化，這種文化易於變革。但由於組織文化隨時間的流逝而逐漸趨於穩定，並在進行組織成員的深層價值觀中根深蒂固，這就使得當環境發生變化時對成熟的組織文化的變革相當困難。但這並不是說成熟的組織文化不可改變。只不過改變組織文化是一個長期而細緻的工作，不能期望一蹴而就。

無論是強文化還是弱文化，在進行組織文化變革時均可以考慮以下措施：

創造出新的儀式和物質象徵，作為組織新價值觀體系的載體。

組織的高層管理人員以身作則，成為新文化的典範。

提拔、支持那些擁護新價值觀的組織成員。

通過所有組織成員的參與，創造出統一的組織輿論。

用正式的組織規章制度代替舊的、不成文的行為準則。

組織文化通常是歷經多年形成，並根植於組織成員所堅信的深層價值觀中的。這意味著變革組織文化會威脅到組織成員的價值觀或切身利益。因此，管理者在重塑組織文化時，不但要選擇恰當的時機，還必須取得組織成員的理解和支持，否則就有可能引起組織動盪。

對管理者的啟示

組織文化對於組織具有重要意義。管理者應當考慮設計什麼樣的組織文化來服務於組織的發展。在組織創建之初，組織規模小，人員少，沒有有缺點的傳統，所以管理層的影響舉足輕重。在這種情況下，管理層有機會創建對組織發展最有利的組織文化。當然，組織文化的建立不是一蹴而就的事情。在組織的發展過程中，還需要管理者不斷地維繫和傳播，使主流文化得以充分確立。但管理者也必須清楚，組織文化一旦建立，就不容易改變。當有的組織文化不再適應組織發展的時候，變革的難度也會很大。

每一種組織文化都必須適應環境，現成的理想狀態的組織文化是不存在的。等待社會物質文明和精神文明的發展自然地造就出一種組織文化或挪用其他組織的文化，是消極的思想。事實上，這樣的組織本身也是落後的組織。任何希望取得成功的組織，都必須花大力氣去創建適合自己發展的組織文化。

案例分析

IBM：電腦帝國的企業文化

　　IBM（國際商用機器公司）是有明確原則和堅定信念的公司。這些原則和信念似乎很簡單、很平常，但正是這些簡單、平常的原則和信念構成了 IBM 特有的企業文化。

　　IBM 擁有 40 多萬名員工，年營業額超過 500 億美元，幾乎在全球各國都有分公司。若要瞭解該企業，你必須瞭解它的經營觀念。許多人不理解，為何像 IBM 這麼龐大的公司會具有人性化的性格。但正是這些人性化的性格，為 IBM 帶來了不可思議的成就。

　　老托馬斯・沃森在 1914 年創辦 IBM 公司時設立過「行為準則」。正如每一位有野心的企業家一樣，他希望他的公司財源滾滾，同時也希望能借此反應出他個人的價值觀。因此，他把這些價值觀標準寫出來作為公司的基石，任何為他工作的人都要明白公司要求的是什麼。

　　老漢森的信條在他兒子的時代更加發揚光大。在小托馬斯・沃森 1956 年任 IBM 公司的總裁後，老沃森所規定的「行為準則」由總裁至收發室，沒有一個人不知曉。例如：

　　必須尊重個人；

　　必須盡可能給予顧客最好的服務；

　　必須追求優異的工作表現。

　　這些準則一直牢記在公司每位員工的心中，任何一個行動及政策都會直接受到這三條準則的影響。「沃森哲學」對公司的成功所貢獻的力量比技術革新、市場銷售技巧或龐大財力所貢獻的力量更大。IBM 公司對公司的「規章」、「原則」或「哲學」並無專利權。「原則」可能很快地變成了空洞的口號，正像肌肉若無正規的運動將會萎縮一樣。在企業營運中，任何處於主管職位的人必須徹底明白「公司原則」。他們必須向下屬說明而且要一再重複，使員工知道「原則」是多麼重要。在 IBM 公司的會議、內部刊物、備忘錄、集會甚至私人談話中都可以發現「沃森哲學」。如果 IBM 公司的主管人員不能在其言行中身體力行，那麼這一堆信念都成了空口說白話。主管人員需要身體力行，才能有所成效。全體員工都知道，不僅是公司的成功，即使是個人的成功，也一樣取決於員工對「沃森原則」的遵循。要全體員工一致對你產生信任，是需要很長的時間才能做到的；但是一旦你能做到這一點，你所經營的企業在任何一方面都將受益無窮。

　　第一條準則：必須尊重個人。

　　任何人都不能違反這一準則，至少，沒有人會承認他不尊重個人。

　　畢竟在歷史上，許多文化與宗教戒律一再呼籲尊重個人的權利與尊嚴。雖然幾乎每個人都同意這個觀念，但將其列入公司信條中的卻很少見，更難說遵循。當然，IBM 並不是唯一呼籲尊重個人權利與尊嚴的公司，但卻沒有幾家公司能做得徹底。

　　沃森家族都知道，公司最重要的資產不是金錢或其他東西，而是員工。自從 IBM 公司創立以來，就一直推行這一準則。每一個人都可以使公司變成不同的樣子，所以

每位員工都認為自己是公司的一分子，公司也試著去創造小型企業的氣氛。分公司保持小型編製，公司一直很成功地保持了一個主管管轄十二個員工的效率。每位經理人員都瞭解工作成績的尺度，也瞭解要不斷地激勵員工士氣。有優異成績的員工就會獲得表揚、晉升、獎金。在 IBM 公司裡，沒有自動晉升與調薪這回事，晉升調薪靠工作成績。一位新進入公司的市場代表有可能拿的薪水比一位在公司工作多年的員工要高。每位員工以他為公司貢獻的成績來核定薪水，絕非以資歷決定。有特殊表現的員工，也將得到特別的報酬。

　　自從 IBM 公司創業以來，公司就有一套完備的人事傳統，直到今天依然不變。擁有 40 多萬名員工的今日與只有數百員工的昔日相比，其人事傳統完全一樣，任何一位有能力的員工都會有一份有意義的工作。在將近 50 年的時間裡，沒有任何一位正規聘用的員工因為裁員而失去 1 小時的工作。IBM 公司如同其他公司一樣也曾遭受不景氣，但 IBM 都能很好地計劃並安排，使員工不致失業。也許 IBM 成功的安排方式是再培訓，而後調整新工作。例如，在 1969—1972 年經濟大蕭條時，有 1.2 萬名 IBM 的員工由蕭條的生產工廠、實驗室、總部調整到需要他們的地方；有 5000 名員工接受再培訓後從事銷售工作、設備維修、外勤行政與企劃工作。大部分人反而因此調到了一個較滿意的崗位。

　　有能力的員工擁有具有挑戰性的工作，好讓他們回到家中可以回想一下他們做了哪些有價值的事。當他們工作時，能夠體會到公司對他們的關懷，都願意為公司的成長貢獻一技之長。當 IBM 有職務空缺時，永遠會在自己公司的員工中挑選。如果一有空缺就從外界找人來擔任，那麼對那些有幹勁的員工是一種打擊。IBM 公司有許多方法讓員工知道，每一個人都可以使公司變成不同的樣子。在紐約州阿蒙克 IBM 公司裡，每間辦公室、每張桌子都沒有任何頭銜字樣，洗手間也沒有寫著什麼長官使用，停車場也沒有為長官預留位置，沒有主管專用餐廳。總而言之，這是一個非常民主的環境，每個人都同樣受人尊敬。

　　IBM 公司的管理人員對公司裡的任何員工都必須尊重，同時也希望每一位員工尊重顧客，即使對待同行競爭者也應如此。公司的行為準則規定，任何一位 IBM 的員工都不可誹謗或貶抑競爭對手。銷售是靠產品的品質、服務的態度、推銷自己產品的長處，而不是靠攻擊他人產品的弱點。

　　第二條準則：為顧客服務。

　　老托馬斯·沃森所謂的使 IBM 的服務成為全球第一，不僅是指他自己的公司，還包括讓每一個銷售 IBM 產品的公司也遵循這一原則。他特別強調 IBM 是一個「顧客至上」的公司，也就是說 IBM 的一舉一動都以顧客需要為前提。因此，IBM 公司在對員工所作的「工作說明」中，特別提到要為顧客、未來可能的顧客提供最佳的服務。

　　為了讓顧客感覺到自己是多麼重要，無論顧客有任何問題，公司規定一定要在 24 小時之內解決；如果不能立即解決，也會給予一個圓滿的答覆。如果顧客打電話要求服務，通常都會在一個小時之內就派人去服務。此外，IBM 的專家們隨時在電話旁等著提供服務或解決軟件方面的問題，而且電話是由公司付帳。此外，還有郵寄或專人送零件等服務來增加服務範圍。IBM 公司還要求任何一個 IBM 的新零件一定要比原先換下來的好，而且也要比市場上的同級產品好。服務的品質取決於公司的訓練及教育。

在這方面，IBM 已經在全球所屬公司投下了大量錢財，所提供的訓練與教育是任何公司無法比擬的。在 IBM 公司受訓所花費的時間會超過任何一所大學的授課時間。每年，每一位 IBM 的經理要接受 40 個小時的訓練課程，而後回到公司內教導員工。IBM 有時甚至會定期邀請顧客前來一同上課。經營任何企業，一定要有老顧客的反覆惠顧才能使企業成長，一定要設法抓住每一位顧客，而最優異的顧客服務是使他再來惠顧。

第三條準則：優異。

對任何事物，都以追求最理想的觀念去做，無論是產品或服務都要永遠保持完美無缺。當然完美無缺是永遠不可能達到的，但是目標不能放低，否則整個計劃都會受到影響。公司設立一些滿足工作要求的指數，定期抽樣檢查以保證服務的品質。公司從挑選員工計劃開始就注重優異的準則。IBM 認為從全國最好的大學挑選最優秀的學生，讓他們接受公司的密集訓練課程，必定可以收到良好的教育效果，這些人日後定有優異的工作表現。為了達到優異的水準，他們必須接受優異的訓練，使他們有一種一定要成功的使命感。IBM 是一個具有高度競爭環境的公司，它創造出來的氣氛可以培養出優異的人才。在 IBM 公司裡，同輩競相爭取工作成績，每個人都認為任何有可能做到的事都能做到。這種態度令人振奮。

小托馬斯・沃森說：「對任何一個公司而言，若要生存並獲得成功，必須有一套健全的原則可供全體員工遵循，但最重要的是大家要對此原則產生信心。」

在企業經營中，公司的任何營運都有可能改變。有時是地址變更，有時是人事變更，有時是產品變更，有時是公司的名稱變更。在任何公司裡，一個人若要生存，一定要有應變的能力。在科技高度發達的今日，社會形態與環境變化很快，倘若營銷計劃不能隨機應變，可能會毀滅整個公司。你不是往前進，就是往後退，不可能在原處不動。在任何一個發達的公司裡，唯一不能改變的就是「原則」。不論此「原則」的內容是什麼，它永遠是指引公司航行的明燈。由於 IBM 有這三條基本原則作為基石，業務的成功是必然的。

公司必須不斷地向其員工灌輸信念。在 IBM 的新進人員訓練課程中，就包含了公司經營哲學、公司歷史及傳統。談公司的信念與價值觀不能僅是空談，至於能否讓其在公司裡發生作用，那是另外一回事。

IBM 的新進銷售學員無論是在辦公室或外出接洽業務，都能遵守公司的準則。他們知道 IBM 準則——「必須尊重個人」的真諦。他們一進公司，就會感到別人對待他們的方式是基於尊重原則：只要他們有問題，別人再忙也來幫助他們。他們會看到公司人員是怎樣對待顧客的，也會親耳聽到顧客對市場代表、系統工程師及服務人員的讚美，他們周圍的人都在努力追求優異的成績。有關 IBM 公司的信念，常在所屬公司中定期刊載；有關 IBM 優異服務的實例，也常在公司訓練課程中講授、在分公司會議中特別提出來、在邀請顧客參加的討論會中也會介紹。其主要目的是把公司的理想一再重複，以確保理想繼續發揚光大。

問題討論

1. 試分析 IBM 公司企業文化的特點。
2. 如何建設公司企業文化？

第五節　組織變革

組織要想維持和發展，必須根據外界環境的變化不斷地進行變革。組織變革是指組織根據外部環境變化和內部情況的變化，及時地改變組織的功能，以適應客觀發展的需要。

不變革的組織是沒有生命力的，它必然會消亡；但盲目的變革同樣會使組織消亡，甚至更快。組織的變革與發展必須有計劃、有步驟地去進行，並根據未來發展可能出現的趨勢，在科學預測的基礎上進行。

一、組織變革的動力

(一) 外部環境動力

　　1. 社會政治法律經濟因素

政治是一種重要的社會現象，也是決定、制約組織生存和發展的重要因素。例如，國家方針政策的調整，法律、法規的完善和實施，常會促使組織進行變革。經濟因素對組織的影響更為明顯。國民經濟結構、經濟政策以及經濟體制的調整，經濟發展的水平的變化，同樣會成為組織變革的動力。

　　2. 科學技術因素

科學技術是生產力中最為活躍的因素。科學技術的進步，可改變一個組織的生產、經營和管理方式。比如，計算機和信息技術的發展，計算機輔助設計、計算機集成製造、網絡採購和營銷以及辦公自動化在企業內得以廣泛應用，使企業必須考慮員工素質，必須進行結構調整和流程重組。

　　3. 市場競爭因素

市場競爭的變化要求組織必須作出快速反應。尤其在當今全球經濟一體化的背景下，組織所面臨的競爭更廣泛、激烈，變化更迅猛。要想取得成功，就必須通過變革使組織具備針對競爭變化而迅速作出相應調整的能力。

(二) 內部環境動力

　　1. 組織結構

為適應環境變化、提高組織運行效率，組織需要對各部門進行拆分、整合，以加強部門間的聯繫和協作，使組織結構得到調整和完善。

　　2. 管理體系

由於戰略的需要，組織可能不得不加強某些業務職能，而削弱另外一些業務職能，這需要通過變革來實現。另外，管理階層的更替，領導風格或觀念的變化也會驅動組織開展變革。

　　3. 群體心理

儘管追求安定、抗拒變革是人的本性，但這也只是在組織所面臨的危機還不顯著、

尚未被大多數員工警覺的情況下如此。當大多數員工認為組織已經岌岌可危、不變革就無法生存的時候，就會有變革的要求。

二、組織變革的阻力及其克服

引進新的設備還是進行其他任何方面的變革，組織內都可能充滿了不滿的嘮叨、緊張的氣氛、消極怠工、抵抗或蓄意破壞。變革意味著改變組織的現狀、改革組織成員的習慣和觀念，甚至對原有的利害關係產生重大衝擊。因此，只要進行有計劃的變革，就不能忽視變革的阻力。變革面臨阻力及克服阻力是整個變革過程中不可缺少的一部分。

(一) 阻力的來源

變革中的阻力來自許多方面。為了便於分析，我們將阻力分為來自個人的阻力和來自組織的阻力兩個方面。但實際上，這些個人的阻力和組織的阻力是相互影響、相互重疊的。

1. 來自個人的阻力

個人的阻力來自於個人內心的反抗，概括起來，主要有以下五個方面：

(1) 習慣

習慣是一個很普遍的現象。人們喜歡維持現狀，習慣過去的工作和生活方式，傾向於習慣化或模式化地對刺激作出反應。習慣一旦形成，就可能變成一個人獲得滿足的根源。但是，當你面對變革時，以習慣方式作出反應的趨向則會對變革產生巨大的阻礙。如果一個組織突然宣布每個員工加薪20％，幾乎不會有人反對；但如果公司突然宣布每個員工減薪20％，那就會有很多人反對。面對後一種情況，有許多習慣——如購買名牌服飾、週末朋友聚會等，會由於無力支付而不得不改變。

(2) 對未知的恐懼

面對模糊的、不確定的、不可預知的情況，大多數人會感到焦慮。變革就是用不確定性代替已知的東西，組織中的員工會由於擔心情況不明確而抵制變革。如財務電算化的引進意味著財務人員不得不學習計算機使用技術，而一些人會擔心他們不能勝任。因此，財務人員會對財務電算化產生消極抵觸情緒。

(3) 有選擇的注意與保留

一個人一旦確立了自己的態度，就會對信息進行有選擇的加工。他們只聽與他們的現有觀點相一致的言論，而忽視那些對自己的觀念、行為形成挑戰的信息。如上例中的財務人員，他們可能沒有意識到財務電算化會給他們帶來輕鬆的工作和潛在的收益。

(4) 經濟的原因

金錢在人們的心目中佔有重要的地位，能滿足人們的基本需要。如果變革意味著收入直接或間接的下降，這種變革通常會遭到反抗；如果人們擔心自己不能適應新的工作任務和新的工作規範，尤其是當報酬和工作成果緊密相關時，工作任務或工作規範的改變會引起人們的恐慌。

(5) 安全和倒退

安全需要較高的人可能會抵制變革。因為變革可能給他們帶來失去工作的威脅，尋找新工作的壓力，醫療、養老等保證的喪失。他們總是想起過去安全、幸福的時刻，留戀過去的行為方式。如中國的國有企業在進行結構調整時，有些受到新觀念、新工作規範挑戰的員工會感到工作、生活受到了威脅，總會將過去的好時光和現在的壓力相對比，希望倒退到計劃經濟時代去。

2. 來自組織的阻力

(1) 結構慣性

大多數組織的結構設計是穩定、保守、抵制變革的。如大多數組織設計是分工明確、配合緊密、穩定可靠的。為了確保工作質量和產品質量的可靠性和穩定性，組織制訂了嚴密的工作說明書、工作程序和制度規範，在甄選過程中系統地選擇符合要求的員工進入組織，又通過培訓、教育塑造和培養員工。當組織面臨變革時，結構慣性就充當了維持穩定的角色。

(1) 對權力的威脅

觀念的更新、決策權力的重新分配，都會威脅到組織內長期形成的職權關係。擁有權力就意味著對別人所需要的東西如信息、金錢或工作安排等擁有控制權。人的權力地位一旦在組織中確立起來，就會對可能降低其權力地位的變革進行反抗。事實也表明，那些過去非常成功的變革推動者，可能最熱衷於反對變革。因為為了達到目前的權力地位，他們付出了許多，新的變革則意味著對自己的權力地位的威脅。在組織中引入參與決策或自我管理的工作團隊的變革，就常被管理人員視為一種威脅。如一位大學校長說：「要教師參加決策過程，就是增加他們的權力，現在我不得不跟他們一道檢查工作，然後才能作出決定，這實際上削弱了我的權威。」這段話清楚地說明了一種感覺，即變革給校長的權威帶來了威脅，而這種感受就成了實現變革的阻力。

(3) 資源的限制

首先，資金不足是變革的一種重要的障礙。如有計劃地進行設備更新，進行物質環境的重新設計，為適應變革而進行人員培訓和教育，都需要充足的資金。其次，資源的重新配置也可能形成變革阻力。在組織中控制一定數量資源的部門常常視變革為威脅，它們傾向於對既有的資源配置感到滿意。變革可能意味著預算的減少或人員的減少，那些最能從現有資源配置中獲得利益的部門，常常會對影響未來資源配置的變革感到憂慮，進而抵制變革。最後，留滯成本是變革的重大障礙。如果企業的固定資產佔用了大量的資金，那麼當企業從一個行業轉向另一個行業，或從生產一種產品轉換成生產另一種產品時，就需要支付大量的留滯成本，如購置新的設備的成本、產品再設計的成本、員工再培訓的成本。如果留滯成本過高，組織或者會冒著成本過高的危險進行變革，或者會停滯不前。

(4) 有限的變革

組織由一系列相互聯繫、相互依賴的子系統組成。你不可能只對一個子系統實施變革而不影響到其他的子系統。例如，如果只改革技術工藝而不同時改革組織結構與之配套，技術變革就不大可能獲得成功。所以子系統中的有限變革很可能會因為更大

系統的問題而變得無效。

(5) 群體慣性

即使個體想改變觀念或行為，群體規範仍會成為約束力。例如，某個會計可能對採用財務電算化樂於接受，但如果群體的其他成員都反對，他也就可能抵制。

(6) 組織之間的協議

組織之間的協議常常規定組織的責任和義務，對組織的行為產生約束，如組織與競爭對手的協議、對供應商承擔的義務、對用戶的承諾、為獲得某種特權或履行政策規定而對政府官員所作的保證、與員工的勞動合同等。變革推動者可能會發現，變革計劃由於某項協議而需要推遲執行。儘管協議可以被棄置不顧或違反，但這樣一來，可能要付出一筆巨大的資金，組織的信譽也可能會一落千丈。

(二) 克服阻力的措施

組織變革是組織成長的重要手段，組織變革的推動者必須積極地創造條件、採取措施、消除阻力、保證組織變革的順利實施。克服阻力的措施主要有以下幾點：

1. 通過教育和溝通，增進員工對變革的信心

這種措施的基本假設是產生阻力的原因在於信息失真或溝通不良。通過與員工的溝通，如採取個別交談、小組討論、大會動員、形勢報告等方式，可以幫助員工對組織所面臨的困難與機遇即變革的理由有充分的瞭解，從而消除誤解、獲得對變革的支持。如上棉10廠和上棉18廠進行聯合發展，在進行壓錠、關機、裁員等一系列變革之前，開展了「立足紡織，抓住主業」大討論，使變革有了廣泛而牢固的群眾基礎。

2. 提供支持性措施，減少變革的阻力

變革的推動者可以提供一系列支持性措施來減少阻力。例如，讓反對變革的人參與變革決策的制訂。個體很難抵制自己參與作出的決策。個體的參與可以減少阻力，增進相互的溝通，並提高變革決策的質量。當員工對未來恐懼和憂慮時，可以給員工提供培訓教育，使員工學習新觀念，掌握新技術，增強適應組織變革的能力；還可以給員工提供短期的帶薪假期，提供心理諮詢來調整和提高員工的心理承受能力。

3. 通過談判、操縱和收買，排除變革的阻力

在某種程度上，組織變革是組織內的權力鬥爭，變革意味著對某些人權力地位的威脅。當阻力集中於少數有影響的個人（如過去成功的變革的功臣）時，談判可能是必要的策略。通過談判可以商定，以某些有價值的東西來換取阻力的減少。變革推動者也可以採取操縱的手段來排除阻力，如通過歪曲事實、封鎖不受歡迎的信息、製造謠言，使變革顯得有利於員工，使員工接受變革。另外，變革推動者還可採取收買的手段，通過讓變革的反對者在變革中承擔重要角色，來取得他們對變革的承諾和支持。

4. 強制實施

人事變革是確保組織變革成功的重要條件。把富有創新精神和有能力、勇氣的人充實到組織的重要領導崗位，是順利實施變革的組織保障。強制是指直接對抵制變革的人實施威脅和壓力，如威脅調職，不予提拔重用，作出較差的績效評估結論，提供不友善的評價等。通過強制措施，排除阻力，可以保證變革的順利實施。

三、組織結構變革的模型

(一) 變革的模型

長期以來，西方許多組織行為學家對組織變革程序進行了大量的研究，取得了一定成就，其中比較著名的有以下幾種：

1. 勒溫模型

勒溫提出的三階段模型被認為是經歷了最久考驗的變革模型，因為它至今「仍然在組織變革討論中扮演試金石的作用」。勒溫曾參加過大量的組織變革行動，由此他得出了兩個結論：第一，即使組織成員對變革的目標達成了普遍共識，變革行動仍然會遭遇強大阻力；第二，那些表面上克服了阻力並已取得成功的變革往往是不穩定的，一段時間後組織又會回到原來的狀態。勒溫在分析組織抗拒變革原因的基礎上提出了包含解凍、變革、再凍結三階段的組織變革模型。

(1) 解凍

解凍就是打破組織原有的平衡狀態，以便實施變革。解凍前的組織處於一種平衡狀態（凍結），這是變革的推動力和變革的阻力相互作用、勢均力敵的結果。因此，必須採取措施，通過加強變革的推動力或減輕變革的阻力來打破原有的平衡狀態（解凍）。勒溫認為，把解凍的重點放在減輕變革的阻力上效果更好，因為增加變革的推動力容易導致組織成員的緊張和不安，使變革的阻力增大。實踐也證明，設法減輕變革的阻力是為變革活動鋪平道路的有效方法。

(2) 變革

變革是按照擬訂的變革方案開展組織變革的具體行動，它使組織從現有模式向預先確定的目標模式轉變。

(3) 再凍結

變革達到目標後，必須採取強有力的措施，使新的組織模式得到鞏固。也就是要對新的模式進行凍結，避免它回到原來的模式，直至組織達到新的平衡狀態。如果沒有這一凍結階段，變革的成果就會退化消失。

2. 羅希模型

這種模型包括以下四個內容：

創造一個需要變革的知覺；

分析診斷環境，以創造變革的環境及變革的方向；

與變革所影響的人員溝通；

監督變革並調整修正，使其合適。

3. 凱利模型

凱利模型把變革分為確定問題、問題診斷、列出可行性方案、確定決策準則、選擇解決方法、計劃變革、執行變革、評估效率、反饋九個步驟。

4. 艾諾芬模型

這種模型認為組織變革有如下十個主題：

明白影響你和所在組織的變革力量；
確定你們的變革能力；
創造變革的氛圍；
確定涉及參與變革的人員；
為了變革而進行組織；
引發動機；
規劃變革；
執行變革；
使風險與衝突極小化；
提供領導。

(二) 變革的過程

從上述四個著名的組織變革程序中，我們可以作出如下的歸納，即一個組織內部的組織結構變革大體要通過以下七個步驟：

1. 認識變革的必要性

管理者事先對未來有了正確的預見，為了適應未來發展的形勢需要而積極主動地制訂變革組織結構的計劃。對於這種計劃中的組織變革，管理者對其必要性要有充分的認識，並要使盡可能多的人都能對將來的變革持積極的態度。而對於被動消極式的變動也有一個認識的過程。要瞭解並掌握引起被迫變動的原因，如員工的不滿與抱怨，員工在工作中的士氣低落，法律部門的指責，產品的滯銷，工人罷工等。

2. 提出明確的變革目標

如是維持還是擴大市場，是否要開闢新的產品市場，如何保持員工良好的道德品質、減少不穩定的因素，如何解決工人罷工問題，如何選擇最佳的投資方案。因此，變革的目的要明確，要有一個正確的目標。

3. 確定需要變革的問題

例如，造成員工情緒低落、不安定的因素可能有工作條件差，工資太低，管理監督人員不好，外單位的工作條件、待遇更優越，員工對本單位的許多事情都感到不滿意等。一個單位員工的不安定的因素可能是要求變革的原因因素之一，但是，在這些原因中必然有一個主要的原因。只有找出其真正的原因，才能做出正確的變革方案。

4. 正確地選擇變革的方法

例如，如果員工的不安定主要是由於工資低造成的，就需要建立一個新的合理的工資報酬制度；如果是由於管理監督人表現不好的話，則要建立對管理監督人員的培訓制度。如果方法不對，勢必會影響到變革的進行。

5. 制訂具體的變革計劃

在制訂計劃時，要考慮到變革的具體步驟、所需的費用和代價，這種變革對其他部門可能帶來的影響，員工對變革的認識以及所持的態度等。

6. 變革計劃的執行

管理者要確保變革計劃按照預定的設想進行。同時，還要注意溝通方式，並為新

的工作狀態樹立樣板。

7. 變革結果的評估

隨著變革計劃的執行，管理者必須對變革的結果進行評價總結，看看是否達到意想中的效果。如果沒有取得意想中的效果，就應採用其他的變革措施。

對管理者的啟示

組織要維持和發展，必須要根據外界環境的變化，不斷地進行變革。不變革的組織是沒有生命力的，但盲目的變革同樣會使組織遭受嚴重損失。組織的變革與發展必須是有計劃、有步驟的，根據未來發展可能出現的趨勢，在科學預測的基礎上進行。

在大多數組織中，管理者是主要的變革推動者，他們通過制訂決策並作出行為榜樣來塑造組織中的變革文化。同樣，管理層的決策和實踐活動又決定了組織瞭解和適應環境的程度。

在組織變革中，設法減輕變革的阻力是為變革活動鋪平道路的有效方法。

案例分析

寶潔公司的組織變革

1996年，寶潔公司的CEO責成企業要在2006年之前使公司的全球產品銷量翻番，銷售額達到700億美元。兩年後，寶潔只達到了每年增長3%的業績，而且它的股價跌得很厲害。寶潔的CEO佩珀和COO加格一起著手開始了一項有關12家頂尖企業的私人研究計劃，試圖從更廣闊的視角來研究如何使寶潔更具創新能力、更有效率、更迅速地應對市場變化。這12家企業包括通用電氣、惠普、3M等知名公司。他們最終得出結論，寶潔的問題存在於根深蒂固的組織文化中，即盡量規避風險、懷疑創新，以及以地區主管權力為核心的管理系統。其中地區主管擁有決定哪種寶潔產品將在本地區銷售、哪些產品是在本地生產、哪些產品是由寶潔的其他單位供給的權力。

他們提出了一項稱為「2005年的組織」的解決方案，而執行這項計劃的重任落在了加格身上。他是寶潔的資深經理，於1999年成為公司的CEO。「2005年的組織」通過重組組織結構來達到文化和公司體制變革的目的。變革計劃以產品事業部結構取代了長久以來的以地域為單位的業務組織。新公司由七個全球性的業務單位（Global Business Unit，GBU）構成。每個GBU對本部門產品的整個價值鏈條都負有全球性的責任，從新產品的開發、生產到市場推廣及分銷。GBU本身就包含IT以及人事職能，所以大部分寶潔公司職能組織中的人員都轉到了這7個GBU中。同時，一個全球經營服務組織（Global Business Service，GBS）成立了，它集中了原先在地區式結構下分散的會計、薪酬以及訂購管理職能。GBS不僅為GBU提供支持，也為另一組單位市場開發組織（Marketing Development Organization，MDO）服務。MDO包括8個地區性的市場開發機構，其責任是為本區域制訂經營戰略並為GBU提供市場和顧客信息，以及努力使所有區域的市場佔有達到當地最佳銷售商的水平。原來區域組織裡的品牌經理直接向GBU

263

報告；地區主管的責任則變小了，他們對本地區 MDO 的副總裁負責。

寶潔內部那些歡迎這種新結構的職員也覺得這次變革的範圍確實大得可怕。比如，餐飲 GBU 的新任全球營銷主管原來是拉美地區的主管，他還同時擔任了新成立的拉美地區 MDO 的主管。他說服公司支持他的新部門，就在他的家鄉加拉加斯為一系列餐飲品牌制訂了全球營銷戰略，比如杰夫花生油、富爾格咖啡和品客薯片。不過，公司發現相當多的主管不僅改變了位置，還要改變感覺以適應在組織中的角色。2006 年 6 月的一項統計表明，在寶潔 200～300 名高層管理人員當中，只有 20% 的人所做的工作與 18 個月前相同。根據另一項統計，「寶潔的職員丟掉了對公司的感覺，許多中高層管理人員承認他們在新的角色中找不到那種對公司如何運作的基本理解。」

剛開始的輿論導向對變革是讚同的，儘管有人會說變革成效的體現是需要時間的，但銷售卻並沒有迅速增長，事實上利潤還在下降。一些新產品研發的速度按寶潔傳統的標準來看令人吃驚，卻沒什麼競爭力。一些廣為人知的併購計劃也失敗了。有關組織內部出現強大的變革阻力的流言開始出現，甚至有報導說將近 1/4 的寶潔品牌經理辭職了。加格對公司進程的樂觀與寶潔員工與日俱增的不滿和困惑形成了鮮明對比，雙方的裂痕還在不斷擴大。所有這些結果導致股價下跌，跌到只有 2001 年 1～6 月時的一半水平。加格最終於 2001 年 6 月辭職，他上任僅 18 個月。

商業期刊的分析列舉了一長串的看法。最極端的評論來自《金融時報》的列辛頓專欄：「當一家公司必須從原先結構重組的方法中再次進行結構重組時，事情有了個恰當的結束。寶潔 1999 年的修補工作──所謂的『2005 年的組織』──只完成了 50%，卻 100% 是個災難。它既沒有促進創新或銷售的增長，也沒有帶來成本的降低。到 6 月時，本財政年度的收入最多也只能與上年持平；營運利潤在過去 4 個季度內持續下降；管理開銷占到銷售額的 30%，比 1998 年時高了 300 個基本點。」還有些評論者指責寶潔的董事會沒有給加格足夠的時間繼續實施他的計劃。弗利金杰說：「他們把錯誤的人送上了絞刑架。加格是那種極具魄力的 CEO，他正是那種變革極度自滿文化所需要的人。」弗利金杰指出，前寶潔主管斯麥樂任通用汽車董事會主席時給了史密斯將近 10 年的時間來使通用汽車扭虧為盈，而寶潔董事會卻沒有給 CEO 充足的時間來改變公司的局面。

寶潔的董事會急於掩蓋目前寶潔的窘境，在與《商業期刊》的交談中，給出了這麼短時間內將加格解職的三點原因：第一個原因當然是股價的下跌。然而潛在的第二個原因更為重要，即董事會察覺到了重組的失敗，尤其是在數據匯報責任和匯報系統的變革中的失敗。有消息指出，在財政上非常謹慎的寶潔過分強調它兩個季度以前的數據是因為最新的盈虧數據尚未匯報到辛辛那提的總部來。最後一個原因是董事會批評加格在管理上的失敗──令寶潔改變得太多、太快以至於不能使公司上下跟上他的步伐。「加格無法贏取他大多數關鍵下屬的信任，從而也讓董事會對他失去了信心。」

寶潔的員工對雷富禮成為加格的繼任者表示歡迎。雷富禮是寶潔的高級管理人員，以高超的「人際關係技巧」而知名。但是分析家和商業評論卻更多地對他表示了懷疑。實際上，股價在他的任命被宣布時下跌了。《商業期刊》還刊載了一篇名為《溫和與曖昧救不了寶潔》的文章。雷富禮將寶潔戰略的焦點重新集中在已有的品牌上，並通過

削減 9600 個工作崗位及結束幾個加格很重視的產品創新工程來解決實行「2005 年的組織」以來引起的成本增加問題。不過，他確實保留了新的組織設計結構——GBU、MDO 和 GBS。或許他覺得這是對原有結構的改進，也可能是因為他相信公司再經不起另一場劇烈的變革了，哪怕是一場讓公司回到原來結構的變革。僅僅兩年後，因為雷富禮在 27 個月內就使寶潔走出困境，《財富》雜誌奉他為「新一代的困境專家」的典型，並稱他的領導方式是注重傾聽而非滔滔不絕地描述夢想，集中精力發展已有的力量而非開創激進的變革計劃。

問題討論

1. 你對寶潔公司組織變革計劃的措施及其結果有何看法？
2. 「寶潔的職員丟掉了對公司的感覺，許多中高層管理人員承認他們在新的角色中找不到那種對公司如何運作的基本理解。」這是什麼原因？應如何解決？
3. 寶潔的變革是如何隨著變革行動的變化而產生改變的？

第六節　組織績效

追求良好的組織績效是組織的重要目標。組織績效是指管理者利用資源滿足客戶需要並實現組織目標的效率和效益。員工是構成組織的「細胞」。在組織擁有的所有資源中，員工是唯一具有能動性的資源；唯有員工能夠有目的、有意識地利用組織中的其他資源創造性地實現效益和效率。因此，員工是組織績效的實現者，員工的工作績效是組織績效的組成部分。但是，員工個體的技能只是帶來組織績效的必要條件，而不是充分條件，因此衡量員工的個人績效是必要的。

一、員工績效

員工個人的工作績效在很大程度上取決於他們的素質高低和工作行為是否得當。組織中的很多人力資源政策和措施正是為了保證員工的素質和工作行為符合組織要求。

（一）員工的挑選

1. 資格審查和初選

資格審查是對應聘者是否符合職位的基本要求的一種審查。這一般是由人力資源部門通過審閱應聘者的求職資料進行的。人力資源部門在資格審查的基礎上將符合基本要求的應聘人員的資料移交用人部門，由用人部門進行初選。初選是從符合基本要求的應聘人員中選出參加面試的人員。

2. 面試

面試是組織挑選員工的一種最常用的方法。通過面試，組織可以瞭解應聘者的業務知識水平、語言表達能力、反應能力、責任心水平、外表風度等信息。組織還可以借助一些心理測試手段，進一步瞭解應聘者的性格、心理素質、價值觀、求職動機等。從方式上來講，面試主要分為結構型面試和非結構型面試。

（1）結構型面試

結構型面試要求面試人員事先根據招聘職位的要求準備一套標準化的問題。在面試的時候，面試人員嚴格按照所準備的問題對每個應聘者分別提相同的問題。這種面試方式便於對所有應聘者進行對比，減少了主觀性。研究表明，結構型面試的信度和效度較好。但其缺點是過於僵化，所收集的信息有限。

（2）非結構型面試

這種面試方式無固定模式，面試人員事先無需作太多準備。在面試過程中面試人員根據職位要求，視應聘者的不同情況而即興提問。非結構型面試雖然靈活自由，提問可因人而異，得到較多信息，但缺乏統一的評價標準，容易產生偏差，且對面試人員要求很高。面試人員不僅要瞭解與招聘職位相關的專業工作，還要具有心理分析能力、豐富的面試經驗和客觀公正的態度。現實中能達這樣要求的面試人員極少，因而導致非結構型面試的信度和效度較差。

3. 筆試

筆試可用於測試應聘者的專業知識、智力、潛能、興趣以及道德等方面的情況，其結果可作為預測未來行為的依據。有證據表明，對於那些需要認知複雜性的工作來說，採用筆試的方式有很好的效度；對於操作性的半技術和非技術性工作，筆試也具有一定的效度。

4. 情景模擬測試

情景模擬測試是將應聘者安排在模擬的、逼真的工作環境中，要求其處理工作中可能出現的問題，借以考察應聘者的實際工作能力、心理素質和潛在能力的一種方法。這種方法的效度相當高。

(二) 員工的培訓

隨著技術的進步，員工的技能也會老化或過時。因此有必要通過培訓的方式使員工的知識與技能得到更新，從而促使員工的工作績效相應提高。

1. 培訓的內容

管理學學者認為，員工培訓的內容主要有四項：建觀念、育道德、傳知識、培技能，它們缺一不可。但前兩者是間接的，後兩者是直接的。

觀念與道德對員工工作中的態度和行為會有影響。「建觀念」是通過培訓提高員工的認識水平，使其摒棄過時的舊觀念，建立適應時代的新觀念；「育道德」是要通過道德培訓幫助員工認識和瞭解道德困境，使他們在活動時對道德方面的問題更警覺，能自覺根據道德原則行事；傳授的知識從性質來看，可分為基礎知識、專業知識和背景性的廣度知識；「培技能」則可能包括技術技能、人際技能、問題解決技能甚至基本讀寫技能等。

2. 培訓的方式

員工培訓有兩種不同性質的方式：一是親驗性學習，二是代理性學習。

親驗性學習的培訓方式是讓受訓員工通過親身的實踐來獲得屬於他們自己的第一手知識、經驗和技能。這種培訓方式主要包括工作輪換、現場實習、模擬練習、角色

扮演等形式。親驗性學習的培訓方式有利於員工實際操作能力的培養。

在代理性學習中，受訓員工學到的是別人傳授給他們的間接性知識和經驗，而不是他們自己通過實踐獲得的第一手經驗或知識。這種培訓方式包括課堂教學、電視課程、網絡課程、函授課程或公開的研討會等形式。代理性學習的培訓方式在傳授知識方面效率較高，但它不能完全取代親驗性學習。這就像學習游泳一樣，無論教練傳授學員多少游泳知識，如果學員不親自下水實踐，也永遠學不會游泳。

(三) 績效考評

績效考評是一種績效控制的手段，具有激勵功能。一方面，績效考評使員工的工作績效得到肯定，員工可以體驗到成就感和自豪感，從而增加工作滿意感；另一方面，績效考評也是執行懲戒的依據，而懲戒也是促使員工改善績效不可缺少的措施。

1. 考評的內容

績效考評的內容會影響員工的行為，對員工行為有導向作用，應合理確定。考評的內容歸納起來主要有以下三個方面：

(1) 任務結果

如果員工工作的結果比手段更重要，那麼就應該對員工的任務結果進行評估。一般來說，對於能夠為客戶提供產品和服務、實現銷售收入、產生利潤的一線部門的員工，都需要考評其任務結果。例如，對生產人員的考評內容可以是產量、質量、合格率、單位成本等，對銷售人員的考評內容可以是銷售量、銷售增長率、新增客戶量等。

(2) 行為

如果一些結果難以直接歸結為員工的活動，或者在群體績效中難以清楚劃分每個成員的績效，比如二線部門的支持性崗位（行政、人事、後勤等）的員工的工作活動難以直接體現為效益結果；在這種情況下，可以對員工的行為進行考評。當然，這些行為不僅限於與個體生產效率直接相關的行為，還應包括所有其他有利於組織效果的行為。

(3) 特質

個人特質對工作績效的作用較任務結果和行為更弱。諸如「工作態度好」「有合作精神」「工作自信」「經驗豐富」等個人特質無論在實際上與工作結果有多大的相關性，也常被組織作為考評員工績效的內容。

2. 考評的方法

(1) 排序法

排序法就是通過把被評估員工的績效與其他員工的績效進行對比，以確定被評估員工的績效水平排名。這是一種相對而非絕對的測量績效的手段，通過它可以得到每個員工績效水平的排列順序，但不能反應員工間的績效差額。常用的三種排序法是：

①簡單比較法。這種方法在假定所有員工之間的績效大致呈等差排列的前提下，把員工從最好到最差排出順序，中間不允許有名次並列。一般的做法是：先找出績效最好的和最差的員工排在第一和最後，然後在餘下的員工中再找出績效最好和最差的員工排在第二和倒數第二；以此類推，直到排出所有員工的名次。

②配對比較法。把每個員工與其他所有員工進行比較，在每次兩兩相比中評出優與劣。最終，依據每個員工獲得的「優」的數量，確定總的等級名次。這種方法不適於員工較多的組織。

③強制正態分配法。這種方法是假定所有員工的績效大致呈正態分佈，按照一定的比例將員工分成不同的等級。例如，按10％、20％、40％、20％、10％的比例，將所有員工分別強制納入優、良、中、次、差五個等級。但如果組織中某些部門內的員工之間的績效比較均衡，採用這種方法就有失公平。

（2）關鍵事件法

關鍵事件是指比較突出的、與工作績效直接相關的事情。這種方法要求績效評估人將注意力集中在員工的關鍵行為上，並隨時記錄下員工在工作中所做的特別有效和特別無效的事件。經過歸納整理後，可以從中得出考核結論。這些記錄下的事件可以反饋給員工，有利於以後的改進。需要注意的是，所記錄的應當是具體的事件與行為，而不是對人品的評判。

（3）評定量表法

這是一種最為常用的績效考評方法。這種方法是把一系列需要考評的因素羅列出來，如工作的質與量、主動性、合作性、出勤率等。然後把每一因素都劃分為若干等級，如優、良、中、次、差五個等級，並對每個等級的標準予以文字界定，同時賦予相應的分值。在績效考評的時候，把員工的實際表現與等級標準進行對照，若員工的實際表現與標準中的文字界定相符或相近，員工則可得到與此標準相對應的考評等級和分數。這種方法的考評精度比較高，而且可以進行定量分析和比較。

3. 績效反饋

組織開展績效考評的主要目的是提高員工績效水平。如果不把績效的考評結果反饋給員工，則無法使員工明白自己的差距所在。績效反饋的方式主要是考績面談。一般這種面談都是由上級在發現下級員工存在績效問題時主動約定的。由於這樣的面談具有批評性，容易給談話雙方帶來不愉快，所以比較敏感，但卻又是不可缺少的。因此，管理者需要掌握好面談的技巧。

（1）營造真誠、融洽的談話氣氛

消除員工對面談的反感和抵觸情緒是面談取得成效的前提。雖然面談具有批評性，但管理者應注意不要以居高臨下的姿態接待約談的員工；在談論員工的績效問題時，也盡量不要使用責怪、教訓或威脅的語氣。管理者要以平等的態度對待約談的員工，客觀地指出員工存在的績效問題，真誠地幫助他分析問題的成因，並為之提供解決的建議，使績效面談富有建設性。

（2）指出具體問題，不作人性特質批評

不要泛泛地、抽象地評價員工的績效問題，而要拿出具體的數據或實例。同時要做到對事不對人，不要因員工的績效問題而針對員工個人的人性特質進行批評，以免引起員工的反感和抵觸。

（3）診斷問題原因，討論落實改進措施

管理者要引導、鼓勵員工自己分析造成問題的原因。如果管理者認為員工沒有找

準原因，應給予必要的啓發，直到雙方認為找準原因為止。然後根據問題原因，管理者與員工共同商量制定針對性的改進措施。措施應具體明確，幹什麼、怎麼干、幾時干以及要達到什麼目標等都要逐一落實到書面上。在措施中要強調改正問題帶來的好處與不改正的壞處，使改進措施帶有激勵性。

二、團隊績效

現在，越來越多的組織正在圍繞團隊重新構建。在運用團隊的組織中，應該如何對團隊的績效進行考評呢？

(一) 確定團隊的目標

把團隊結果與組織目標密切聯繫在一起，找到團隊應該完成的主要目標，並把它作為有效的測量指標。組建團隊是為了完成組織的目標。一個團隊的目標應是組織整體目標的有機組成部分。由於目標通常是由若干具體指標來表示的，因此對於團隊績效的考評實際上是將團隊的實際工作結果與團隊目標中要求的各項指標進行比對，以衡量團隊對完成組織整體目標所作出的貢獻，並以此來確定其績效水平的高低。

(二) 明確團隊服務對象

組織內不同團隊的工作性質可能有所不同，有的團隊直接服務於顧客的需要，而有的團隊是通過服務於前者來間接服務於顧客的需要。對於直接服務顧客的團隊，其績效可以根據滿足顧客需要的要求來評估。對於團隊之間的內部服務，可以以配送及時性和質量為標準來評估。而工作過程步驟可以根據損耗和循環時間來評估，如提供服務的內容、範圍、質量標準、完成時間等。

(三) 考慮個人績效

員工是構成團隊的元素，團隊績效來源於員工績效。但每個員工對團隊績效的貢獻很可能存在較大差異，團隊績效好並不意味著每個員工的個人績效都好，而團隊績效差並不意味著每個員工的個人績效都差。因此，需要根據每個員工支持團隊工作過程的成績界定每個員工的角色，然後評價每個員工的貢獻大小以及團隊整體的工作績效。

(四) 確定測定標準

幫助團隊建立自己的目標，培訓團隊創設自己的測量標準。為激勵團隊並幫助團隊有效管理所屬員工，應幫助團隊建立與組織整體目標一致的團隊目標，並將此目標分解到團隊中的每個員工，以確保每個員工明白自己在團隊中的角色，幫助團隊成為凝聚力更強的工作單位。

三、組織績效

員工的工作績效是組織績效的組成部分。因此，必須將組織績效納入績效管理環節予以綜合考慮，實現組織績效與員工個人績效的充分結合。組織中的勞動是協作勞動，單純依靠個人努力難以完成，每一個人的工作狀況及績效的取得都離不開他人的

協作。

考評組織績效並不能把每個員工的績效相加。那麼，如何衡量組織績效呢？

衡量組織績效同樣需要找到評價的指標，這些指標應能將影響組織績效的各種因素納入評價範圍。

(一) 影響組織績效的因素

影響組織績效的因素很多，歸納起來有以下幾個方面：

1. 環境

組織所處的環境是複雜多變的，對組織績效的影響很大。影響組織績效的環境因素包括自然環境，如地勢地貌、地質條件、氣象條件等；包括組織所處的行業環境，如行業競爭結構；包括社會文化環境，如社會規範、價值觀、目標等；包括政治法律環境，如制度、法律、社會安定程度；包括經濟環境，如經濟發展水平、經濟體制變革、經濟結構調整等；包括科技環境，如科技發展水平、技術裝備等。這些因素的變化一旦影響到組織的正常運行，就可能對組織績效帶來相應的影響。

2. 組織本身

組織結構、組織規模以及組織內部的運轉情況無疑會影響組織的績效。

3. 管理政策

組織的管理政策及其制度體現了組織中的管理理念和管理方式，調整和規範著組織的行為，從而對組織績效產生影響。

4. 員工

員工的工作技能、工作態度和工作行為決定著員工的工作績效，而員工的工作績效是組織績效的有效組成部分。

(二) 組織績效的評價指標體系

在傳統上，財務指標最被廣泛運用的一項績效評價指標。但是財務指標是有不足之處的，它反應的只是已經過去的績效，而不能提供創造未來價值的動因。而且，財務指標主要是偏重於組織內部的分析，而忽視了對外部環境如客戶、市場等方面的分析。美國管理專家羅伯特・卡普蘭（Robert Kaplan）和戴維・諾頓（David Norton）提出的平衡計分卡（The Balanced Scorecard，簡稱 BSC）分別從財務、客戶、內部業務流程及學習與發展四個方面來評價組織業績，彌補了單純用財務指標來評價組織業績的不足。完整的組織績效評價系統除了包含財務評價外，還應當包含非財務方面的評價。

1. 財務指標體系

財務指標體系可直觀地反應組織投入與產出的對應關係，對衡量組織管理者和員工的工作水平及完成任務的質量也起著重要作用。它主要從以下四個方面進行分析評價：

(1) 贏利能力

贏利能力反應組織資本的增值獲利能力，主要通過資產報酬率、毛利率、銷售淨利率、成本費用淨利率等指標來分析評價。

(2) 資產營運能力

資產營運能力反應組織資產管理水平和使用效率，主要通過存貨週轉率、應收帳

款週轉率、流動資產週轉率和固定資產週轉率等指標來分析評價。

(3) 償債能力

償債能力是指企業償還短期債務與長期債務的能力。它反應了組織債務水平及面臨的債務風險，是衡量組織經營是否穩健的重要尺度。它主要通過資產負債率、流動比率和速動比率等指標來分析評價。

(4) 發展能力

發展能力反應組織經營增長水平及發展後勁，主要通過營業增長率、資本累積率、總資產增長率、固定資產成新率等指標來分析評價。

2. 非財務指標體系

非財務指標可分為以下三個方面：

(1) 客戶方面的指標

客戶方面的指標用於評價客戶對組織的看法，可反應組織與客戶的關係。典型的指標有：顧客滿意度、顧客保持度、新顧客的獲得率、市場佔有率等。

(2) 內部業務流程的指標

內部業務流程的指標用於評價組織的業務水平現狀，指導業務的改進方向。典型的評價指標有：勞動生產率、產品（服務）質量、新產品數量、開發設計週期、生產週期、員工技能等。

(3) 學習與創新方面的指標

學習與創新方面的指標是用於評價組織員工的能力以及組織的激勵與授權效果等情況，可反應組織的發展和競爭潛力。主要指標有：員工技能的發展、開發新產品數、員工滿意度、員工培訓人時增長率、員工合理建議增長率等。

對於以上各項指標，不同性質的組織在進行績效評價的時候，應根據自身的具體情況加以取捨或修正。

對管理者的啟示

雖然現有人員的選拔技術還遠不夠完善，但如果合理設計選拔體系，組織還是可以識別出勝任工作的求職者。反之，則難以實現人與崗位的最佳匹配，員工的績效也就不會令人滿意。員工培訓不容忽視，它可以提高員工的技能、工作自信心和對成功的期望，對提升員工績效有直接作用。要合理確定績效評估的內容和標準，否則將影響員工的績效水平和工作滿意度。無論是考核員工績效還是團隊績效，將組織目標與團隊目標以及個人目標緊密聯繫起來，不僅能起到激勵作用，也有利於考評工作的開展。因此，讓員工與團隊參與組織目標的確定以及績效考評的過程，對提高員工和團隊績效是有積極意義的。對於組織績效的考評，不能只關注財務指標，還應注重非財務指標的增長，這樣才有利於組織的可持續發展。

案例分析

飛利浦公司的平衡記分卡應用

飛利浦電子在全球 150 個國家共有 25 萬名員工。飛利浦運用平衡記分卡（BSC）明晰了企業遠景，使員工全力關注重要工作，並指導他們什麼是績效驅動因素。飛利浦管理隊伍運用平衡記分卡指導每季度的全球管理回顧，並把它作為一個機制鼓勵持續改進和組織學習。

飛利浦運用了一套全球統一的戰略分解流程，運用 BSC 績效管理系統把戰略落實成具體可衡量的目標，以保證所有員工都關注關鍵目標和首要任務。高級管理層從設定年度運作目標和目標值開始，把它分解到整個組織的各個層面，並最終落實為全球各分支機構和事業單位的目標。飛利浦 BSC 小組負責考核當前取得的進展與企業願景之間的差距，把長期戰略與短期行動連結起來，並幫助員工理解他們的行動對公司實現目標的影響力。

飛利浦電子設定了三個層次：① 戰略回顧記分卡；② 運作回顧記分卡；③ 經營單位記分卡。公司打算在 2003 年引進第四層次的記分卡，即員工個人記分卡。

各經營單位為其平衡記分卡的四個角度都制訂了關鍵成功因素。管理團隊一起討論並最終決定哪些關鍵成功因素使他們區別於競爭對手。他們使用了「價值圖」的方法，即通過分析客戶調查數據，瞭解客戶對飛利浦產品的價格與競爭對手產品價格相比的看法，從而確定客戶角度的關鍵成功因素。經營單位的管理團隊通過這些客戶需求即客戶角度的關鍵成功因素瞭解哪些流程角度的關鍵成功因素對實現客戶的關鍵成功因素作用最大。他們認為客戶與流程角度的關鍵成功因素關係最為密切。能力的關鍵成功因素是通過對其他三個角度目標的綜合分析得來的。財務方面的關鍵成功因素則是標準的財務匯報指標。

各經營單位設定了當年、兩年後和四年後的績效目標。這些目標是基於對多個因素的分析：客戶基數、市場大小、品牌資產淨值、創新能力、達到世界級績效的要求。

各經營單位四個角度的績效指標的例子如下：

* 財務——贏利，如營運收入和現金流、營運資金和庫存週轉率；
* 客戶——市場份額，如客戶調查排名、重複訂單客戶投訴；
* 流程——流程週期「縮短比例率」，如工程改變數量、設備利用率、訂單回應時間、流程能力；
* 能力——領導能力，如每位員工培訓天數、參與質量改進小組工作。

經營單位的這些績效指標通常源於高層組織常見的六個驅動指標：贏利收入增長、愉悅客戶、滿足員工、優異運作、組織發展和 IT 支持。這六個因素分別從四個角度驅動績效改進。它們就像 BSC 的音律，每個季度都被用來回顧各事業單位的績效。飛利浦還開發了運作記分卡以監控業績。績效數據自動從內部信息匯報系統傳入在線 BSC 並生成報告。BSC 使員工清楚每天應該做什麼才能實現業績。在線平衡記分卡系統使用了交通燈顏色（綠、黃、紅）來直觀地表示當前績效是否成功地實現了目標值。

平衡記分卡給飛利浦全球集團帶來的價值是：創建了一個全球溝通系統，使所有分支機構都能夠分享最佳實踐、共同協作並解決問題。平衡記分卡法對飛利浦的文化變革流程也起到了很大作用，使飛利浦變成了一個學習氛圍更濃厚的學習型組織。

問題討論

1. 飛利浦公司的平衡記分卡對員工績效有什麼作用？
2. 如果你是公司負責人，如何應用平衡記分卡？

第七節　組織決策

一、組織決策的概念與類型

（一）組織決策的含義

决策是指組織或個人為了實現某種目標而對未來一定時期內有關活動的方向、內容及方式的選擇或調整的過程。組織決策是組織或組織中的部門為了組織目標對未來一定時期的活動所作的選擇或調整。組織決策依靠組織中的成員完成，但絕不是組織成員決策活動的簡單組合。

組織成員的個人決策多種多樣。有些決策是個人層面的。例如，首先決定是否加入某組織；在加入某組織後，又要決定是否接受組織安排的任務、在完成任務過程中投入多大、如何與其他同事合作等。雖然這些決策會涉及個人與組織的關係，而且會影響個人的行為方式，以致影響其他成員和整個組織的活動效率；但是這種決策是個人獨立作出的，不需要其他成員的正式參與和配合，也不需要經過一定的程序，其決策目標也是個人性的。因此組織成員的這類決策就不是組織決策。

（二）組織決策的特徵

1. 目的性

决策是為瞭解決一定的問題或達到一定的目標。在一定條件和基礎上確定希望達到的結果和目的，這是決策的前提。

2. 超前性

組織的任何決策都是針對未來行動的，是為瞭解決現在面臨的、待解決的新問題以及將來會出現的問題，所以決策是未來行動的基礎。這要求決策者能預見事物發展變化的趨勢，適時地作出正確的決策。

3. 選擇性

决策的實質是選擇，沒有選擇就沒有決策。要能夠有所選擇，就必須提供可以相互替代且相對獨立的兩種以上的方案。組織為了實現同一目標，可以在資源要求、可能的結果以及風險大小等方面採取不同的活動。因此，決策中的選擇既有可能，又有必要。

4. 可行性

作出決策是為了實施，不能實施的決策毫無意義和價值。任何方案決定的組織活動都要利用一定的資源，因此在決策中不僅要考察採取某種行動的必要性，而且要注意實施條件的限制。

5. 滿意性

由於人的有限理性導致最優決策的條件在現實中難以具備，決策者只能作出相對滿意的選擇，而非最優選擇。

6. 過程性

決策是一個過程，而不是瞬間完成的行動。組織決策通常不是一項決策，而是一系列決策的綜合。即使是單一的一項決策，也是在兩個以上的方案中進行分析判斷和決策的過程。

7. 動態性

決策的主要目的之一是使組織活動與環境保持平衡。而環境是在不斷變化的，這就要求組織應密切關注環境變化，適時作出相關決策，實現組織與環境的動態平衡。

8. 分佈性

組織決策中信息和知識、組織任務的求解過程和決策成員都是具有分佈性的。決策過程貫穿多個部門或人員，將具有自身利益的多個決策單元通過組織關係聯繫在一起。從這個角度上可以說，組織決策就是在組織範圍內，通過具有不同專業分工的成員利用各自的知識和智能（特別是組織知識、組織智能）來協調解決問題的過程。

9. 組織性

和個人決策不同，組織決策的質量和效率要受到組織結構、組織規範、組織文化等的影響。組織決策正是以組織手段來解決決策問題的。

10. 協調性

參與組織決策的成員既要考慮整個組織的利益，又代表著本部門的利益。因此，在組織決策中要協調部門之間以及組織與部門之間的利益。組織決策的協調性使其複雜性遠遠超過個人決策和群體決策。

(三) 組織決策的類型

按照不同的標準，組織決策可以劃分為不同的類型。

1. 戰略決策、戰術決策和業務決策

從決策的重要性看，組織決策可分為戰略決策、戰術決策和業務決策。

戰略決策是關於組織長遠發展的，具有全局性、方向性和戰略性的決策，主要涉及組織與外部環境的關係，重點解決組織「做什麼」的問題，如企業組織的方針、目標的確定，產品轉向，組織機構調整等。

戰術決策又稱管理決策，是戰略決策執行過程中的具體決策，主要涉及組織內資源的使用和各環節的配合，解決組織「如何做」的問題，如企業組織中的生產計劃的制訂、設備更新等。

業務決策又稱執行性決策，是日常工作中為提高效率而進行的決策。其範圍較窄，

只對組織產生局部影響，如工作任務的日常分配與檢查、工作進度的安排和監督等。

2. 個人決策和集體決策

從決策的主體看，可把決策分為個人決策和集體決策。

個人決策是個人作出的決策，集體決策是多個人在一起作出的決策。相對而言，集體決策能提高決策質量，但決策效率較低，決策責任不清。

3. 初始決策與追蹤決策

從決策的起點看，決策可分為初始決策與追蹤決策。

初始決策是組織在有關活動尚未進行、對環境尚未產生任何影響的前提下進行的初次決策；追蹤決策是在初始決策實施後，由於環境或對環境特點的認識發生了變化而進行的決策。追蹤決策需要進行雙重優化，既要優於初始決策，又是各備選方案優化的結果。

4. 程序化決策與非程序化決策

從決策涉及的問題看，可把決策劃分為程序化決策與非程序化決策。程序化決策又稱常規決策或例行性決策，是在日常活動中以相同或基本相同的形式進行的決策。在一般組織中，約有80％的決策可以成為程序化決策，如企業組織中常用物資的訂貨和採購、會計與統計報表的定期編製與分析等。

非程序化決策又稱非常規決策或例外決策，指在管理過程中針對偶然發生的、性質和結構不明的、無先例可循的、具有重大影響的問題的決策，如組織發展方向的決策、新市場開發的決策等。

5. 確定型決策、風險型決策和不確定型決策

從環境因素的可控程度看，可把決策劃分為確定型決策、風險型決策和不確定型決策。

確定型決策指掌握了各可行方案的全部條件，每個方案只有一個明確的結果，決策者只需要從中選出一個最有利方案的決策過程。

風險型決策也稱為隨機決策，指決策事件的某些條件已知，但不能完全確定決策後果，只知道各種結果出現的概率的決策。

不確定型決策指決策是在未來可能出現的決策後果的概率無法確定的狀態下進行的決策。

二、組織決策程序與影響因素

(一) 組織決策程序

1. 發現決策問題

問題的存在是一切決策活動的基礎。問題是組織理想狀態和實際狀態的差距，產生於組織活動中的不平衡。發現並準確地定位問題和描述問題是決策的起點。

2. 確定決策目標

能否正確地確定決策目標關係到決策成敗的關鍵。明確決策目標，不僅為方案的制訂和選擇提供了依據，而且為決策的實施和控制及組織資源的分配和各種力量的協

調提供了標準。決策目標應具有明確性、全局性,既先進又可行。在多目標決策中,應明確多個目標之間的關係。

3. 擬訂備選方案

決策方案描述了組織為實現決策目標擬採取的各種對策的具體措施和主要步驟。多個方案必須能夠相互替代、相互排斥,具有可選擇性。決策的備選方案越多,決策就越有可能更加完善。

4. 方案評估和選擇

形成備選方案後,就要對每一備選方案按決策目標的要求和環境約束狀況進行評估、比較和選擇。在對方案進行價值論證、可行性論證和應變論證的基礎上,應綜合運用多種分析、評價和預測方法,對各種方法進行綜合評價,確定能產生綜合優勢的方案。

5. 方案的實施

將所決定的方案付諸實施是決策過程中至關重要的一步。決策的效果不僅取決於決策方案的選擇,而且取決於執行過程中的工作質量。因此,必須制訂相應的實施辦法,如明確責任、制定考核標準、建立相關激勵制度等。

6. 反饋和監督

由於組織內部條件和外部環境的不斷變化,決策者要不斷修正方案來減少或消除不確定性。因此,組織內各層次、各部門及各崗位應對決策的執行過程進行監督,反饋相關信息,及時採取措施糾正與既定目標的偏差,保證目標的實現。當環境發生重大變化、原決策目標無法實現或實現已無價值時,則要進行新的決策。

(二) 組織決策的影響因素

就組織決策而言,其質量和效率除了受決策者個人因素影響外,還受到多種因素的影響。

1. 環境

環境對決策的影響是雙重的。一方面,外部環境的特點影響著組織活動的選擇。在不同的環境狀況下,是否應該進行決策,進行什麼樣的決策,要實現怎樣的決策目標,採用哪些決策技術和手段選擇等,在很大程度上是由組織環境決定的。另一方面,對環境的習慣反應模式也影響著組織活動的選擇。這種調整組織與環境之間關係的模式一旦形成,就會趨向固定,從而影響組織對行動方案的選擇。

2. 組織文化

決策必然導致組織現狀的改變。組織文化通過影響人們對變革的態度而影響決策。在組織文化偏向保守、懷舊、維持的組織中,人們總是根據過去的標準來判斷現在的決策,總是擔心在變化中會失去什麼,從而對將要發生的變化產生懷疑、害怕和抗禦的心理與行為;相反,在具有開拓、創新氣氛的組織中,人們總是以發展的眼光來分析決策的合理性,總是希望在可能產生的變化中得到什麼,因此渴望、歡迎和支持變化。顯然,前一種組織文化有利於決策的實施,而後一種組織文化則可能成為決策的障礙。因此,組織決策必須考慮可能遇到的組織文化方面的阻力,以及為克服這種阻

力而付出的代價。

3. 過去的決策

在實際工作中，程序化決策和追蹤決策佔有很大比例。程序化決策的決策者在決策時經常要考慮過去的決策，問一問以前是怎樣做的。這就不可避免地要受到過去決策的影響。追蹤決策是對初始決策的完善、調整或改革。組織過去的決策是目前決策過程的起點；過去決策的實施不僅消耗了人力、物力、財力等資源，而且改變了組織的內部狀況，並對組織外部環境產生了相應的影響。如果過去的決策是由現在的決策者制訂的，過去的決策對他現在進行的決策的影響就大；反之，這種影響就小得多。

4. 時間

美國學者威廉·R. 金和大衛·I. 克里蘭把決策類型劃分為時間敏感決策和知識敏感決策。時間敏感決策是指那些必須迅速而力求盡量準確的決策。戰爭中軍事指揮官的決策多屬於此類，這種決策對速度的要求遠甚於質量；相反，知識敏感決策對時間的要求不是非常嚴格，其效果主要取決於決策質量，而非決策速度。

5. 組織對風險的態度

決策是面向未來的行為選擇。未來的不確定性決定了任何決策都存在一定程度的風險。不同的組織對待風險的態度是不一樣的，它會直接影響決策過程對方案的選擇。偏好風險的組織，會在作好應對風險的準備工作的基礎上，及時、果斷並傾向於選擇高風險和高收益並存的方案或創新型方案；而厭惡風險的組織，則更傾向於保守的決策。

6. 組織特徵

影響組織決策的一個重要因素是組織特徵。組織設計中的結構因素會影響決策的正確性、效率以及員工參與決策的積極性等方面。工作專門化不僅僅是業務內容的分工，而是將整個組織的決策系統分解為彼此相對獨立的子系統，以盡量減少子系統之間的依賴性，使其有充分的決策權，以便最大限度地分散決策。部門化會導致決策目標、主體多元化，而不同主體在組織決策過程中會出現目標（利益）、任務、資源方面的衝突以及問題分解和問題求解的角色體系不一致，因此，組織決策的全過程都需要進行有效的協調。命令鏈和管理幅度對決策的執行影響較大，有效的命令鏈和恰當的管理幅度是決策得以實施的基礎。集權和分權決定了組織決策權的分配。應適當地分權和集權而不應絕對分權和集權。因為組織活動是集體活動，要順利實現組織目標，必須有一定的集中協調機制；但若過分集權，組織決策權更多地集中於高層管理者，會降低員工參與組織決策的積極性，產生決策脫離實際以及實施效果不夠理想等問題。正規化是對決策主體理性行為的一種保證，能提高決策者基於組織目標的決策理性程度。因此，正規化也是組織協調決策行為的重要手段。

對管理者的啟示

組織決策是實現組織目標的關鍵環節，是組織管理者識別並解決問題以及利用機會的過程，是組織活動的核心和先導。決策活動應在充分考慮各影響因素的基礎上，

結合不同決策的特點，遵循決策程序科學地進行。

組織決策涉及多部門、多層次、多人員，強調決策過程中的協調，因此避免不同層次、部門、人員在決策中的衝突顯得尤為重要。組織決策的質量和效率要受到組織結構、組織規範、組織文化等組織特徵的影響。組織設計要有利於組織決策，為決策所必需的信息傳遞、信息處理工作服務，使組織決策權的配置和決策主體的能力、職責以及決策條件相匹配，形成有機的組織決策體系，以快速有效地完成組織決策。

組織決策的分佈性要求有效地將組織中個人的知識加以集成，以形成組織知識（組織智能）來有效支持組織的決策活動。

案例分析

耐克的決策困境

耐克公司的首席執行官菲爾‧奈特是靠開車沿街叫賣運動鞋起家的。如今，他的公司已經發展成為一家舉足輕重的運動鞋製造商。在20世紀90年代，耐克公司是世界上最贏利的公司之一。隨著籃球巨星邁克爾‧喬丹的加盟，耐克公司迅速成為人們眼中高品質的時尚企業，其產品風靡全美國，備受青少年的青睞。在外人看來，耐克公司不會做錯事且能夠快速成長、贏利頗豐似乎都是其首席執行官奈特過去正確決策的結果。然而，就是這樣的一家聲名顯赫的公司，近些年的發展卻很不樂觀，實在令人費解。

2001年，由於首席執行官菲爾‧奈特的某些決策失誤，公司不僅失去了眾多的本可贏利的商業機遇，而且也沒採取正確的措施應對新出現的商業挑戰與威脅。由於暢銷品的存貨不足以及滯銷品的過剩，耐克公司的銷售不旺，利潤也隨之下滑。耐克公司除了對不斷變化的顧客需求反應不夠敏捷外，還被指責其國外工廠的生產條件差、員工待遇低。而奈特卻對這些指責不予理睬。表面看起來，是奈特作了一些有問題的決策而不可避免地影響了公司的業績。到底是什麼原因致使這家頗受人們讚賞的公司的業績出現下滑呢？

耐克公司近年來的諸多問題都來源於該公司高層決策上的失誤，同時也與該公司的管理者未能隨著環境條件的變化及時作出應變決策不無關係。耐克公司的管理者過於倚重產品的內部開發，他們一味地強調所謂的「耐克人」的做事方法，從而使得決策視野不夠外向與開放。而耐克公司強有力的企業文化也妨礙了其設計師和管理者關注客戶需求及外部環境的變化。

耐人尋味的是，菲爾‧奈特也曾從公司外部聘用了一些高級管理人員。這些管理者帶來了新觀念並試圖幫助公司跟上時代發展的步伐。但是，這些人所倡導的做法經常遭到菲爾‧奈特和其他管理者的否決。因為在後者看來，那些倡議似乎不適合耐克的公司文化。例如，戈登‧邁克法登就曾被聘為耐克公司的戶外產品總裁，他試圖說服耐克公司的高層管理者收購諾思費西公司，這樣可使耐克公司一步跨入最大的戶外運動用品生產商之列，以占領迅速發展的遠足用品市場。菲爾‧奈特最終還是否決了他這個提案，因為耐克公司還不習慣於靠收購其他公司來發展壯大。耐克的企業文化

決定了只有耐克公司的設計師們心裡最明白如何去開發「適銷對路」的產品。

耐克公司的文化傾向也導致了其設計師過分強調運動鞋的性能，而不夠重視正在流行的運動鞋的時尚或流行樣式。這樣，耐克的設計師就錯過了抓住某些市場變化的機會。例如，面對從白色運動鞋到適合都市生活的深色、多用途鞋的市場變化潮流，耐克依舊我行我素，還是強調性能至上。另外，耐克公司投入了過多的資源開發像 Shox 系列這樣的高性能、高價位鞋。每一雙這樣的鞋的售價高達 140 美元以上，而這是以犧牲 60~90 美元一雙的中等價位的運動鞋的生產為代價的。要知道，耐克公司有近一半的年收益來自這些中等價位運動鞋的銷售。

雖然耐克公司的一些管理者也曾經參與改造該公司僵化的思維定勢，以幫助公司作出與時俱進的決策，但他們的努力往往受挫。這些管理者無奈之餘，大多選擇離開該公司。同樣，Eller Turner 曾被耐克公司聘為首席營銷官。她盡其所能，努力重振耐克公司的市場營銷部門。但不久她便明白，公司內部對她的改革行動支持甚少，而這些支持還是順應形勢不得不展開的。六個月後，她辭職離開了耐克公司。

問題討論
1. 導致耐克公司陷入決策困境的原因有哪些？
2. 組織如何才能作出有效、及時的決策？

小結

　　組織是指為了達到特定的目標而通過分工協作與不同的權力、責任設定所構成的人的集合。它由共同的目標、協作的願望和信息溝通三個基本要素構成，具有力量匯聚、力量放大、資源整合以及滿足人們心理需要的作用。
　　組織按權威的類型分為強制性組織、功利性組織和規範性組織。
　　組織按形成方式分為正式組織和非正式組織
　　組織按個人參加組織活動的程度分為疏遠型組織、精打細算型組織和道義型組織。
　　組織理論的形成和發展經過了古典組織理論、行為組織理論和現代組織理論及其發展階段。
　　組織結構是組織為了協調及控制成員的活動，以實現組織目標，通過分工協作，在職務範圍、責任、權力等方面創設的結構體系，是組織對工作任務進行分工和協調的模式。完整的組織結構體系包括職能結構、層次結構、部門結構、職權結構等。
　　直線—職能制結構的特點、優點、缺點和適用範圍。
　　事業部制結構的特點、優點、缺點和適用範圍。
　　矩陣制結構的特點、優點、缺點和適用範圍。
　　組織設計是以組織結構安排為核心的組織系統的整體設計工作，以形成一種由管理機制決定的、用以幫助實現組織目標的有關信息溝通、權力、責任、利益的正規體制。組織設計通過分解與結合使組織成為一個有機的系統。
　　組織設計的結構性因素有：專門化、部門化、命令鏈、管理幅度、集權和分權、正規化；組織設計的關聯性因素有：環境、戰略、規模、技術和組織發展階段。

組織設計原則有：任務目標原則、分工協作原則、統一指揮原則、權責一致原則、執行和監督分設的原則、知識價值化原則、彈性結構原則、經濟性原則。

組織設計程序有：確定組織目標、確定設計原則、基本結構模式設計、組織結構設計、運行制度設計、配備人員、反饋和修正。

組織文化是指組織在長期的生存和發展過程中逐步形成的、為內部多數成員共同信奉和遵循的基本信念、價值標準和行為規範。組織文化從結構上可以分為三個層次：精神層、制度層和器物層。

組織文化的特點是整體性、獨特性、繼承性、發展性。

組織文化對企業的作用有導向作用、凝聚作用、激勵作用、約束作用。

組織文化對員工的作用有滿足心理需要、強化團隊精神、提升綜合素質。

組織文化對社會的作用有深化社會文化內涵、提升全民素質。

組織文化的負面作用有產生文化慣性，阻礙組織變革；扼殺個性和思想觀念多元化；排斥外來文化，給組織合併帶來障礙。

組織文化的產生源於組織的創始人，受組織成員的影響和環境影響。

組織文化的維繫要依靠人員甄選、最高管理層的影響、新員工的文化適應。

組織文化的傳播和學習方式有故事、實物象徵、儀式和語言。

組織變革是指組織根據外部環境變化和內部情況的變化，及時地改變組織的功能方式，以適應客觀發展的需要。

組織變革的動力包括外部環境動力和內部環境動力。外部環境動力來自社會、政治、法律、經濟、科技以及競爭等因素，內部環境動力來自組織結構、管理體系和群體心理。

組織變革的阻力來自個人和組織。來自個人的阻力包括習慣、對未知的恐懼、有選擇的注意與保留、經濟的原因、安全和倒退，來自組織的阻力包括結構慣性、對權力的威脅、資源的限制、有限的變革、群體慣性和組織之間的協議。

克服阻力的措施包括：通過教育和溝通，增進員工對變革的信心；提供支持性措施；通過談判、操縱和收買，排除變革的阻力；強制實施。

勒溫模型包括解凍、變革、再凍結三個階段。

變革的過程的步驟如下：認識變革的必要性、對計劃中的變革提出明確的目標、確定需要變革的問題、正確地選擇變革的方法、制訂具體的變革計劃、變革計劃的執行、變革結果的評估。

員工的工作績效在很大程度上取決於他們的素質和工作行為。合理的選拔體系有助於組織選拔到與崗位實現最佳匹配的員工。員工選拔的方式有資格審查和初選、面試、筆試及情景模擬測試。員工培訓的內容主要包括建觀念、育道德、傳知識、培技能。培訓有親驗性學習和代理性學習兩種不同的方式。績效考評的內容會影響員工的行為，對員工行為有導向作用。考評的內容歸納起來主要有三個方面：任務結果、行為和特質。績效考評的方法有排序法、關鍵事件法和評定量表法。績效反饋的方式主要是考績面談，為此需要掌握面談技巧。

在運用團隊的組織中，考評團隊的績效的建議是：把團隊結果與組織目標密切聯

繫在一起，找到團隊應該完成的主要目標，並把它作為有效的測量指標；從團隊的顧客以及團隊為了滿足顧客需要進行的工作過程著手；既衡量團隊績效也要衡量個人績效；幫助團隊建立自己的目標，培訓團隊創設自己的測量標準。

影響組織績效的因素包括環境、組織本身、管理政策和員工等方面。組織績效的評價指標體系應包括財務指標體系和非財務指標體系。

決策是指組織或個人為了實現某種目標而對未來一定時期內有關活動的方向、內容及方式進行選擇或調整的過程。組織決策是為組織而進行的決策，具有目的性、超前性、選擇性、可行性、滿意性、過程性、動態性、分佈性、組織性和協調性。

按決策的重要性不同，決策可分為為戰略決策、戰術決策和業務決策。

按決策的起點不同，決策可分為初始決策與追蹤決策。

按決策所涉及的問題不同，決策可分為程序化決策與非程序化決策。

按環境因素的可控程度不同，決策可分為確定型決策、風險型決策和不確定型決策。

組織決策程序包括發現決策問題、確定決策目標、擬訂備選方案、方案評估和選擇、方案的實施、反饋和監督七個步驟。

組織決策的影響因素有：環境、組織文化、過去的決策、時間、組織對風險的態度以及組織特徵。

思考題

1. 什麼是組織？
2. 分析中國移動通信公司屬於什麼組織類型。
3. 現代組織理論的核心觀念是什麼？
4. 實地調查某個組織，分析其作用的發揮情況。
5. 什麼是組織結構？
6. 直線—職能制結構的特點有哪些？
7. 矩陣制結構和事業部制結構的優缺點是什麼？
8. 採用團隊式結構和委員會結構可能出現哪些問題？應怎樣解決？
9. 什麼是組織設計？
10. 組織設計的影響因素有哪些？
11. 組織設計的原則有哪些？
12. 簡述組織設計的程序。
13. 實地調查某組織的組織設計，針對其存在的問題進行分析，並提出改進建議。
14. 瞭解組織文化的定義、內容和特點。
15. 組織文化有哪些作用？
16. 如何維繫和傳播組織文化？
17. 聯繫實際談談塑造組織文化的途徑。
18. 組織文化變革有哪些措施？

19. 什麼是組織變革？
20. 組織變革的阻力有哪些？如何克服組織變革的阻力？
21. 簡述勒溫模型的內容。
22. 簡述組織變革的過程。
23. 員工選拔的方式有哪些？面試的兩種方式各有什麼特點？
24. 員工培訓的內容有哪些？兩種不同性質的培訓方式各有什麼特點？
25. 員工績效考評的內容有哪些？考評的方法各有什麼優缺點？
26. 如何對團隊的績效進行考評？
27. 影響組織績效的因素有哪些？如何評價組織績效？
28. 什麼是組織決策？它和個人決策、群體決策有何區別？
29. 組織決策的特徵有哪些？
30. 舉例說明什麼是戰略決策、戰術決策和業務決策？
31. 舉例說明什麼是程序化決策與非程序化決策？
32. 組織決策的影響因素有哪些？
33. 實地調查一家單位的組織決策活動，針對其存在的問題進行分析，並提出改進建議。

國家圖書館出版品預行編目(CIP)資料

組織行為學 / 肖興政, 譚征 主編. -- 第二版.
-- 臺北市：崧博出版：財經錢線文化發行, 2018.11

面； 公分

ISBN 978-957-735-618-5(平裝)

1.組織行為

494.2　　　107017337

書　名：組織行為學
作　者：肖興政、譚征 主編
發行人：黃振庭
出版者：崧博出版事業有限公司
發行者：財經錢線文化事業有限公司
E-mail：sonbookservice@gmail.com
粉絲頁　　　　　網　址：
地　址：台北市中正區延平南路六十一號五樓一室
8F.-815, No.61, Sec. 1, Chongqing S. Rd., Zhongzheng Dist., Taipei City 100, Taiwan (R.O.C.)
電　話：(02)2370-3310　傳　真：(02) 2370-3210
總經銷：紅螞蟻圖書有限公司
地　址：台北市內湖區舊宗路二段 121 巷 19 號
電　話：02-2795-3656　傳真：02-2795-4100　網址：
印　刷：京峯彩色印刷有限公司（京峰數位）

　本書版權為西南財經大學出版社所有授權崧博出版事業有限公司獨家發行電子書及繁體書繁體版。若有其他相關權利及授權需求請與本公司聯繫。

定價：500元
發行日期：2018 年 11 月第二版
◎ 本書以POD印製發行